"十三五"国家重点出版物出版规划项目
面向可持续发展的土建类工程教育丛书
普通高等教育工程造价类专业融媒体新形态系列教材
陕西省普通高等学校优秀教材一等奖

建设工程定额原理与实务

第3版

李建峰 李晓钏 黄永刚 编著

机械工业出版社

本书为"十三五"国家重点出版物出版规划项目，并荣获陕西省普通高等学校优秀教材一等奖。

本书依据国家现行相关规范、法规和政策，以及行业的最新动态和科研成果，在第2版的基础上，本着"优化内容、精讲概念、案例引导、重在应用"的原则编写而成。

书中系统介绍了建设工程定额体系和各类工程定额的编制方法及其应用。全书共9章，分别为建设工程定额概论、工程定额编制原理和基本方法、企业定额和施工定额、消耗量定额和单位估价表的编制、概算定额和概算指标、工程费用定额、工程定额的运用、投资估算指标和建设工期定额、工程定额管理信息化技术。

书中章前均设有学习要点、学习导读，章后附有本章小结及关键概念、习题，以及二维码形式的客观题（微信扫码可在线做题）。文前设置教学建议（学习导言），融入了课程思政元素，引导学生学习，为教师教学提供参考。

本书是高等院校工程造价、工程管理专业的教材，也可供从事工程定额、工程造价工作的人员参考。

本书配有 PPT 电子课件和章后计算题解答等教学资源，免费提供给选用本书作为教材的授课教师。需要者请登录机械工业出版社教育服务网（www.cmpedu.com）注册后下载。

图书在版编目（CIP）数据

建设工程定额原理与实务/李建峰等编著. —3版. —北京：机械工业出版社，2023.8（2025.6重印）

"十三五"国家重点出版物出版规划项目　面向可持续发展的土建类工程教育丛书　普通高等教育工程造价类专业融媒体新形态系列教材

ISBN 978-7-111-73412-3

Ⅰ.①建… Ⅱ.①李… Ⅲ.①建筑概算定额-高等学校-教材　Ⅳ.①TU723.34

中国国家版本馆 CIP 数据核字（2023）第 113044 号

机械工业出版社（北京市百万庄大街22号　邮政编码100037）
策划编辑：刘　涛　　　　责任编辑：刘　涛　舒　宜
责任校对：李小宝　李　杉　封面设计：马精明
责任印制：刘　媛
三河市骏杰印刷有限公司印刷
2025年6月第3版第6次印刷
184mm×260mm・14.25印张・349千字
标准书号：ISBN 978-7-111-73412-3
定价：48.00元

电话服务　　　　　　　　　网络服务
客服电话：010-88361066　　机　工　官　网：www.cmpbook.com
　　　　　010-88379833　　机　工　官　博：weibo.com/cmp1952
　　　　　010-68326294　　金　书　网：www.golden-book.com
封底无防伪标均为盗版　　　机工教育服务网：www.cmpedu.com

前　言

　　本书自2013年问世以来，承蒙各位同行的支持和厚爱，获得较多赞许和殊荣，但在教学中仍有不足。尤其是近年来国家政策法规和制度的调整变化，以及资深学者、同行的建议，根据全国高校工程造价专业培养目标和方案，在第2版教材的基础上，本书作者依据国家现行相关规范、法规和政策以及行业的最新动态，结合作者多年的工程定额与造价管理的教学、实践和科研成果，本着"优化内容、精讲概念、案例引导、重在应用"的原则进行了修订，力求新颖、精练、务实。本书的知识结构是以工程定额原理为主线，精讲各类工程定额的测定、编制和具体使用方法；为提高学生定额套用和操作能力，在编写上精简了重复、赘述的内容，加大了以工程实际例题和案例分析的内容。

　　全书共9章，每章前均列有学习要点和学习导读，章后均设有本章小结及关键概念、习题以及二维码形式的客观题，供学习和教学参考使用。文前专门编写的教学建议（学习导言），引导学生学习，为教师撰写本课程教学大纲和授课计划提供参考。

　　本书由李建峰教授总策划和主要编著，西安邮电大学李晓钏、长安大学黄永刚参与编著。

　　本书为高等学校工程造价专业和工程管理专业学生的必修课程配套教材，也是从事工程造价与定额管理人员的必备参考书。

　　我国的工程定额管理还在发展中，很多问题有待于进一步探讨和研究，加之作者学识有限，书中难免有疏漏甚至错误之处，敬请各位专家、学者、同行批评指正，我们将不胜感激。

编著者

教学建议（学习导言）

一、本课程的性质与研究内容

"建设工程定额原理与实务"课程以建筑生产过程为研究对象，综合运用工程技术、经济、管理、法律等手段，研究和探寻生产与消耗、投入与产出之间的内在规律，以达到降低劳动消耗，提高生产效率，降低成本的目的。它不仅是工程管理专业和工程造价专业学生的必修专业课程，也是所有从事工程投资或工程造价工作人员的必修内容；不仅是投资与造价管理的依据，也是建筑企业科学管理的基础。

在市场经济环境下，编制建设工程定额不仅是政府和行业协会的事，也是建筑企业和工程咨询机构的事，它既是规范和提高招标投标及造价管理水平的出路，也是我国目前招标投标和造价管理不够理想的症结所在。本书内容切合建筑市场和造价管理的实际，对政府和企业科学地编制定额具有一定的参考意义。

"建设工程定额原理与实务"课程所研究的内容，不仅涉及工程技术，而且与国家的法律法规、方针政策、劳保与分配制度等都有密切的关系。它所研究的对象中，既有生产力方面的内容，也有生产关系方面的内容；既有实际问题，又有理论问题。核心内容是系统探讨建设工程定额体系的构成、各种建设工程定额的编制方法及其应用。

二、本课程的研究对象和任务

建筑业是国民经济的重要支柱产业之一。建筑产品的生产必然要消耗一定数量的人工、材料和机械台班，但完成单位合格建筑产品所消耗的人工、材料和机械台班数量，受制于社会生产力水平和组织管理水平。这就是说，在一定的生产力水平条件下，完成单位合格建筑产品与生产消耗投入之间存在着一定的数量关系。如何客观、全面地研究这两者之间的关系，找出它们之间的构成因素和规律性，并采用科学的方法合理确定完成单位合格建筑产品所需活劳动与物化劳动的消耗标准，并用定量的形式把它表示出来，就是工程定额所要研究的对象和任务。在实际施工生产过程中，如何正确地执行和运用这一标准消耗额度，是定额要完成的另一项重要任务。

本课程就是以建筑产品的基本生产过程与消费数量为研究对象，寻求生产与消耗之间的规律性，探讨合理测定和准确编制工程定额的原理与方法，给出正确应用工程定额的途径。

三、本课程的主要内容及其关系

本课程内容总体包括：工程定额基本知识、工程定额编制的原理和基本方法、各类常用工程定额的编制与应用、工程定额管理信息化等四部分。具体包括：建设工程定额概论、工程定额编制原理和基本方法、企业定额和施工定额、消耗量定额和单位估价表的编制、概算定额和概算指标、工程费用定额、工程定额的运用、投资估算指标和建设工期定额、工程定额管理信息化技术等9章内容。各部分内容之间的逻辑关系如下图所示：

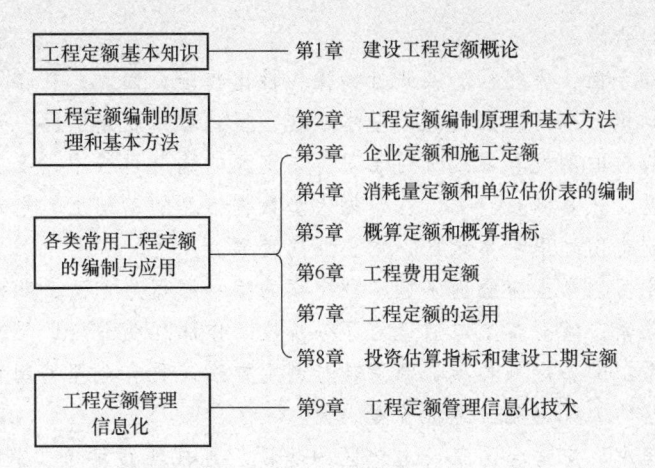

```
工程定额基本知识 ──── 第1章  建设工程定额概论

工程定额编制的原
                 ──── 第2章  工程定额编制原理和基本方法
理和基本方法

                    ┌ 第3章  企业定额和施工定额
                    │ 第4章  消耗量定额和单位估价表的编制
各类常用工程定额    │ 第5章  概算定额和概算指标
的编制与应用        │ 第6章  工程费用定额
                    │ 第7章  工程定额的运用
                    └ 第8章  投资估算指标和建设工期定额

工程定额管理
             ──── 第9章  工程定额管理信息化技术
信息化
```

四、本课程与有关课程的关系

本课程涉及相关的经济理论和经济政策，以及工程技术、组织与管理知识，因此，它是一门综合性的技术经济课程。政治经济学、建筑经济学、价格学和社会主义市场经济理论是本课程的理论基础；建筑识图、房屋构造、施工技术、建筑材料、建筑结构等是学习本课程的技术支撑；施工组织与计划、建筑企业管理、建筑会计与财务管理及建筑统计学等是本课程相关的经济管理知识；行为科学、管理工程学、工效学、人体工程学、劳动心理学、计算机运用等是研究建筑产品生产与消费的基础知识。

本课程是学习工程计量与计价和工程造价管理的基础，是高等院校工程管理、工程造价、房地产经营与管理等专业的主要课程之一。本书可以作为建设主管部门、法律部门、审计部门、财政部门、建设单位、房地产开发企业、施工企业、工程咨询机构的经济师、会计师、造价师、估价师、监理师、高层经营管理人员等工作和学习的参考书。

五、教学学时安排（授课计划）

表 1 给出了与本书内容相应的教学学时安排，以供参考。

表 1 学时安排参考表

章节	内容	学时	章节	内容	学时
—	教学建议（学习导言）	1	6	工程费用定额	3
1	建设工程定额概论	2~4	7	工程定额的运用	4~6
2	工程定额编制原理和基本方法	3~8	8	投资估算指标和建设工期定额	3
3	企业定额和施工定额	4~8	9	工程定额管理信息化技术	2
4	消耗量定额和单位估价表的编制	6~8	合计		32~48
5	概算定额和概算指标	4~5			

本书各章的内容多于相应学时分配，教师在教学安排时可有选择性地讲授，剩余内容可供学生自学及拓展。请结合本地区的工程定额，讲解第 7 章工程定额的运用。

本书的教学方式有教师教授法、现场测定调研法、师生交谈法、共同讨论法、案例教学法和读书指导法，也可采用翻转课堂、微课等形式考查学生对课程内容的掌握情况，尤其应注重启发式教学。交叉使用这些方法，既可发挥教师的指导作用，又可调动学生的学习积极性。

六、学习方法与要求

由于本课程的综合性、原理性、实践性和操作性比较强,因此,在学习方法上,首先必须掌握相关的基础知识,搞清工程定额的基本原理,坚持理论联系实际,边讲边练,学、练结合;要善于利用教材的例题与习题进行学习。在定额的编制过程中,要坚持实事求是的科学态度,从实际出发,认真调查研究,在掌握大量数据信息的基础上,经过科学的整理、分析、研究和比较,制定出适用于本地区、本企业的定额。

通过本课程的学习,学生应全面掌握各种定额的编制原理与方法,明确各种定额的区别及它们之间的有机联系;掌握整个与建设程序分阶段工作深度相适应、层次分明、分工有序的工程建设定额体系;掌握定额各项资源消耗与测定方法,具有合理编制和准确运用各种定额的能力,成为合格的工程定额与造价管理人员。

学生在学习过程中,应结合国家或本地区的建设,重视实践环节。到企业、到现场去,实际参与工程定额的测定和应用工作,使知识和能力进一步融合和提升,增强为国出力的本领。

在课余时间,可以查阅相关参考文献,也可以查阅以下网站,扩充自己的知识面:

中华人民共和国住房和城乡建设部:https://www.mohurd.gov.cn

中国建设工程造价管理协会:http://www.ceca.pro

建设工程造价信息网:http://www.cecn.org.cn

英国皇家特许测量师学会:http://www.rics.org/zh/

香港测量师学会:http://www.hkis.org.hk

亚太区测量师协会:http://www.paqs.net

国际造价工程师联合会:http://www.icoste.org

定额网:http://www.zgdew.cn

造价通:http://www.zjtcn.com

全国建筑市场监管公共服务平台:http://jzsc.mohurd.gov.cn/home

各地工程造价信息网等。

目 录

前言
教学建议（学习导言）
第1章 建设工程定额概论 …………… 1
　学习要点 ………………………………… 1
　学习导读 ………………………………… 1
　1.1 建设工程定额的基本知识 ………… 1
　　1.1.1 建设工程定额的含义和研究对象 … 1
　　1.1.2 工程定额的产生和发展 ………… 2
　　1.1.3 工程定额的作用和特点 ………… 4
　1.2 工程定额的种类及体系构成 ……… 5
　　1.2.1 工程定额的种类及地位 ………… 5
　　1.2.2 工程定额体系及计价原理 ……… 9
　1.3 工程定额管理 ……………………… 11
　　1.3.1 工程定额管理的任务、内容和
　　　　　原则 ………………………… 11
　　1.3.2 工程定额管理机构和人员的
　　　　　要求 ………………………… 13
　　1.3.3 工程定额管理的现状及发展
　　　　　方向 ………………………… 14
　本章小结及关键概念 …………………… 14
　习题 ……………………………………… 15
　二维码形式客观题 ……………………… 15
第2章 工程定额编制原理和基本
　　　 方法 ……………………………… 16
　学习要点 ………………………………… 16
　学习导读 ………………………………… 16
　2.1 工程定额编制的依据、原则和步骤 … 16
　　2.1.1 工程定额编制的基本依据与
　　　　　原则 ………………………… 16
　　2.1.2 工程定额编制的步骤 ………… 17
　2.2 施工过程及分类 …………………… 21
　　2.2.1 施工过程的概念 ……………… 21
　　2.2.2 施工过程的分类 ……………… 21
　　2.2.3 施工过程研究 ………………… 23
　　2.2.4 影响施工过程的因素 ………… 25
　2.3 工作时间消耗的分类 ……………… 26

　　2.3.1 工作时间及工作时间消耗的
　　　　　概念 ………………………… 26
　　2.3.2 工人工作时间消耗的分类 …… 26
　　2.3.3 机械工作时间消耗的分类 …… 28
　2.4 工时消耗——技术测定法 ………… 29
　　2.4.1 工作时间研究方法综述 ……… 29
　　2.4.2 写实记录法 …………………… 31
　　2.4.3 测时法 ………………………… 43
　　2.4.4 工作日写实法 ………………… 50
　　2.4.5 简易测定法 …………………… 53
　　2.4.6 技术测定的资料整理 ………… 54
　2.5 材料消耗——科学计算法 ………… 55
　　2.5.1 工程材料分类及耗用量计算
　　　　　原理 ………………………… 55
　　2.5.2 直接性材料用量计算 ………… 56
　　2.5.3 周转性材料用量计算 ………… 62
　　2.5.4 半成品配合比材料用量计算 … 64
　2.6 定额制定简易方法 ………………… 66
　　2.6.1 比较类推法 …………………… 66
　　2.6.2 统计分析法 …………………… 69
　　2.6.3 经验估计法 …………………… 73
　本章小结及关键概念 …………………… 75
　习题 ……………………………………… 76
　二维码形式客观题 ……………………… 77
第3章 企业定额和施工定额 ………… 78
　学习要点 ………………………………… 78
　学习导读 ………………………………… 78
　3.1 企业定额概述 ……………………… 78
　　3.1.1 企业定额的概念、分类及作用 … 79
　　3.1.2 企业定额的编制原则及步骤 … 80
　　3.1.3 企业定额的编制依据 ………… 83
　3.2 企业施工定额的编制 ……………… 83
　　3.2.1 人工消耗定额的编制 ………… 84
　　3.2.2 材料消耗定额的编制 ………… 84
　　3.2.3 施工机械台班消耗定额的编制 … 86
　3.3 企业计价定额的编制 ……………… 90

3.3.1 企业建筑安装工程费用的构成 …… 90
3.3.2 人工单价的组成与确定 ………… 92
3.3.3 材料预算单价的组成与确定 …… 94
3.3.4 机械台班单价的组成与确定 …… 98
3.3.5 建筑安装工程其他费用的确定 …… 99
3.4 企业定额的应用 ………………………… 100
3.4.1 企业定额在成本控制中的应用 …… 100
3.4.2 企业定额在计划管理中的应用 …… 107
3.4.3 企业定额在投标报价中的应用 …… 108
本章小结及关键概念 ……………………… 108
习题 ………………………………………… 109
二维码形式客观题 ………………………… 109

第4章 消耗量定额和单位估价表的编制 …… 110

学习要点 …………………………………… 110
学习导读 …………………………………… 110
4.1 概述 ………………………………………… 110
4.1.1 消耗量定额概述 ………………… 110
4.1.2 消耗量定额的内容和表现形式 …… 111
4.1.3 消耗量定额的编制原则和步骤 …… 114
4.2 人工消耗指标的编制 …………………… 116
4.2.1 人工消耗指标及其表现形式 …… 116
4.2.2 人工消耗指标的制定原则和方法 ………………………………… 116
4.3 材料消耗指标的确定 …………………… 119
4.3.1 材料消耗指标概述 ……………… 119
4.3.2 材料消耗指标的确定方法 ……… 119
4.4 机械台班消耗指标的确定 ……………… 129
4.5 单位估价表的编制 ……………………… 131
4.5.1 单位估价表的概念 ……………… 131
4.5.2 单位估价表的编制依据和作用 …… 131
4.5.3 消耗量定额中人工、材料、机械台班单价的确定 ……………… 132
4.5.4 单位估价表的编制方法 ………… 133
本章小结及关键概念 ……………………… 134
习题 ………………………………………… 134
二维码形式客观题 ………………………… 136

第5章 概算定额和概算指标 …………… 137

学习要点 …………………………………… 137
学习导读 …………………………………… 137
5.1 概算定额 ………………………………… 137
5.1.1 概算定额的概念和作用 ………… 137

5.1.2 概算定额的编制依据和原则 …… 138
5.1.3 概算定额的编制步骤 …………… 138
5.1.4 概算定额的内容及项目划分方法 ………………………………… 139
5.1.5 概算定额编制案例 ……………… 139
5.2 概算指标 ………………………………… 141
5.2.1 概算指标的概念和作用 ………… 141
5.2.2 概算指标的内容 ………………… 142
5.2.3 概算指标编制的主要依据 ……… 143
5.2.4 概算指标的编制步骤 …………… 143
5.2.5 概算指标的应用 ………………… 147
本章小结及关键概念 ……………………… 148
习题 ………………………………………… 149
二维码形式客观题 ………………………… 149

第6章 工程费用定额 …………………… 150

学习要点 …………………………………… 150
学习导读 …………………………………… 150
6.1 概述 ……………………………………… 150
6.1.1 建设项目投资费用组成及计算程序 ………………………………… 150
6.1.2 费用定额的分类、编制依据和原则 ………………………………… 152
6.2 建筑安装工程费用定额 ………………… 153
6.2.1 措施项目费用定额的编制 ……… 153
6.2.2 间接费用定额的编制 …………… 155
6.2.3 利润、税金和风险及其他项目费用定额的编制 ………………… 157
6.3 工程建设其他费用定额 ………………… 159
6.3.1 土地使用费 ……………………… 159
6.3.2 与项目建设有关的其他费用 …… 160
6.3.3 与企业未来生产经营有关的其他费用 ……………………………… 162
本章小结及关键概念 ……………………… 163
习题 ………………………………………… 163
二维码形式客观题 ………………………… 163

第7章 工程定额的运用 ………………… 164

学习要点 …………………………………… 164
学习导读 …………………………………… 164
7.1 工程定额的套用与换算 ………………… 164
7.1.1 消耗量定额和单位估价表的直接套用 ………………………… 164
7.1.2 消耗量定额和单位估价表的换算 ……………………………… 166

7.1.3 消耗量定额的补充 …………… 168
7.2 在定额计价法中的应用——采用定额
    单价法编制施工图预算实例 ……… 170
  7.2.1 定额计价法的基本原理与方法 … 170
  7.2.2 某厂房施工图及编制要求 ……… 171
  7.2.3 套用定额填列工程概预算表 …… 175
  7.2.4 工程造价取费计算 ……………… 178
  7.2.5 填写封面、编制说明（略） …… 180
7.3 在清单计价法中的应用 …………… 181
  7.3.1 清单计价法的概念与基本原理 … 181
  7.3.2 工程量清单计价方法与示例 …… 182
本章小结及关键概念 …………………… 185
习题 ……………………………………… 186
二维码形式客观题 ……………………… 187

第8章 投资估算指标和建设工期定额 …………………… 188
学习要点 ………………………………… 188
学习导读 ………………………………… 188
8.1 投资估算指标 ……………………… 188
  8.1.1 投资估算指标的概念、作用及
        内容 ……………………………… 188
  8.1.2 投资估算指标的编制原则、
        依据和方法 ……………………… 190
  8.1.3 投资估算指标的应用 …………… 191
  8.1.4 投资估算指标编制实例 ………… 192
8.2 建设工期定额 ……………………… 195
  8.2.1 建设工期定额的概念、作用及
        内容 ……………………………… 195
  8.2.2 建设工期定额的编制原则、
        依据和方法 ……………………… 197
  8.2.3 建筑安装工程工期定额简介及
        应用 ……………………………… 198
本章小结及关键概念 …………………… 203
习题 ……………………………………… 203
二维码形式客观题 ……………………… 204

第9章 工程定额管理信息化技术 … 205
学习要点 ………………………………… 205
学习导读 ………………………………… 205
9.1 概述 ………………………………… 205
  9.1.1 工程定额管理信息系统 ………… 205
  9.1.2 工程定额管理信息化的现状 …… 206
  9.1.3 工程定额管理信息化目前存在的
        问题 ……………………………… 206
9.2 建筑企业定额管理信息化技术 …… 206
  9.2.1 加强企业定额管理信息化对建筑
        企业的现实意义 ………………… 206
  9.2.2 企业定额管理信息系统 ………… 207
  9.2.3 企业定额管理信息化技术 ……… 208
9.3 国家或地区消耗量定额管理信息化
    技术 ………………………………… 211
  9.3.1 工程定额管理信息化的现实
        意义 ……………………………… 211
  9.3.2 实现国家或地区消耗量定额
        管理信息化的途径 ……………… 211
  9.3.3 国家或地区消耗量定额管理
        信息化技术应用 ………………… 212
9.4 常用定额生成软件介绍 …………… 213
本章小结及关键概念 …………………… 215
习题 ……………………………………… 215
二维码形式客观题 ……………………… 216

参考文献 ……………………………… 217

第 1 章
建设工程定额概论

学习要点

本章首先介绍了工程定额的概念、产生和发展、作用和特点；然后概括性地讲解了工程定额的种类和体系构成及计价原理；最后综述了工程定额管理的任务、内容、原则、管理机构和人员要求，以及工程定额管理的现状和发展方向。通过本章学习，应熟悉定额概念；掌握工程定额的特点、分类、作用和体系及其计价原理；熟悉工程定额管理的任务、内容、原则、管理机构和定额管理人员的素质和专业要求，了解工程定额管理的现状和发展方向。

学习导读

小明："小刚，这学期咱们新开了一门建设工程定额原理与实务课程，听说对咱们专业挺重要的。"

小刚："是的。这门课是咱们的专业基础课，是学习工程造价的基础，要学好造价，必须学好这门课。"

小明："哎呀！要上课了，让我们赶紧进教室准备上课吧。"

小刚："好的。"

1.1 建设工程定额的基本知识

1.1.1 建设工程定额的含义和研究对象

1. 定额的概念

定额，顾名思义，就是规定的额度或数额。它是生产管理部门为指导和管理生产经营活动，根据一定时期的生产水平和产品的质量要求，制定的完成一定数量的合格产品所需消耗的人力、物力和财力的数量标准。由于不同的产品有不同的质量和安全要求，因此定额不单纯是一种合理的数量标准，而是数量、质量和安全要求的统一体。

2. 建设工程定额的概念

建设工程定额一般简称为工程定额，是指按照国家和地方有关的产品和施工工艺标准、技术与质量验收规范及其评定标准等，依据现行的生产力水平，编制的用于规定完成某一工程单位合格产品所需消耗的人工、材料、机械等的数量标准。为准确理解其意，应注意：

1）工程定额是在正常施工条件下，在合理的劳动组织、合理使用材料和机械的条件下，完成建设工程单位合格产品所必须消耗的各种资源的数量标准。

2）工程定额的"单位"是指定额子目中所规定的定额计量单位，因定额性质的不同而不同；"产品"指的是"工程建设产品"，即工程定额的标定对象或研究对象。

3）工程定额反映了在一定的社会生产力水平条件下，完成某项合格产品与各种生产消耗之间特定的数量关系，也反映了当时的施工技术和管理水平。

4）工程定额不仅给出了建设工程投入与产出的数量关系，还给出了具体的工作内容、质量标准和安全要求。

3. 工程定额的研究对象

工程定额主要研究在一定生产力水平条件下，建筑产品生产和生产消耗之间的数量关系，寻找出完成一定建设产品的生产消耗的规律性，同时分析施工技术和施工组织因素对生产消耗的影响。

4. 定额水平

定额水平是反映资源消耗量大小的相对概念，它是衡量定额消耗量高低的指标。定额水平受生产力发展水平的制约，工程定额水平必须反映当时的生产力发展水平。一般来说，定额水平与生产力水平成正比，与资源消耗量成反比。目前定额水平有平均先进水平和社会平均水平两类。

1.1.2 工程定额的产生和发展

定额是管理科学的产物，它的发展与管理科学密切相关，它伴随着管理科学而发展。

1. 国外定额的产生与发展

定额管理成为科学是从泰勒制开始的。美国工程师泰勒（F. W. Taylor）通过科学试验，对工人的操作方法和工作时间的合理利用进行了细致研究。他把工作时间分成若干组成部分，记录下工人每一动作及消耗时间，研制出最能节省时间的操作方法和工时定额，通过推行，显著地提高了劳动生产率，给企业管理带来了巨大改变。

继泰勒之后，管理科学在由作业方法向科学组织上扩展的同时，也利用了现代自然科学和技术科学的新成果（运筹学、系统工程、计算机等）作为科学管理的手段。尤其是 20 世纪 20 年代出现的行为科学，从社会学和心理学角度研究管理，强调重视社会环境、人际关系对人的行为的影响，鼓励劳动者发挥主动性和积极性，进一步补充和完善了管理科学。

伴随着管理科学的发展，制定定额的范围突破了工时定额的内容。20 世纪 40 年代出现的事前工时定额，将工时定额的制定提前到工艺和操作方法的设计过程中，以加强预先控制。20 世纪 70 年代产生的系统论将管理科学和行为科学结合起来，从事物的整体出发研究实现整体最优的方法，为定额理论提供了更为广阔的发展空间。

2. 我国定额的产生与发展

我国定额的产生由来已久。早在战国时期，齐国就有《周礼·考工记》，北宋时期，我国著名的古代土木建筑学家李诫编修了《营造法式》（1103年），后来又有了清工部颁布的《工程做法》（1734年），其中有很多内容是说明工料计算方法的。但是，直到中华人民共和国成立后，我国的工程定额才逐渐建立和日趋发展起来。

（1）劳动定额的发展过程　1949年—1957年，是我国劳动定额的创立阶段。1951年，东北地区制定了统一劳动定额，随后，其他地区也相继编制了劳动定额或工料消耗定额，从此定额工作开始在我国试行。

1958年—1976年，是劳动定额发展受限制阶段。从1958年起，定额管理逐渐被削弱，直到1962年才重新颁发劳动定额，恢复了定额制度，但1966年后，定额制度遭受了很大的冲击。

1979年以后，是劳动定额的恢复和发展阶段。1979年国家重新颁发《建筑安装工程统一劳动定额》，它规定地方和企业可以在一定范围内结合地区的具体情况进行适当调整。2009年，国家颁发了《建设工程劳动定额》（分为建筑工程、装饰工程、安装工程、市政工程和园林绿化工程），反映出我国工程定额已走上了科学化、制度化、规范化的发展轨道。

2011年后，劳动定额进入了一个新的发展时期。2011年3月，十届全国人大四次会议审议通过的《国家经济和社会发展第十二个五年规划纲要》明确提出："加快劳动标准体系建设，加强劳动定额标准管理"；《中华人民共和国劳动法》也把制定劳动定额标准确定为国家的一项义务。《中共中央　国务院关于构建和谐劳动关系的意见》（中发〔2015〕10号）中明确提出了"加强劳动定额定员标准化工作，推动劳动定额定员国家标准、行业标准的制定修订，指导企业制定实施科学合理的劳动定额定员标准，保障职工的休息权利"的要求，积极推进市场经济条件下劳动定额标准化管理，促使企业不断提高管理水平、实现精细化管理。

（2）计价定额的发展过程　1949年—1965年，是计价定额创立阶段。1956年，我国颁发了《建筑工程预算定额》，为建筑工程预算、结算的编制和工程造价的确定提供了统一、法定的依据，作为编制地区统一的建筑工程预算定额的基础。

1966年—1976年，计价定额受到了冲击，取而代之的是按实报销，造成了建筑工程造价的失控。

1977年以后，计价定额逐步恢复并得以发展。1995年建设部组织编制和颁发《全国统一建筑工程基础定额》（土建工程）和《全国统一建筑工程预算工程量计算规则》，2002年建设部组织编制和颁发《全国统一建筑装饰装修工程消耗量定额》，为实行量价分离、制定工程实体消耗和施工措施消耗定额提供了依据。2003年建设部发布了《建设工程工程量清单计价规范》，强制性规定国有投资项目实行清单计价模式。2008年对该规范进一步进行了修编完善，规范对清单计价的适用范围、清单计价的原则、清单计价的依据、格式做出了明确规定，对分部分项工程项目的编码、项目名称、项目特征、计量单位、工程量计算规则实行五统一。2013年经修编，将清单计价规范与计量规范进行了分离，使其内容更趋完善。2015年住房和城乡建设部颁发了新的《房屋建筑与装饰工程消耗量定额》，指导各省与时俱进，加强定额管理。

1.1.3 工程定额的作用和特点

1. 工程定额的作用

工程定额涉及工程建设的各领域、各方面（主体）和各层次。工程建设的宏观管理、微观管理、建设全过程、工程施工、项目招标投标阶段以及内部的承发包过程，均离不开定额。它的影响不仅广泛深远，而且是基础性工作。

（1）工程定额在工程建设中的作用　工程建设又称为基本建设，它是横贯于国民经济各部门，并为其形成固定资产的综合性经济活动过程。工程定额是专门为工程建设而制定的定额，是生产建设产品资源消耗的限额规定。它反映工程建设和各种资源消耗之间的客观规律。它的主要作用有：

1）工程定额是实行科学管理的必要手段。工程定额中，资金和人工、材料、机械台班的消耗标准，是企业编制施工进度计划、施工作业计划，下达施工任务，合理组织调配资源，进行成本核算的依据；是考核评比、开展劳动竞赛及实行计件工资和超额奖励的尺度；是施工企业进行投标报价的重要依据。

2）工程定额是节约社会劳动的重要手段。将定额作为促使工人节约社会劳动和提高劳动效率、加快工作进度的手段，可以增加市场竞争能力，降低社会成本，提高企业利润；作为工程计价依据的各类定额，会促使企业加强管理，把社会劳动的消耗控制在合理的限度内。

（2）工程定额在建筑市场交易中的作用　建筑市场是指建筑活动中各种交易关系的总和。"建筑活动"是指各类房屋建筑及其附属设施的建造和与其配套的线路、管道、设备的安装活动，"各种交易关系"包括供求关系、竞争关系、协作关系、经济关系、服务关系、监督关系、法律关系等。

工程定额在建筑市场交易中的主要作用有：

1）工程定额有利于市场行为的规范化，促进市场公平竞争。工程定额是投资决策和价格决策的依据。投资者可以利用定额权衡财务状况、方案优劣、支付能力和确定控制价等；施工企业可以利用定额在投标报价时提出科学的、充分的数据和信息，从而可以正确地进行价格决策，增加在市场竞争中的主动性。

2）工程定额有利于完善市场的信息系统。定额中的数据来源于大量的施工实践，也就是说，定额中的数据是市场信息的反馈。当信息越可靠、完备性越好、灵敏度越高时，定额中的数据就越准确，通过工程定额所反映的工程造价就越真实。

3）工程定额是建设工程计价的依据。在编制设计概算、施工图预算、清单计价与报价、竣工结算时，确定人工、材料和施工机械台班的消耗量，进行单价计算与组价，一般都以工程定额作为计算依据。

2. 工程定额的特点

工程定额具有以下几个特点：

（1）科学性　定额是采用科学的思想，运用科学的方法及手段，在研究施工客观规律的基础上，测定及广泛收集资料而制定的。在编制过程中，对现场的工时、机具及现场生产技术和组织合理的配置等各种情况进行了科学的综合分析、研究。定额客观反映了工程建设中生产与消费的规律，因而定额具有科学性。

（2）指导性　运用科学方法编制的定额具有对实际工作的指导性。在定额执行范围内，定额执行者和使用者均以该定额内容与水平为依据，以保证有一个统一的核算尺度，从而使比较、考核经济效果和有效的监督管理有了统一的标准。

（3）群众性与实践性　制定定额与执行定额的过程都需要有广泛的群众基础，制定时要广泛收集群众意见，通过大量的实际测定和数据的综合分析进行编制，因此它具有广泛的群众性。同时由于定额广泛来源于实践而又运用于实践，因此它又具有实践性。

（4）稳定性与时效性　任何一种工程定额都是一定时期技术发展和管理水平的反映，在一段时间内，其人、材、机的配置和消耗量均表现为相对稳定的状态，这是有效地执行定额所必需的。如果定额处于经常修改的变动状态中，势必造成执行过程中的困难与混乱，也会给定额的编制工作带来极大的困难。然而定额的稳定性又是相对的，不同的定额，稳定的时间不同，一般每3~8年就需要重新编制和修订，这也反映了定额的时效性。

（5）针对性　工程定额类别和工程专业类别是一一对应的，因而定额具有针对性。

（6）系统性　工程定额是相对独立的系统，它是由多种定额结合而成的有机整体。工程本身的多种类、多层次就决定了以它为服务对象的工程定额的多种类、多层次。

（7）统一性　工程定额的统一性按照其影响力和执行范围来看，有全国统一定额、地区统一定额和行业统一定额等；按照定额的制定、颁布和贯彻使用来看，有统一的程序、统一的原则、统一的要求和统一的用途。

（8）权威性　在计划经济条件下，定额经授权单位批准颁发后，即具有法令性，任何单位或个人都应当遵守定额管理权限的规定，不得任意改变定额的结构形式和内容，不得任意降低或变相降低定额水平，如需要进行调整、修改和补充，必须经授权批准。但是，在市场经济条件下，定额不存在法令性的特征，而是一个具有权威性的控制指标。各建设业主和工程承包商可以在一定的范围内根据具体情况适当调整。这种具有权威性的可灵活使用的定额，符合社会主义市场经济条件下建筑产品的生产规律。定额的权威性是建立在采用先进科学的方法制定，且能反映社会生产力水平，并符合市场经济发展规律的基础上的。

1.2 工程定额的种类及体系构成

1.2.1 工程定额的种类及地位

在生产经营管理中，各类工程定额担负着重要作用。这些工程定额经过多次修订，已经形成一个由全国统一定额、地方定额、行业定额、企业定额等组成的完整定额体系。这些定额同时归属于工程经济标准化范畴。工程定额可按不同的标准进行划分，其分类见表1-1。

表1-1　工程定额的分类

序号	分类依据	定额种类		备注
1	生产要素	劳动定额	时间定额	基本定额
			产量定额	
		材料消耗定额		
		机械台班定额	时间定额	
			产量定额	

（续）

序号	分类依据	定额种类	备注
2	编制程序和用途	工序定额	由劳动定额、材料消耗定额、机械台班定额组成
		施工定额	
		消耗量定额	
		综合预算定额或清单计价定额	
		概算定额	
		概算指标	
		估算指标	
		工期定额	
3	制定单位和执行范围	全国统一定额	
		行业定额	
		地区定额	
		企业定额	
		临时定额	
4	投资费用性质	直接费用定额	人工、材料、施工机械
		建筑安装工程综合费用定额	由措施项目费、企业管理费、规费、利润、税金组成
		工器具定额	
		工程建设其他费用定额	
5	专业性质	全国通用定额	
		行业通用定额	
		专业专用定额	

（1）按生产要素分类　按生产要素分类可分为劳动定额、材料消耗定额、机械台班定额三类。

1）劳动定额。劳动定额又称人工定额或工时定额，是指在合理的劳动组织条件下，工人以社会平均熟练程度和劳动强度在单位时间内生产合格产品的数量。它是反映建筑产品生产中活的劳动消耗量的标准。

劳动定额反映了建筑安装工人劳动生产率的社会平均先进水平，是工程定额的主要组成部分。劳动定额按其表现形式的不同，可以分为时间定额和产量定额两种形式。

2）材料消耗定额。材料消耗定额是指在正常的生产条件和合理使用材料的情况下，完成单位合格工程建设产品必须消耗的材料数量标准。

材料是工程建设中使用的原材料、成品、半成品、构配件、燃料以及水、电等动力资源的统称。材料消耗定额在很大程度上可以影响材料的合理调配和使用。

3）机械台班定额。机械台班定额是指在正常的生产条件下，完成单位合格工程建设产品必须消耗的机械台班的数量标准。

机械台班是指一台机械工作八小时。按反映机械消耗的方式不同，可以分为产量定额和时间定额两种形式。

劳动定额、材料消耗定额、机械台班定额反映了社会平均必须消耗的水平，它是制定各种实用性定额的基础，因此又称为基础定额。三大基本定额都是计量性定额。

（2）按定额的编制程序和用途分类　按定额的编制程序和用途可分为工序定额、施工定额、消耗量定额、综合预算定额或清单计价定额、概算定额、概算指标、估算指标及工期定额等八类。

1）工序定额。工序定额是以施工工序为测定对象的定额。它是组成所有工程定额的基本元素。在实际施工中除了为计算个别工序的用工量外，很少采用工序定额，但它却是劳动定额和施工定额形成的基础。按专业平均劳动计算的工序定额可以作为衡量工序劳动绩效的标准。

2）施工定额。施工定额以同一性质的施工过程或分项工程为测定对象，确定建筑安装工人在正常的施工条件下，为完成某种单位合格产品的人工、材料和机械台班消耗的数量标准。施工定额由劳动定额、材料消耗定额、机械台班定额组成，是施工企业最基本的定额。

3）消耗量定额。消耗量定额是指由建设行政主管部门根据合理的施工组织，按照正常施工条件制定的，生产某一规定计量单位的分项工程合格产品所需人工、材料、机械台班的社会平均消耗量标准。消耗量定额反映的是人工、材料和机械台班的消耗量标准，适用于市场经济条件下建筑安装工程计价，体现了工程计价"量价分离"的原则。

4）综合预算定额或清单计价定额。综合预算定额具有概算定额和预算定额的双重作用。综合预算定额是编制单位工程初步设计概算和施工图预算、招标控制价及投标报价的依据，也是承发包双方编制施工图预算、签订工程承包合同以及编制竣工结算的依据。针对清单计价模式，有些省市还专门编制了用于清单计价的定额，即根据清单项目内容不同，由若干个消耗量定额子目组成的综合定额。

5）概算定额。概算定额是编制初步设计概算，计算和确定工程概算造价及劳动、机械台班、材料需要量所使用的定额。它一般是在消耗量定额的基础上，以工程的扩大结构构件的制作过程或综合扩大的分项工程甚至整个分部工程为对象制定的，是消耗量定额的综合扩大。

6）概算指标。概算指标是在三阶段（初步、技术、施工图）设计的初步设计阶段，编制工程概算，计算和确定工程的初步设计概算造价，计算人工、材料、机械台班需要量时所采用的一种定额。它的设定与初步设计的深度相适应。概算指标比概算定额更加综合扩大，它一般是在概算定额和消耗量定额的基础上，根据类似工程预算、决算资料和价格变动等资料，以单位工程或单项工程为对象编制的。概算指标所提供的数据是计划工作的依据和参考，因此，它是控制项目投资的有效工具。

7）估算指标。估算指标是在项目建议书和可行性研究阶段编制投资估算、计算投资需要量时使用的一种定额。它比概算定额和概算指标更为综合扩大，非常概略，往往以独立的单项工程或完整的工程项目为计算对象，是一种计价性定额。

8）工期定额。工期定额是指在一定生产技术和自然条件下，完成某个单位（或群体）工程平均需用的标准天数，它包括建设工期和施工工期两个层次。建设工期是指建设项目或独立的单项工程在建设过程中耗用的时间总量，一般用月数或天数表示，它从开工建设时算起到全部完成投产或交付使用时止，但不包括由于决策失误而停（或缓）建所延误的时间。施工工期一般是指单项工程或单位工程从开工到完工所经历的时间。施工工期是建设工期的一部分。

工程定额中，常用施工定额、消耗量定额和概算定额，这三种定额之间的关系如图 1-1 所示。

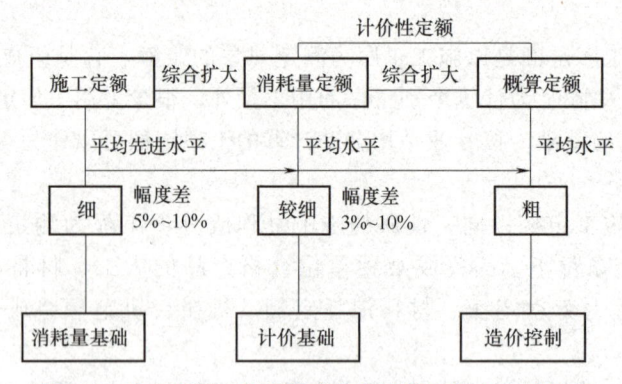

```
                        计价性定额
       综合扩大          综合扩大
  施工定额 ────── 消耗量定额 ────── 概算定额
    │                │                │
  平均先进水平      平均水平         平均水平
    ↓                ↓                ↓
   细   幅度差     较细   幅度差      粗
        5%～10%         3%～10%
    │                │                │
  消耗量基础         计价基础         造价控制
```

图 1-1 施工定额、消耗量定额和概算定额之间的关系

（3）按定额制定单位和执行范围分类　按定额制定单位和执行范围，可分为全国统一定额、行业定额、地区定额、企业定额、临时定额等五类。

1）全国统一定额。全国统一定额是指由国家建设行政主管部门组织，依据现行有关的国家产品标准、设计规范、施工及验收规范、技术操作规程、质量评定标准和安全操作规程，综合全国工程建设情况、施工企业技术装备水平和管理情况进行编制、批准、发布，在全国范围内施行的定额。它不分地区，全国适用，如《全国统一建设工程劳动定额》《全国统一建筑安装工程工期定额》《全国统一安装工程预算定额》等。

2）行业定额。行业定额是指由行业行政主管部门组织，在国家行业行政主管部门统一指导下，依据行业标准和规范，结合本行业工程建设特点、本行业施工企业技术装备水平和管理情况进行编制、批准、发布，一般只在本行业和相同专业性质的范围内使用的定额。这种定额往往是为专业性较强的工业建筑安装工程制定的，如《水利工程定额》《冶金工程定额》《铁路或公路工程定额》等。

3）地区定额。地区定额是指省、自治区、直辖市建设行政主管部门在国家建设行政主管部门统一指导下，考虑地区工程建设特点，对国家定额进行调整、补充编制并批准、发布的，只在规定的地区范围内使用的定额。它一般是在综合考虑各个地区不同的气候条件、资源条件和交通运输条件等的基础上编制的，如《陕西省建筑装饰工程消耗量定额》。

4）企业定额。企业定额是指由企业根据本企业的人员素质、机械装备程度和企业管理水平，参照国家、行业或地区定额自行编制，只限于本企业内部使用的定额。企业定额是企业从事生产经营活动的重要依据，也是企业不断提高生产管理水平和市场竞争能力的重要标志。企业定额水平应高于国家、行业或地区定额，才能适应投标报价及增强市场竞争能力的要求。

5）临时定额。临时定额又称一次性定额，它是因上述定额中缺项而又实际发生的新项目而编制的。一般由施工企业提出测定资料，与建设单位或设计单位协商议定，并同时报主管部门备查，只作为一次使用。临时定额经过总结和分析，往往成为补充或修订正式统一定额的基本资料。

(4) 按投资的费用性质分类　按投资的费用性质可分为直接费用定额、建筑安装工程综合费用定额、工器具定额、工程建设其他费用定额等四类。

1) 直接费用定额。包括建筑工程定额和设备安装工程定额两大类。

① 建筑工程定额。建筑工程一般理解为房屋和构筑物工程。具体包括一般土建工程、装饰工程、电气工程、管道工程、特殊构筑物工程等。广义的建筑工程概念几乎等同了土木工程的概念。因此，建筑工程定额在整个工程定额中是一种分量较重的定额。

② 设备安装工程定额。设备安装工程是对需要安装的设备进行定位、组合、固定、校正、调试等工作的工程。在工业项目中，机械设备安装和电气设备安装工程占有重要地位。

设备安装工程定额和建筑工程定额是两种不同类型的定额。一般要分别编制，各自独立。但是二者在施工中有时间连续性，也有作业的搭接和交叉，需要统一安排，互相协调，所以在通用定额中有时把建筑工程定额和设备安装工程定额有机组合，称为建筑安装工程定额。

2) 建筑安装工程综合费用定额。建筑安装工程综合费用定额是直接费定额中没有包括而又直接或间接地为组织工程建设所进行的生产经营活动和扩大生产所需的各项费用。建筑安装工程综合费用定额是建筑安装工程造价的重要计价依据，一般是以某个或多个自变量为计算基础，确定专项费用计算标准的经济文件。它包括措施项目费、企业管理费、规费、利润、税金等。

3) 工器具定额。工器具定额是为新建或扩建项目投产运转首次配置的工器具数量标准。工器具是指按照有关规定，不够固定资产标准而起劳动手段作用的工具、器具和生产用家具，如工具箱、计量器、仪器等。

4) 工程建设其他费用定额。工程建设其他费用定额是独立于直接费、建筑安装工程综合费用和工器具购置费之外的其他费用开支的标准。工程建设的其他费用主要包括土地使用费、与项目建设有关的其他费用、与未来企业生产经营有关的其他费用等三方面费用。这些费用的发生和整个项目的建设密切相关。它一般要占项目总投资的 10%~40%。其他费用定额是按各项独立费用分别制定的，以便合理控制这些费用的开支。

(5) 按专业性质分类　按专业性质可分为全国通用定额、行业通用定额、专业专用定额等三类。其中，全国通用定额是指在部门间和地区间都可以使用的定额；行业通用定额是指具有专业特点在行业部门内可以通用的定额；专业专用定额是指特殊专业的定额，只能在指定范围内使用。

1.2.2　工程定额体系及计价原理

在工程定额的分类中，可以看出各种定额之间的有机联系。它们相互区别、相互交叉、相互补充、相互联系，从而形成一个与建设程序分阶段工作深度相适应、层次分明、分工有序的庞大的工程定额体系。要研究工程定额，首先要全面认识各种定额，同时也要了解它的体系结构。图 1-2 是工程定额体系的粗略示意图。

图 1-2 展现的是我国工程定额体系的现状，从长远来看，它不是一成不变的，并且这只是简单示意，并不能完全展现现行的所有定额。

图 1-3 所示为工程定额体系与工程造价计算原理。

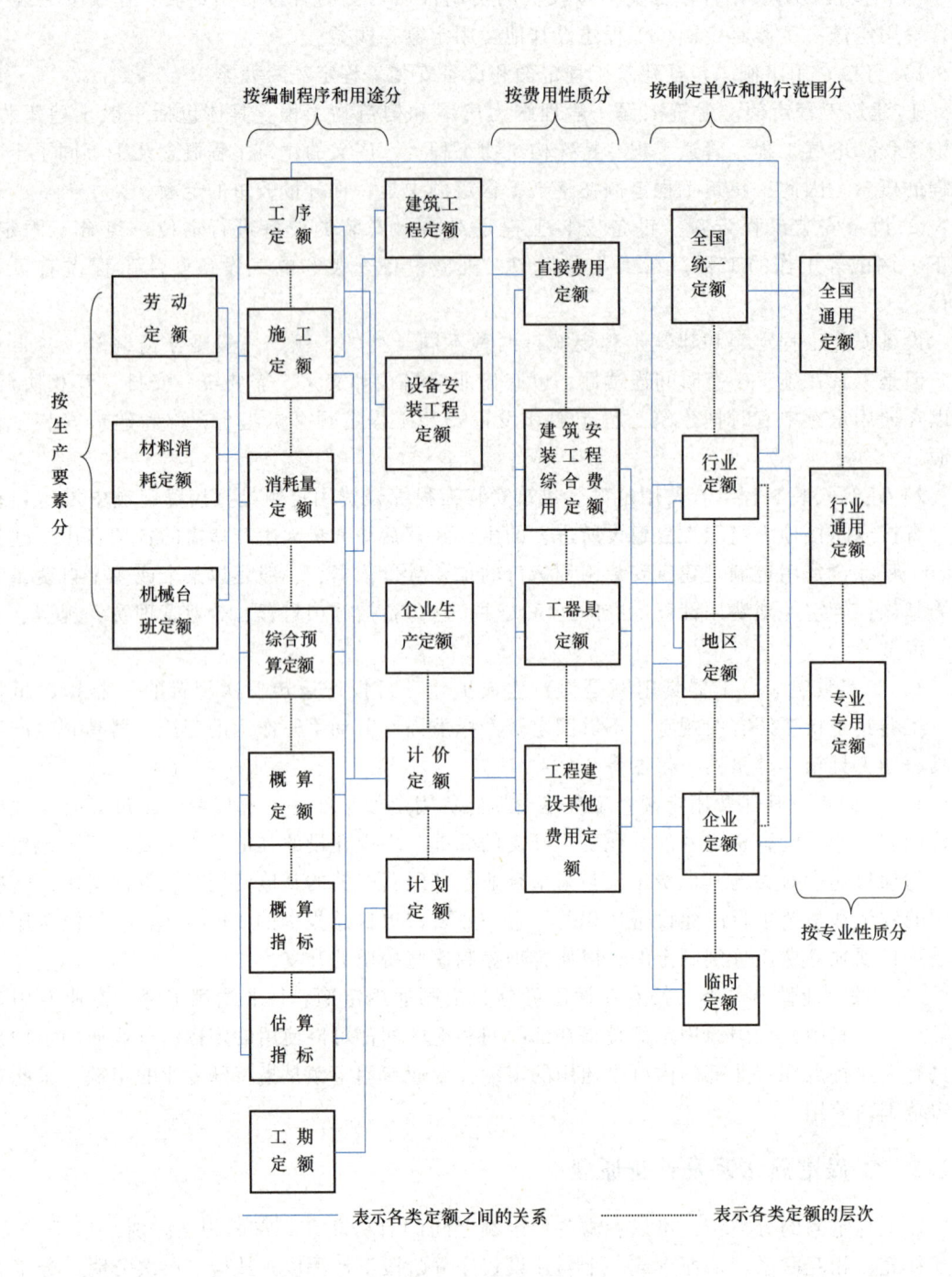

图 1-2　工程定额体系示意图

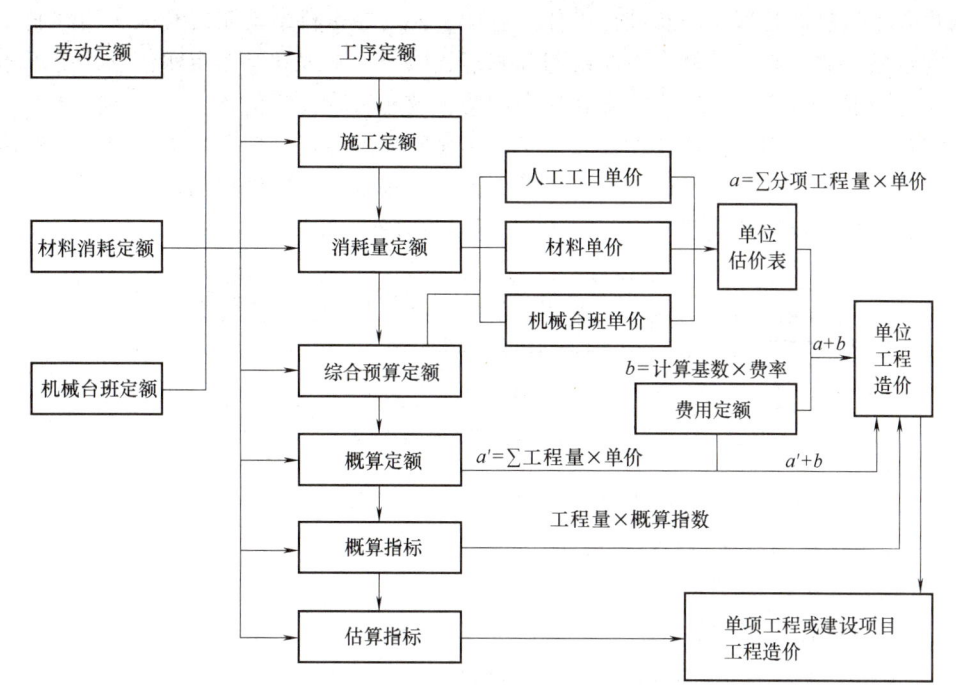

图 1-3 工程定额体系与工程造价计算原理

1.3 工程定额管理

1.3.1 工程定额管理的任务、内容和原则

1. 工程定额管理的任务

工程定额管理的任务是：

1）统筹协调工程建设各方的利益关系，深化工程定额改革。在社会主义市场经济条件下，工程定额管理的任务是本着实事求是和公平、公正、合理的原则，利用各种定额手段统筹协调各方主体的经济利益，处理好国家、企业、个人的经济利益关系，逐步完善市场机制下的分配关系。按制造成本法调整建筑安装工程费用项目的划分；规范建筑安装工程成本费用项目；按照量价分离和工程实体性消耗与施工措施消耗相分离的原则，对计价定额进行改革，实行国家宏观控制与放开调整相结合的动态管理方式，促进企业间的平等竞争，提高企业的竞争能力。

2）节约社会劳动和资源消耗。节约社会劳动是合理确定和利用资源及资金的一个极重要方面，是提高投资效益的标志和主要途径。节约社会劳动和资源消耗，不仅给一个项目或一个企业带来经济效益，而且会从宏观上给国民经济的发展带来积极影响，同时，节约社会劳动也就意味着投资效益的提高。

3）缩短建设工期和施工工期。

2. 工程定额管理的内容

定额管理实际上就是利用定额来合理安排和使用人力、物力、财力以及时间的所有管理活动的集合，是经济管理中的基础性工作。它的主要内容是科学地制定有关法规和制度，及时地制定定额编制和修订计划，组织编制和修订，收集、整理和发布定额信息，组织和检查定额的执行情况，分析定额完成情况和存在问题，及时获取反馈信息。

工程定额种类繁多，但从共性上看，工程定额管理内容包括三个方面，即定额的编制修订、定额的贯彻执行和信息反馈。从市场的信息流程来看，定额管理的内容主要是信息的采集、加工和传递、反馈的过程。定额管理信息流程如图1-4所示。

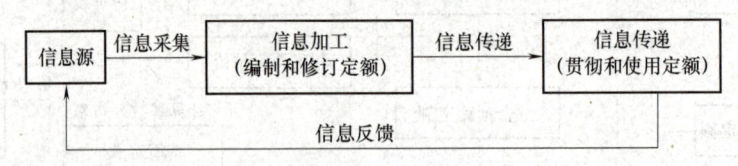

图1-4 定额管理信息流程

定额管理具体包括以下工作内容：

1）制定定额的编制计划和编制方案。

2）收集、分析、整理基础资料。

3）编制（修订）定额。

4）定额的整理、试用、测定定额水平及报批。

5）审批和颁发定额。

6）组织征询有关各界对新定额的意见与建议；整理和分析意见、建议，诊断新编定额中存在的问题。

7）对新编定额进行必要的调整与修改。

8）推广新定额，组织定额交底、宣传、解释和答疑，为新定额的贯彻执行创造条件。

9）监督和检查定额的执行情况，收集、储存定额的执行情况和反馈信息。

上述管理内容之间，既相互联系又相互制约。同时它们的顺序也大体反映管理工作的程序。定额管理流程如图1-5所示。

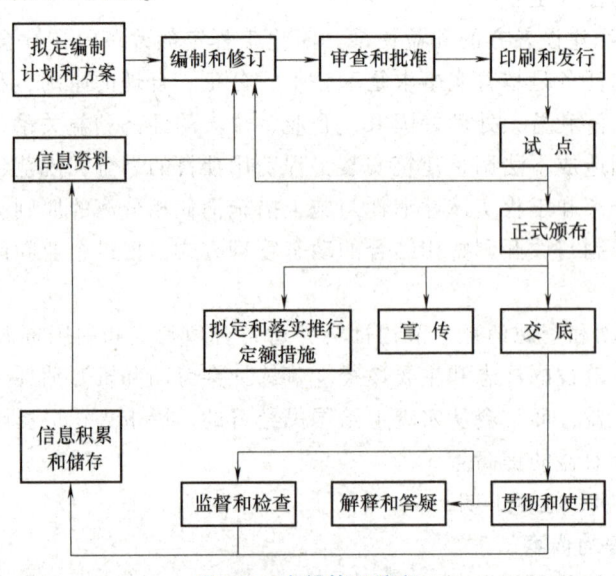

图1-5 定额管理流程

1.3.2 工程定额管理机构和人员的要求

1. 工程定额管理机构

我国工程定额管理机构是为适应国家大规模经济建设的发展而逐步建立并健全起来的。从管理权限的划分来看，住房和城乡建设部标准定额司是对口领导机构，主要负责制定和颁发有关工程定额的政策、制度、发展规划。住房和城乡建设部标准定额研究所是部属专业研究机构，主要负责工程定额基础理论和现代化管理方法、手段的研究和推广运用。省、自治区、直辖市和国务院行业主管部的定额管理机构在各自的管理范围内行使自己的定额管理职能。省辖市、地区和大型企业的定额管理机构，接受上级定额机构的指导，在所辖地区或企业的范围内执行定额管理职能，为编制新定额提供基础资料，如统计资料、测定资料、调查资料等，收集定额执行情况，分析研究定额中存在的问题，提出改进和解决措施，组织专业人员培训和考核，指导下属定额机构的业务工作。

2. 工程定额管理人员的素质和专业要求

工程定额管理是一项政策性和技术性很强的经济管理工作，它需要一大批懂政策、懂经济、懂专业技术的不同层次的人才，才能满足管理工作发展的需要。

（1）工程定额管理人员的素质要求　定额管理人员应具备思想品德、文化、专业和身体四方面的素质要求。在执行行政职能以及进行各种咨询服务的时候往往涉及各方面的经济利益关系，这就要求定额管理人员具备良好的思想品德方面的素质，不能以权谋私；同时，定额管理的技术性和专业性特点，要求管理人员具有相当的文化方面的素质和专业素质；专业素质是专业理论水平、业务水平、工作经验和解决实际问题能力等知识和能力的综合；定额管理工作任务繁重、时间性强，需要管理人员具有强健的体魄和乐观的精神，即需要具备良好的身体方面的素质。

（2）工程定额管理人员的专业要求

1）工程定额管理人员的知识结构。按照行为科学的观点，不同层次的管理人员都需具备三种技能，即技术技能、人文技能和观念技能。技术技能是指通过专业技术教育及训练获得的知识、方法、技能及解决问题的实际能力；人文技能是指与人共事的能力及判断力；观念技能是指组织协调能力。但是，不同层次的管理人员所需具备的这三种技能的结构是不同的。行为科学对不同管理层所需的三种技能的结构比例如图1-6所示。

三种技能的组合结构说明需要根据管理层次不同进行不同的组合。图1-6中人文技能占的比例很大，这反映了行为科学的观点。根据定额管理的性质、任务和内容，定额人员需要

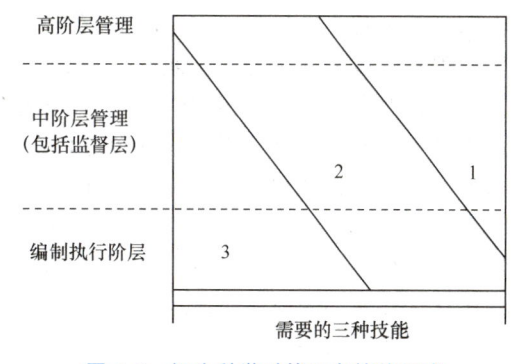

图1-6　行为科学对管理者技能要求
1—观念技能　2—人文技能　3—技术技能

自觉运用人文技能，使全体人员相互合作、共同努力，完成定额管理任务。技术技能对于定额管理人员来说，就是专业技能，它需要在工作实践中通过专业教育、训练而获得经验，并逐渐积累、总结、提高，达到预定的目标。观念技能对于定额管理人员也非常重要，每个定额管理人员都应该自觉地维护社会的、全局的利益，尤其是高层次管理者更需要有全局观

念，要提高理论和政策水平，要加强品德素质。

2）工程定额管理人员的专业培训方式。专业培训方式主要有两类，一类是普通高校的系统教育，也可称为职前教育；另一类是专业继续教育，又称为在职教育。

1.3.3 工程定额管理的现状及发展方向

1. 工程定额管理的现状

1）更新周期较长。工程定额更新相对滞后，一般为3~5年时间，更有甚者长达十几年。它不能及时反映施工水平、市场条件的变化，这在一定程度上影响了工程造价的准确性。

2）企业定额制定存在难度。企业定额的内容和水平要随着企业发展进行修改、调整和更新，所以企业定额的编制需要投入较高的成本。目前，企业对自己企业定额的编制重视程度不够，投入不足，由于目前管理层与劳务层的分离，劳务承包和劳资管理及投入技术的复杂化，致使企业定额的编制难度加大。企业投标报价仍依据地方定额或行业定额编制，缺乏符合自己实际竞争力的定额。

3）与造价管理联系不紧密。定额站与施工、设计、监理、建设等单位之间交流较少，影响定额管理水平的提升。

4）工程定额计量规则与项目划分标准不统一。国家统一定额与行业统一定额、各地区定额之间往往存在较大的差异，且定额与清单不同模式下的计量规则与项目划分也不统一，未形成规范化的计量规则与定额项目划分技术标准体系，这种国家、地区定额及不同计价模式的差异性，规范化的技术标准体系的缺失，给定额的制定、实施、管理带来一定的难度。

5）工程定额管理模式存在弊端。由于我国各区域经济发展水平不同，建筑科技和企业劳动生产力存在差异，导致国家定额的适用性不强、权威性不高；国家和地方重复组织编制定额，造成资源浪费，经济效益和社会效益低下。

2. 工程定额管理的发展方向

1）引导制定企业定额。企业定额就是将定额项目的消耗量与价格信息交由企业根据自身水平去反映。企业定额的项目划分和计算规则可以参考政府定额，政府定额只起标准规范的作用。由于技术力量和工作重心等原因，企业并没有建立自己企业定额的动力和愿望，因此，管理部门应积极引导各企业研究制定自己的企业定额。

2）定额管理与造价管理要结合。工程定额管理是工程造价管理的基础，工程造价管理工作贯穿项目从决策到竣工验收的全过程，在各阶段的造价管理和控制过程中，要善于发现定额的不足之处，在动态管理中不断补充完善定额和费用标准，使造价管理工作行之有效。

3）建立信息交流平台。目前，相对静态的管理难以应对复杂和激烈的市场；滞后的数据信息与管理也阻碍着工程造价动态控制的进程；数据资料由少数人掌握，并且没有进行归类和信息化处理，因而得不到及时和充分的利用。建立工程造价信息平台，将信息进行分类和共享，才能有效实现定额管理动态化，才能符合工程建设的需要。

4）重视造价咨询单位的作用。造价咨询单位不但可以完成相当部分的造价工作，而且由于它的专业性和针对性，也有助于全面真实地收集工程造价方面的信息和数据资料，有利于对定额进行动态管理。

本章小结及关键概念

本章小结： 工程定额是指按照国家和地方有关的产品和施工工艺标准、技术与质量验收规范及其评定标准等，依据现行的生产力水平，编制的用于规定完成某一工程单位合格产品所消耗的人工、材料、机械等的消耗量标准。它是研究在一定生产力水平条件下，建筑产品生产和生产消耗之间的数量关系，寻找完成一定建设产品的生产消耗的规律性。定额水平是反映资源消耗量大小的相对概念，它是衡量定额消耗量高低的指标。

工程定额的作用分为在工程建设中的作用和在建筑市场交易中的作用。工程定额的特点有科学性、指导性、群众性与实践性、稳定性与时效性、针对性、统一性、权威性。工程定额按照不同的标准分为5类。

定额管理实际上就是利用定额来合理安排和使用人力、物力、财力以及时间的所有管理活动的集合，是经济管理中的基础性管理工作。它的主要内容是定额的编制与修订、定额的贯彻执行和信息反馈等三个方面。定额管理人员应具备的素质包括思想品德方面的素质、文化方面的素质、专业方面的素质和身体方面的素质四方面。

关键概念：定额、工程定额、定额体系、定额水平、定额管理。

习　　题

1. 定额，就是规定的_____。它是生产管理部门为指导和管理生产经营活动，根据一定时期的生产水平和产品的质量要求，制定的完成_____的合格产品所需消耗的_____、_____和_____的数量标准。
2. 工程定额是在正常施工条件下，在合理的_____、合理地_____和_____的条件下，完成建设工程_____所必须消耗的各种资源的_____。
3. 工程定额按生产要素分类，可分为_____、_____、_____三类。
4. 工程定额的作用有哪些？
5. 定额与管理的关系是什么？
6. 工程定额的特点包括哪些？
7. 工程建设与工程建设定额的关系是什么？
8. 工程定额有哪些种类？
9. 如何理解工程定额体系？
10. 工程定额管理的任务、内容和原则是什么？
11. 工程定额管理的机构及其职能是什么？
12. 对工程定额管理人员的要求有哪些？

二维码形式客观题

微信扫描二维码，可在线做题，提交后可查看答案。

第 2 章
工程定额编制原理和基本方法

学习要点

本章主要介绍工程定额编制的原则与步骤、施工过程的概念和分类；分析和研究施工过程的内容，剖析了影响施工过程的因素；介绍工作时间消耗的概念及工人和机械工作时间消耗的分类；讲解用技术测定法确定工程定额中工人和机械工作时间消耗量的过程；用科学计算法计算材料消耗量的理论公式以及利用比较类推法、统计分析法、经验估计法来进行定额的简易制定。通过本章学习，应了解工程定额编制的步骤；理解施工过程的概念和分类、工人和机械工作时间消耗的分类及消耗量的确定方法；熟悉工程定额的制定方法；掌握各种编制工程定额的方法；重点掌握技术测定法和科学计算法并能够熟练运用。

学习导读

小刚："小明，我们上一章学习了工程定额的概念、作用、分类和定额体系及管理等。"

小明："是的，还讲了定额与计价的关系呢！这门课挺重要的！这节课我们要接着学习定额的编制原理和方法啦！要学习非常有用的研究工时消耗的技术测定法和研究材料消耗的科学计算法呢！"

小刚："嗯嗯，真的好期待呀！"

2.1 工程定额编制的依据、原则和步骤

2.1.1 工程定额编制的基本依据与原则

1. 工程定额编制的依据

（1）法律法规　国家的有关法律、法规，政府的价格政策，现行的建筑安装工程施工及验收规范，安全技术操作规程和现行劳动保护法律、法规，国家设计规范。

（2）劳动制度　包括工人技术等级标准、工资标准、工资奖励制度、八小时工作日制度、劳动保护制度等。

（3）各种规范、规程、标准 包括设计规范、质量及验收规范、技术操作规程、安全操作规程等。

（4）技术资料、测定和统计资料 包括典型工程的施工图、正常施工条件、机械装备程度、常用的施工方法、施工工艺、劳动组织、技术测定数据、定额统计资料等。

2. 工程定额编制的基本原则

工程定额质量的高低直接决定了能否充分发挥其在施工管理和按劳分配方面的双重作用。但其质量的高低，又取决于工程定额水平、内容和结构形式是否反映了当时的施工生产组织条件和施工生产水平，是否能适应社会生产力的需要。为了保证工程定额的质量，在制定工程定额时，必须遵循以下原则：

（1）技术先进、经济合理的原则 技术先进是指定额项目的确定、施工方法和材料的选择等，能够正确反映建筑技术水平，及时采用已经成熟并得到普遍推广的新技术、新材料、新工艺，以促进生产的提高和建筑技术水平的进一步发展。

经济合理是指纳入工程定额的材料规格、质量、数量、劳动效率和施工机械的配备等要符合经济合理的要求。

（2）结构形式简明适用的原则 它是指定额结构合理，定额步距大小适当，文字通俗易懂，计算方法简便，容易被群众掌握运用，具有多方面的适用性，能在较大范围内满足不同情况、不同用途的需要。

（3）专群结合，以专为主的原则 专群结合是指专职人员必须要与工人群众相结合，注意走群众路线。由于工程定额编制的工作量大，工作周期长，技术复杂，政策性强，必须要有一支经验丰富、技术与管理知识全面的专业人员队伍，来组织技术测定和工程定额编制工作。

2.1.2 工程定额编制的步骤

工程定额编制的基本步骤为建立编制机构、收集资料→制订定额编制方案→拟定定额的适用范围→拟定定额的结构形式→定额的制定→确定定额水平→定额水平的测算对比。

1. 建立定额编制的组织机构、收集有关编制依据资料

按照具体定额，确定定额编制的机构，收集资料。收集资料要有目的性。

2. 制订定额编制方案，拟定定额的适用范围

定额编制方案就是对编制过程中一系列重要问题做出原则性的规定，并据此指导编制工作的全过程。

制定定额首先要拟定其适用范围，使之与一定的生产力水平相适应。适用范围一般是某个地区、某个专业、企业内部或者工程投标报价。

3. 拟定定额的结构形式

定额的结构形式是指定额项目的划分、章节的编排等具体形式。主要有以下几个要求：

（1）定额章、节的编排要方便基层单位的使用

1）章的划分。通常有以下几种：

① 按不同的分部划分：例如装饰工程可以按不同分部工程划分为楼地面、墙柱面、天棚、门窗、油漆涂料等各章节。

② 按不同工种和劳动对象划分：例如建筑工程可以按工种和劳动对象划分为土石方、砌筑、脚手架、混凝土以及钢筋混凝土、门窗、抹灰、装饰等各章。

2）节的划分。通常有以下几种：

① 按不同的材料划分：例如抹灰工程可以按材料划分为石灰砂浆、水泥砂浆、混合砂浆等。

② 按分部分项工程划分：例如现浇构件这一章，可以按分部分项工程的工效不同划分为基础、地面、柱、梁、墙、板等各小节。

③ 按不同构造划分：例如屋面防水这一章，可以按构造划分为柔性防水层、刚性防水层、瓦屋面、铁皮屋面等各小节。

上述章节的划分方法是一般常用的方法。具体操作中，还需在定额编制过程中结合具体情况而定。

3）章节的编排。定额章节的编排，还必须包括涵盖工程内容、质量要求、劳动组织、操作方法、使用机具以及有关规定的文字说明。

每种定额应有"总说明"，将两章以及两章以上的共性问题编写在"总说明"中。每章应写"章说明"，将两节及两节以上的共性问题，编写在"章说明"中。每节的文字说明一般包括工作内容、操作方法和有关规定等。

(2) 项目划分应合理　项目划分合理包括两个方面：一是定额项目齐全，二是定额项目的划分粗细适当。

1）定额项目齐全：施工过程中，那些主要的、常有的施工活动，都能够直接反映在工程定额项目中。

2）定额项目划分粗细适当：一般来说，项目划分应从编制施工作业计划、签发施工任务书、计算工人劳动报酬等需要出发，以工种和分部分项工程为基础，妥善处理好粗与细、繁与简、单项与综合、工序与项目的关系，使项目划分粗细适当。

划分定额项目，要充分体现施工技术和生产力水平。具体划分方法主要有以下几种：

① 按机具和机械施工方法划分。例如手工操作与机械操作的工效差别很大。因此，项目划分时要根据手工操作和使用机具情况，划分为手工、机械和部分机械定额项目。

② 按产品的结构特征和繁简程度划分。在施工内容上属于同一类型的施工过程，由于工程结构的繁简程度和几何尺寸不同，对定额水平仍有较大影响。所以，要根据产品的结构特征、复杂程度及几何尺寸的大小划分定额项目。例如，现浇混凝土设备基础模板的制作安装就需要根据其复杂程度和几何尺寸的大小，划分为一般的、复杂的、体积在多少立方米以内的或多少立方米以上的项目。

③ 按工程质量的不同要求划分。工程质量的要求不同，单位产品的工时消耗差别较大。例如，砖墙面抹石灰砂浆，按施工及质量验收规范规定，有不同等级不同抹灰遍数的质量要求。因此，可以按高级、中级、普通抹灰质量要求分别划分定额项目。

④ 按使用的材料划分。完成某一产品所使用的材料不同，对工程的影响也很大。如不同材质、不同管径的各种管材，对管道安装的工效影响就很大。因此，在划分管道安装项目时，按不同材料的不同管径来划分项目。

除上述划分方法外，还有很多其他划分方法，如按土的分类，工作物的长度、宽度、直径，设备的型号、容量大小等划分方法。总的划分原则就是以工效的差别来划分项目。

（3）步距大小适当　步距是指同类型产品（或同类工作过程）相邻定额项目之间的水平间距。例如，对于砌筑砖墙的一组定额，步距可以按砖墙厚度分为 1/4 砖墙、1/2 砖墙、3/4 砖墙、1 砖墙、3/2 砖墙、2 砖墙等，这样，步距就保持在 1/4~1/2 砖墙厚；也可以将步距适当扩大，将步距保持在 1/2~1 砖墙厚。

步距大小要适当。步距大，定额项目数少，但定额水平的精确程度低；步距小，定额项目数多，定额水平的精确度高，但计算和管理都比较复杂，编制定额的工作量大，使用也不方便。一般来说，对主要工种、主要项目、常用项目，步距要小一些；对次要工种、工程量不大或不常用的项目，步距可以适当放大一些。

（4）文字通俗易懂，计算方法简便　定额的文字说明、注释等应明白、清楚、简练、通俗易懂，名词术语应该是全国通用的。计算方法要力求简化，易于掌握、运用。

（5）计量单位的确定　定额项目工程量的计量单位要尽可能同产品的计量单位一致，应采用公制和十进位或百进位制。在许多情况下，一种产品可以采用好几种计量单位。例如，砖砌体的计量单位可以用砌 1000 块砖、砌 $1m^2$ 砖墙或砌 $1m^3$ 砖砌体来表示。

确定计量单位应遵循以下原则：

1）能够准确、形象地反映产品的形态特征。

① 凡物体的长、宽、高都发生变化时，应采用 m^3 为计量单位，如土石方、混凝土构件等项目。

② 当物体厚度不变，而它的长度和宽度发生变化，并引起面积发生变化时，宜采用 m^2 为计量单位，如地面面层、装饰抹灰等项目。

③ 物体截面的形状和大小不变，但长度改变时，应以延长米为计量单位。例如装饰线条、栏杆扶手、给水排水管道、导线敷设等项目。

④ 体积、面积相同，但质量和价格差异较大，应当以 kg 或 t 为计量单位，如金属结构的制作、运输、安装等。

⑤ 按个、组、套等自然计量单位计算，如洗脸盆、排水栓等项目。

2）便于计算和验收工程量。例如，墙脚排水坡以 m^2 为计量单位，窗帘盒以 m 为计量单位，便于计算和验收工程量。

3）计量单位的大小要适当。既要做到方便使用，又能保证定额的精确度。例如，人工挖土方以 $10m^3$ 为单位，人工运土以 $100m^3$ 单位，机械运土以 $1000m^3$ 为单位。

4）便于定额的综合。施工过程各组成部分的计量单位应尽可能相同。例如，人工挖土方的组成部分中的人工挖方、人工运土、人工回填土项目都应以 m^3 为单位，便于定额的综合。

5）必须采用国家法定的计量单位。

4. 定额的制定

定额的制定是指在已收集资料的基础上，定额编制机构和编制人员在定额的适用范围内，按照拟定定额的结构形式合理有序地制定定额。定额编制的基本理论是对工作进行研究，即对工作进行分析、设计和管理，从而最大限度地节约工作时间，提高工作效率，并实现工作的科学化、标准化和规范化。工程定额的编制方法主要有技术测定法、经验估计法、统计计算法、比较类推法等。

5. 确定定额水平

定额水平主要反映在产品质量与原材料消耗量、生产技术水平与施工工艺先进性、劳动组织合理性与人工消耗量等方面。定额水平的确定步骤如下：

（1）收集定额水平资料　收集时，应注意资料的准确性、完整性和代表性。无论是编制企业定额还是补充定额，都应以技术测定资料作为确定定额水平的重要依据。此外，还应收集在施工过程中实际完成情况的统计资料和实践经验资料。为了保证准确性，统计资料应在生产条件比较正常、产品和任务比较稳定、原始记录和统计工作比较健全，以及重视科学管理和劳动考核的施工队组或施工项目上收集。

（2）分析采用定额水平资料　用上述方法收集到的资料，由于受多种因素的影响，难免存在一定的局限性。因此，对收集到的资料，首先要进行分析，选用工作内容齐全、施工条件正常、各种影响因素清楚、产品数量、质量及工料消耗数据可靠的资料，进行加工整理，作为确定定额水平的依据。

（3）确定定额水平　定额水平的确定要从两个方面来讨论，一是根据企业的生产力水平确定定额水平；二是根据定额的作用范围确定定额水平。

定额水平的确定，既要坚持平均水平或平均先进水平的原则，又要处理好数量与质量的关系。各种定额应该以现行的工程质量验收规范为质量标准，在达到质量标准的前提下确定定额水平。确定定额水平时，还应考虑工人的安全生产和身心健康，对于有害身体健康的工作，应该缩短作业时间。

根据作用范围确定定额水平是指编制行业定额用以指导整个行业时，应以该行业的平均水平作为定额水平；编制地区定额用于指导某一地区时，应以该地区该行业的平均水平作为定额水平；编制企业定额，应以该企业的平均先进水平作为定额的水平。

6. 定额水平的测算对比

对定额水平进行测算，将新编定额与现行定额进行对比，用于分析新编定额水平提高或降低的幅度。

由于定额项目很多，一般不做逐项对比和测算。通常将定额章节中的主要常用项目进行对比。对比时应注意所选项目的可比性。所谓可比性，是指两个对比项目的定额水平所反映的内容，包括工作内容、施工条件、计算口径是否一致。如果不一致，那么对比就没有可比性，其比较结果就不能反映定额水平变化的实际情况。

定额水平的测算对比，常采用单项水平对比和总体水平对比的方法。

（1）单项水平对比　用新编定额选定的项目与现行定额中对应的项目进行对比。它的比值反映了新编定额水平比现行定额水平提高或降低的幅度，其计算公式为

$$\text{新编定额水平提高或降低的幅度} = \left(\frac{\text{现行定额单项消耗量}}{\text{新编定额单项消耗量}} - 1 \right) \times 100\% \qquad (2-1)$$

定额水平与定额消耗量成反比，定额水平越高，定额消耗量就越低。

（2）总体水平对比　用同一单位工程计算出的工程量，分别套用新编定额和现行定额的消耗量，计算出人工、材料、机械台班总消耗量后进行对比，从而分析新编定额水平比现行定额水平提高或降低的幅度，其计算公式为

$$\text{新编定额水平提高或降低的幅度} = \left(\frac{\text{现行定额分析的单位工程消耗量}}{\text{新编定额分析的单位工程消耗量}} - 1 \right) \times 100\% \qquad (2-2)$$

2.2 施工过程及分类

2.2.1 施工过程的概念

施工过程是指为完成某一项施工任务，在施工现场所进行的生产过程。施工过程可大可小，大到一个建设项目，小到一个工序，最终目的是要建造、扩建、修复或拆除工业及民用建筑物和构筑物的全部或其中的一部分，如砌筑墙体、安装门窗、敷设管道等。

施工过程的目的是要获得一定的产品，该产品既可能是改变了劳动对象的外表形态、内部结构或性质，也可能是改变了劳动对象的位置等。施工过程中所获得的产品必须符合建筑和结构设计及现行技术规范的要求。只有合格的产品才能计入施工过程中消耗工作时间的劳动成果。

建筑安装施工过程包括生产力三要素，即劳动者、劳动对象、劳动工具。施工过程的基本内容是劳动过程，即不同工种、不同技术等级的建筑、安装和装饰工人，使用各种劳动工具（手动工具、小型机具和大中型机械及用具等），按照一定的施工工序和操作方法，直接地或间接地作用于各种劳动对象（各种建筑、装饰材料、半成品、预制品和各种设备、零配件等），使其按照人们预定的目的，生产出建筑、安装以及装饰合格产品的过程。

每一个施工过程的完成，均需具备下述四个条件：①具有完成施工过程的劳动者、劳动工具和劳动对象；②具有完成施工过程的工作地点，即施工过程所在的地点、活动空间；③具有为完成施工过程所需的空间组织，即施工现场范围内的"七通一平"、建筑与装饰材料、工器具的存放等空间相对位置的布置；④具有为完成施工过程的指挥、协调等组织管理工作。

施工过程中除上述劳动过程的基本内容以外，对某些产品的完成还需要借助于自然力的作用，使劳动对象发生某些物理的或化学的变化，如混凝土浇筑后的自然养护、门窗油漆的干燥等。因此，施工过程通常是在许多相关联的劳动过程和自然过程的有机结合下完成的。

施工过程需要合理的组织。只有对施工过程中的劳动者、劳动工具、劳动对象以及自然过程中的各个环节、阶段和工序进行优化和合理安排，使施工过程在空间上和时间上衔接平衡，紧密配合，形成一个协调的施工系统，才能保证产品的生产工艺流程最短、时间最省、消耗最少，并按照预先规定的工程结构、质量、数量和期限等，全面完成施工生产任务。要实现这一目标，就需要分析研究施工活动中的全部工时消耗，对不必要的工时消耗采取措施予以消除或减少，以便正确制定劳动定额，使其切合生产实际，符合预定目标，不断提高劳动生产率。

2.2.2 施工过程的分类

根据不同的标准和需要，施工过程有如下分类：

（1）按施工过程的专业性质和内容不同分类　施工过程按其专业性质和内容不同分为建筑过程、安装过程和建筑安装过程。

1）建筑过程：工业与民用建筑的新建、恢复、改建、移动或拆除的施工过程。

2）安装过程：安装工艺设备或科学实验等设备的施工过程，以及用大型预制构件装配工业和民用建筑的施工过程。

3）建筑安装过程：现代建筑技术的发展和新型建筑材料的应用，建筑过程和安装过程往往交错进行，难以区分，在这种情况下进行的施工过程就称为建筑安装过程。

（2）按施工过程的完成方法和手段不同分类　施工过程按其完成方法和手段不同分为手工操作过程（手动过程）、机械化过程（机动过程）和机手并动过程（半自动化过程）。

1）手动过程：劳动者从事体力劳动，在无任何动力驱动的机械设备的参与下，所完成的施工过程。

2）机动过程：劳动者操纵机器所完成的施工过程。

3）机手并动过程：劳动者利用由动力驱动的机械所完成的施工过程。

（3）按施工过程劳动组织特点不同分类　施工过程按其劳动组织特点不同分为个人完成的过程、小组完成的过程和工作队完成的过程。

（4）按施工过程组织的复杂程度不同分类　施工过程按其组织的复杂程度不同分为工序、工作过程和综合工作过程。

1）工序：施工过程中在组织上不可分开、在操作上属于同一类的作业环节称为工序。它的主要特征是劳动者、劳动对象和使用的劳动工具均不发生变化。如果其中一个发生变化，就意味着从一个工序转入了另一个工序。从劳动的全过程来看，工序一般是由一系列的操作组成的，而每一个操作往往又是由一系列的动作完成的。

完成一项施工活动一般需要经过若干道工序，如现浇钢筋混凝土梁就需要经过支模板、绑扎钢筋、浇筑混凝土这三个工艺阶段。每一阶段又可以划分为若干工序：支模板可以分为模板制作、安装、拆除；绑扎钢筋可以分为钢筋制作、绑扎，其中钢筋制作又可以分为平直、切断、弯曲；浇筑混凝土可以分为混凝土搅拌、运输、浇筑、振捣等。在这些工序前后，还有材料搬运和质量检验工序。

工序可以由一个工人来完成，也可以由小组或几名工人协同完成；可以由手动完成，也可以由机械操作完成。在机械化的施工工序中，又可以包括由工人自己完成的各项操作和由机械完成的工作两部分。

工序是组成施工过程的基本单元，是制定定额的基本对象，劳动方式与制定劳动定额密切相关。因为在各种不同的工序中，影响劳动效率高低的因素各有特点，只有掌握这些特点，才便于科学地制定定额。例如，手动作业工作效率低、工人易疲劳，就应考虑机械化施工的可能性，并注意研究改进操作方法和合理地规定休息时间。而机动作业时，劳动效率主要取决于机械能力的有效利用，就应着重研究如何合理地、正确地使用机械设备。实行机械化作业，可以大大提高劳动生产率并减轻工人的劳动强度。因此，研究采用机械设备来替代施工活动中的手工劳动，在定额测定工作中应特别加以注意。

2）工作过程：由同一工人或同一小组所完成的在技术操作上相互有机联系的工序的组合。它的特点是劳动者、劳动对象不发生变化，而所使用的劳动工具可以变换，如砌墙和勾缝、抹灰和粉刷等。

3）综合工作过程：又称复合施工过程，是指在施工现场同时进行，在组织上有直接联系，为完成一个最终产品结合起来的各个工作过程的综合。例如，砌砖墙这一综合工作过程，由调制砂浆、运输砂浆、运输砖、砌墙等工作过程构成，它们在不同的空间同时进行，在组织上有直接联系，最终形成的共同产品是一定数量的砖墙。

（5）按施工工序是否重复循环分类　施工过程按施工工序是否重复分为循环施工过程和非循环施工过程。如果施工过程的工序或其组成部分，以同样的内容和顺序不断循环，并且每重复一次循环可以生产出同样的产品，则称为循环施工过程。反之，则称为非循环施工过程。

（6）按施工各阶段工作在产品形成中所起的作用不同分类　施工过程按施工各阶段工作在产品形成中所起的作用不同分为施工准备过程、基本施工过程、辅助施工过程和施工服务过程：

1）施工准备过程：在施工前所进行的各种技术、组织等准备工作。如编制施工组织设计、现场准备、原材料的采购、机械设备进场、劳动力的调配和组织等。

2）基本施工过程：为完成建筑工程或产品所必须进行的生产活动，如基础打桩、墙体砌筑、构件吊装、门窗安装、管道敷设、电器照明安装等。

3）辅助施工过程：为保证基本施工过程正常进行所必需的各种辅助性生产活动，如施工中临时道路的铺筑、临时供水、照明设施的安装，机械设备的维修保养等。

4）施工服务过程：为保证实现基本和辅助施工过程所需要的各种服务活动，如原材料、半成品、机具等的供应、运输和保管，现场清理等。

上述四部分既互有区别，又互相联系，核心是基本施工过程。

（7）按劳动者、劳动工具、劳动对象所处位置和变化分类　每一施工过程按劳动者、劳动工具、劳动对象所处位置和变化又可分为工艺过程、搬运过程、检验过程。

1）工艺过程：直接改变劳动对象的性质、形状、位置等，使其成为预期的建筑产品的过程，如房屋建筑中的挖基础、砌砖墙、粉刷墙面、安装门窗等。由于工艺过程是施工过程中最基本的内容，因而它是工作研究和制定劳动定额的重点。

2）搬运过程：将原材料、半成品、构件、机具设备等从某处移动到另一处，保证施工作业顺利进行的过程。但操作者在作业中随时拿起或存放在工作地里的材料等，是工艺过程的一部分，不应视为搬运。如砌砖工将已堆放在砌筑地点的砖块拿起来砌在砖墙上，这一操作就属于工艺过程，而不应视为搬运过程。

3）检验过程：主要包括对原材料、半成品、构配件等的数量、质量进行检验，判定其是否合格、能否使用；对施工活动的成果进行检测，判别其是否符合质量要求；对混凝土试块、关键零部件进行测试，以及作业前对准备工作和安全措施进行检查等。检验工作一般分为自检、互检和专业检验。

此外，由于生产技术、劳动组织、施工管理等各种原因的影响，施工过程难免出现操作时的停顿或工序之间的延误等劳动过程中断的现象，统称为停歇过程。

在生产活动中，上述过程交错地结合在一起，构成了施工过程复杂的组织形式。

2.2.3　施工过程研究

施工过程研究是在施工过程分类的基础上进行的。它是从工作方法的角度，对被研究的施工过程展开系统的、逐项的分析、记录、考查、研究，以求得在现有设备技术的条件下，改进落后和薄弱的工作环节，获得更有效、更简便和更经济的施工程序和方法。施工过程研究也是制定和推行施工定额所必需的基础和条件。

施工过程研究常常采用模型分析的方法。模型可分为实物模型（包括足尺模型和缩尺模型）、图式模型和数学模型三种。其中，图式模型是一种传统的、常用的基本方法。

用图式模型分析施工过程，常采用的是线图和各种程序图。

（1）线图　线图适用于研究流动作业型的施工过程。流动作业是指物料在施工过程中，由一台机械转移到另一台机械，或者由一个工人转移到另一个工人，直到达到一定目的为止的作业。利用线图分析流动作业，是在平面图或立面图上，标明机械或作业的位置、容量以及运输方法。

（2）流程程序图　流程程序图适用于分析和研究连续作业型的施工过程。

在工程流程程序图中，视机械和工人为静止状态，物料采取平面运输。图 2-1 所示为混凝土垫层工程流程程序图。

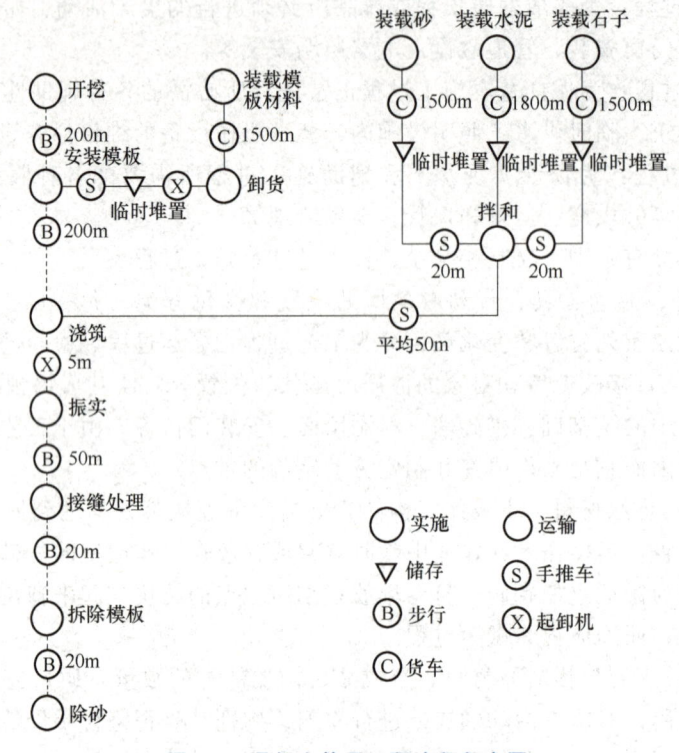

图 2-1　混凝土垫层工程流程程序图

流程程序图对于机械位置的描绘虽然不甚详尽，但是对于施工过程中的运输、平行的作业，以及各作业之间的关系指示得很清楚，并且明确标明了施工顺序。在流程程序图中，一般使用以下符号区分施工过程的性质：

大圆○：表示施工。

小圆○：表示运输。

三角形▽：表示储存或延误。

正方形□：表示检验。

实线———：表示工作物或材料的移动。

虚线--------：表示假想行为和与相关作业的距离。

数字：表示距离。

（3）作业程序图　作业程序图通常是以完成某项工作为目的，通过人和机械来表示材料的移动程序。它所使用的符号与流程程序图相同。图 2-2 所示为泵送混凝土作业程序图。

距离/m	时间/min	图表符号	工作记录
70	60		准备滑斗、振动机、工具等
50	15		上述物品搬运至工地
300	15		搬运混凝土泵至工地
	90		装配混凝土泵、管等
	30		检查装配情况
	30		进行机械最后的调整工作
	20		等待预拌混凝土的供应
30	360		用泵输送混凝土
	80		正常的时间损失（每小时 10min）
	45		卸除机械设备、清扫
50	15		将振动机及工具送回仓库
300	10		送回混凝土泵及其附件
			进行最后检查
50	15		整理
	10		工人撤离

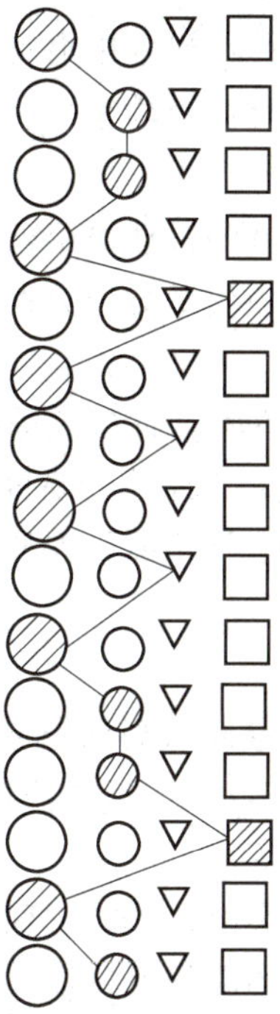

图 2-2　泵送混凝土作业程序图

用图 2-2 所示研究施工过程，要注意研究对象的单一性，同时要注意无遗漏地反映施工过程中的所有步骤。

用各种图式模型进行分析研究的目的，是检查有哪些作业是属于不必要的、重复的，哪些是无效劳动等，以便拟定改良措施。往往通过提出下列问题进行逐项、全面的分析研究：

1) 要做些什么？
2) 为什么执行该项工作？
3) 执行该项工作是否必须花费那样多的时间？
4) 其他人执行该项工作能否做得更好？
5) 该项工作在何时进行？能否考虑更有效率的顺序？
6) 若换个环境、机具或场地执行是否更经济、更有效？
7) 利用机械代替人工，或使用其他类型的机械，是否能使之更简单、更容易？

2.2.4　影响施工过程的因素

在建筑安装施工过程中，生产效率受到诸多因素的影响，从而导致同一单位产品的劳动消耗量不尽相同。因此，有必要对影响施工过程的有关因素进行分析，以便在测定和整理定额数据时，合理确定单位产品的劳动消耗量。

1. 劳动力

劳动力包括劳动者的自然素质和社会素质，如劳动者身体健康状况、智力状况、劳动者的科学技术水平和熟练程度、劳动态度、劳动纪律等。劳动者的脑力与体力的支出要符合劳动保护和劳动卫生标准，以利于劳动能力和技能的正常发挥。

2. 劳动工具

劳动工具即生产工具，它是劳动者在生产过程中用来对劳动对象进行加工的物体。劳动工具的先进与落后，以及它的效能的发挥，直接影响着企业的生产力水平。

3. 劳动对象

劳动对象是指在生产过程中，经过劳动者的劳动作用且成为人们所需要的物质资料，包括施工所需要的原料、半成品等。劳动对象的质量与种类直接影响到工程的质量。

4. 劳动条件与环境

劳动者所处的劳动条件和周围的劳动环境，直接关系到劳动者的身心健康、安全卫生和劳动效率，包括劳动强度、照明、温度、通风、湿度、气候、噪声、粉尘、有毒气体等。企业应加强劳动保护，改善劳动条件和环境，保障劳动者的安全和健康，以提高劳动效率。

5. 企业经营管理

企业经营管理水平的高低，对工人完成定额，实现先进合理的劳动定额水平影响极大。包括，施工的工艺要求、工艺方法，合理的劳动组织、定额考核制度、劳动报酬的形式、工资奖励的分配、工作时间和工作场地的组织等。

分析施工过程中各种因素对时间消耗的影响，才能发现与消除不利因素，进一步考虑各因素之间的有利结合，以减少完成施工活动的时间消耗量。

2.3 工作时间消耗的分类

2.3.1 工作时间及工作时间消耗的概念

工作时间就是工作班的延续时间。工作时间是按现行制度规定的，例如 8 小时工作制的工作时间就是 8h，午休时间不包括在内。研究施工中的工作时间，最主要的目的是确定劳动定额，而其研究的前提是，要对工作时间按其消耗性质进行分类。

对工作时间消耗的分析研究，可以分为两个系统进行，即工人工作时间消耗和施工机械工作时间消耗。

2.3.2 工人工作时间消耗的分类

工人在工作班内消耗的工作时间，按其消耗的性质可分为两大类：必须消耗的时间和损失时间。工人工作时间分类如图 2-3 所示。

必须消耗的时间：工人在正常施工条件下，为完成一定合格产品（工作任务）所需消耗的时间。它是制定定额的主要根据。

损失时间：与产品生产无关，而与施工组织和技术上的缺点有关，与工人在施工过程中的个人过失或某些偶然因素有关的时间消耗。

从图 2-3 可以看出，必须消耗的工作时间里，包括有效工作时间、休息时间和不可避免的中断时间的消耗。

```
                    工人工作时间
           ┌────────────┴────────────┐
      必须消耗的时间                损失时间
     ┌──────┼──────┐         ┌──────┼──────┐
   有效    休息   不可避免   多余和   停工   违背劳动
   工作    时间   的中断    偶然的   时间   纪律损失
   时间          时间     工作时间          时间
  ┌──┼──┐                    ┌──────┴──────┐
 准备与 辅助 基本           施工本身      非施工本
 结束工 工作 工作           造成的停      身造成的
 作时间 时间 时间             工时间       停工时间
```

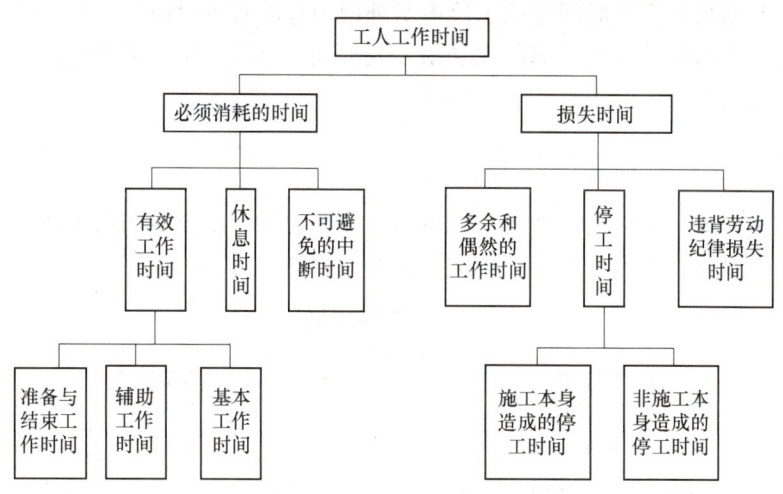

图 2-3 工人工作时间分类

有效工作时间包括基本工作时间、辅助工作时间、准备与结束工作时间的消耗，是从生产效果来看与产品生产直接有关的时间消耗。

基本工作时间是工人完成产品的施工工艺过程（基本工作）所消耗的时间。通过这些工艺过程，可以使材料改变外形结构与性质，可以使预制构配件安装组合成型。基本工作时间所包括的内容依工作性质各不相同，基本工作时间的长度和工作量的大小成正比例。

辅助工作时间是为保证基本工作能够顺利完成，辅助工作所消耗的时间。在辅助工作时间里，不能使产品的形状大小、性质或位置发生变化。

准备与结束工作时间是执行任务前或任务完成后所消耗的工作时间。如工作地点、劳动工具和劳动对象的准备工作时间、工作结束后的整理工作时间等。

不可避免的中断时间是由于施工工艺特点引起的工作中断所必需的时间。与施工过程工艺特点有关的工作中断时间，应包括在定额时间内，但应尽量缩短此项时间消耗。与工艺特点无关的工作中断所占用时间，是由于劳动组织不合理引起的，属于损失时间，不能计入定额时间。

休息时间是工人在工作过程中为恢复体力所必需的短暂休息和生理需要的时间消耗。这种时间是为了保证工人能精力充沛地进行工作，所以在定额时间中必须进行计算。休息时间的长短与劳动性质、劳动条件、劳动强度和劳动危险性等密切相关。

损失时间包括多余和偶然工作、停工、违背劳动纪律所引起的工时损失。

多余工作是工人进行了任务以外的工作而又不能增加产品数量的工作，如重砌质量不合格的墙体。多余工作的工时损失一般都是由于工程技术人员和工人的差错而引起的，因此，不应计入定额时间中。偶然工作也是工人在任务外进行的工作，但能够获得一定的产品。如抹灰工不得不补上偶然遗留的墙洞等。从偶然工作的性质来看，在定额中不应考虑它所占用的时间，但是由于偶然工作能获得一定的产品，拟定定额时要适当考虑它的影响。

停工时间是工作班内停止工作造成的工时损失。停工时间按其性质可分为施工本身造成的停工时间和非施工本身造成的停工时间两种。施工本身造成的停工时间是由于施工组织不善、材料供应不及时、工作面准备工作做得不好、工作地点组织不良等情况引起的停工时间。非施工本身造成的停工时间是由于停电等外因引起的停工时间。

违背劳动纪律造成的工作时间损失是指工人迟到、早退、擅离工作岗位、工作时间内聊天等造成的工时损失。

2.3.3 机械工作时间消耗的分类

在对采用机械施工的时间消耗进行分析时，除要对工人工作时间的消耗进行分析外，还需要分类研究机械工作时间的消耗。机械工作时间分类如图2-4所示。

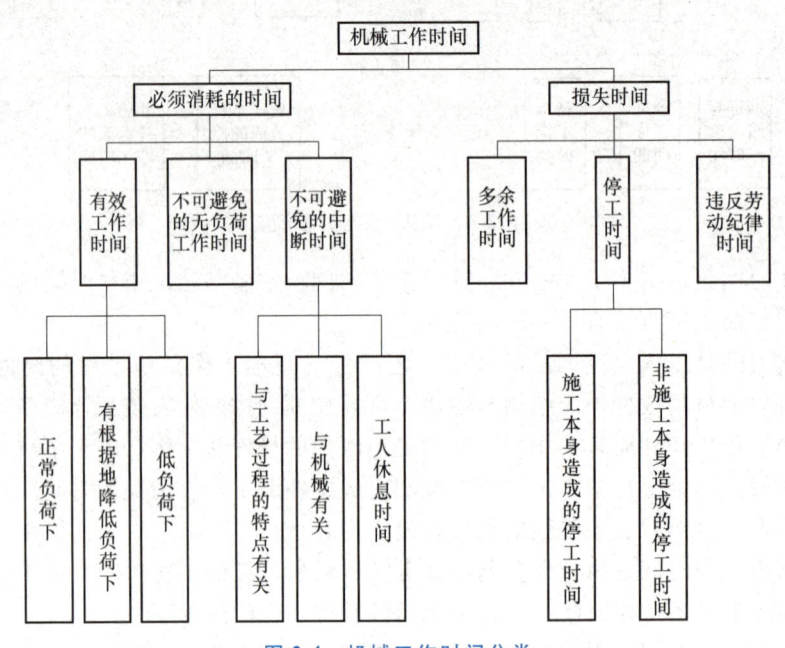

```
                            机械工作时间
                    ┌───────────┴───────────┐
              必须消耗的时间                损失时间
          ┌────────┼────────┐         ┌──────┼──────┐
        有效    不可避免    不可避免    多余   停工   违反劳
        工作    的无负荷    的中断     工作   时间   动纪律
        时间    工作时间    时间       时间          时间
      ┌──┼──┐     │         │                  ┌────┴────┐
    正常 有根据 低       与工艺      工人休息          施工本身  非施工本身
    负荷 地降低 负荷     过程的      时间              造成的停  造成的停
    下   负荷下 下       特点有关                      工时间    工时间
                        与机械有关
```

图 2-4　机械工作时间分类

在必须消耗的工作时间里，包括有效工作、不可避免的无负荷工作和不可避免的中断三项时间消耗。在有效工作的时间消耗中，又包括正常负荷下、有根据地降低负荷下和低负荷下工作的工时消耗。不可避免的无负荷工作时间是由施工过程、机械结构的特点造成的机械无负荷工作时间，如筑路机在工作区末端调头等。不可避免的中断时间与工艺过程的特点、机械的使用和保养、工人是否休息有关。

损失时间包括多余工作、停工和违反劳动纪律所消耗的工作时间。

机械的多余工作时间包括两个方面，一是机械进行任务内和工艺过程内未包括的工作而延续的时间，如工人没有及时供料而使机械空运转的时间；二是机械在负荷下所做的多余工作，如混凝土搅拌机搅拌混凝土时超过了规定的搅拌时间。

机械的停工时间按其性质也可分为施工本身和非施工本身造成的停工。前者是由于施工组织做得不好而引起的停工现象，如临时没有工作面、未能及时供给机械用水、未能及时供给机械燃料而引起的停工；后者是由于气候条件所引起的停工现象，如暴雨时压路机的停工。

违反劳动纪律引起的机械的时间损失是指由于工人迟到、早退或擅离岗位等原因引起的机械停工时间。

2.4 工时消耗——技术测定法

2.4.1 工作时间研究方法综述

工作时间研究就是将劳动者在整个施工过程中所消耗的工作时间,根据工作性质、范围和具体情况,予以科学的划分、归纳,明确哪些属于定额时间,哪些属于非定额时间,找出造成非定额时间的原因,以便采取技术和组织措施,消除产生非定额时间的因素,以充分利用工作时间,提高劳动效率,并为制定劳动定额提供依据。工作时间的研究方法一般采用技术测定法。

1. 技术测定法概述

(1) 技术测定法的概念　技术测定法是指以现场观测为特征,以各种不同的技术方法为手段,通过对施工过程中的具体活动进行实地观察,详细地记录施工中的工人和机械的工作时间消耗、完成产品的数量及有关影响因素,并整理记录的结果。

通过技术测定法获得的可靠数据资料,可为制定工程定额或工时规范提供科学依据。技术测定法通常包括写实记录法、测时法、工作日写实法以及简易测定法四种,如图 2-5 所示。选用时主要考虑施工过程的特点和测时精确度的要求。

(2) 技术测定法的作用

1) 技术测定法是科学制定工程定额的基本方法。技术测定法可以查明工作时间消耗的性质和数量,分析各种施工因素对工作时间消耗数量的影响,找出工时损失的原因,在分析整理的基础上,取得技术测定资料,为编制工程定额、制定工时规范提供科学依据。

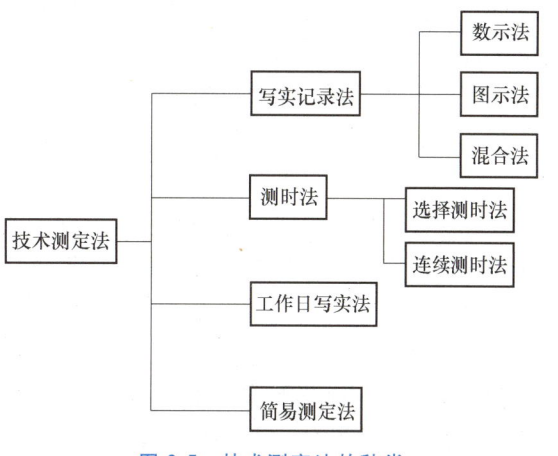

图 2-5　技术测定法的种类

2) 技术测定法是加强施工管理的重要手段。通过实地观察记录施工中各类活动的情况,并对记录结果进行分析,可以发现施工管理中存在的问题,通过拟定改善措施,不断促进生产过程科学化、合理化。

3) 技术测定法是总结和推广先进经验的有效方式。可以对先进班组、先进个人、新技术或新机具、新材料、新工艺等,从操作技术、劳动组织、工时利用、机具效能等方面进行系统的总结,从而推动广大工人学习新技术和先进经验。

(3) 对技术测定工作的要求

1) 应认真测定,保证技术测定工作的科学性。测定人员在测定过程中,必须坚守工作岗位,集中精力,详细地观察测定对象的全部活动,并认真记录各类时间消耗和有关影响因素,保证原始记录资料的客观真实性。

2) 保证测定资料的完整准确。每次测定的工时记录、完成产品数量、因素反映、汇总整理等有关数字、图示、文字说明必须齐全、准确。影响因素的说明要清楚，有关取舍数字要有技术依据，结论意见和改进措施应切合实际。

3）必须依靠一线工作人员。测定的资料来自一线生产过程，测定时必须取得一线工作人员的支持和合作，以利于测定能够顺利进行；测定结束后，应将测定结果告诉他们，征求其意见，使测定资料更加完善准确。

2. 技术测定的准备工作

（1）明确测定目的，正确选择测定对象　测定前，应首先明确测定的目的，然后根据不同的测定目的选择测定对象，这样才能获得较为真实的技术测定资料。测定对象就是对其进行技术测定的施工工人，应选择具有普遍代表性的班组或个人作为测定对象（包括比较先进的和比较落后的部分班组或个人）。测定前应向他们讲清楚测定的目的、要求和方法步骤。

（2）确定需要进行测定的施工过程，熟悉相关资料　根据测定的目的和对象，确定需要进行测定的施工过程。一般来说，需要编制定额的施工过程都应进行测定，以便取得精确程度比较高的基础资料和比较充分的技术根据。

确定了需要进行技术测定的施工过程以后，测定人员应收集并熟悉所测施工过程的技术资料和现行编制工程定额的相关规定，其中包括与该施工过程有关的现行技术规范和技术标准等文件、资料，了解所采用的施工方法的先进程度，挖掘已经得到推广的先进施工技术和操作方法；了解施工过程中存在的技术组织方面的缺点和由于某些原因造成的混乱现象；注意系统地收集完成定额的统计资料和经验资料，以便与技术测定所得的资料进行对比分析。

对施工过程的性质应进行充分的研究，要编出测定施工过程的详细目录，拟定工作进度计划表，制定组织技术措施。

（3）划分所测施工过程的组成部分　将所要测定的施工过程，分别按工序、操作或动作划分为若干组成部分，以便准确地记录时间和分析研究。

1）采用写实记录法时，一般按工序进行顺序划分施工过程的组成部分，还应选定各组成部分的计量单位。计量单位的选定应力求具体，能够比较正确地反映产品数量，并应注意计算方便和在各种不同施工过程中保持稳定。

例如，砌砖施工过程组成部分的划分和计量单位，选定如下：

组成部分名称	计量单位
拉线	次
铲灰浆	m^3
铺灰浆	m^3
摆砖、砍砖	块
砌砖	块

2）采用测时法时，由于其精确度要求较高，所测施工过程的组成部分可划分到操作，如果为了研究操作技术或调查各种因素对劳动效率的影响，也可划分到动作。为了准确记录时间，保证测时的精确度，在划分组成部分的同时，还必须明确各组成部分之间的分界点，通常称为定时点。定时点的确定可以是前一组成部分终了的一点，也可以是后一组成部分开

始的一点，但这一点的选定必须明显，易于观察，并且能保证延续时间的稳定。例如，纱扇门梃机械打眼（用单头打眼机）的组成部分和定时点，划分如下（有翻料后将眼打透）：

组成部分名称	定时点
把料放进夹具拧紧	手触门梃料
打眼和移位	手触打眼机操纵柄
翻料	松动夹具
打眼和移位	手触打眼机操纵柄

3) 采用工作日写实法时，施工过程的组成部分则按定额时间和非定额时间划分。定额时间划分为基本工作时间、辅助工作时间、准备与结束时间、休息时间、不可避免的中断时间。非定额时间的具体划分，可根据测定过程中实际出现的损失时间的原因来确定。

4) 采用简易测定法时，施工过程的组成部分一般可划分为工作时间和损失时间两项。也有的不划分组成部分，仅观察损失时间，最后从延续时间中减去损失时间而得出定额时间。

(4) 选择施工的正常条件　施工的正常条件是指绝大多数施工企业和施工队、班组，在合理组织施工的条件下所处的环境。一般包括：工人的技术等级、工具与设备的种类和质量、工程机械化程度、材料实际需要量、劳动的组织形式、工资报酬形式、工作地点的组织和其准备工作是否及时、安全技术措施的执行情况、气候条件等。

选择施工的正常条件，应该具体考虑以下问题：所完成的工作和产品的种类以及对其质量的技术要求；所采用的建筑材料、制品和装配式结构配件的类别；所采用的劳动工具和机械的类型；工作的组成，包括施工过程的各个组成部分；工人的组成，包括小组成员的专业、技术等级和人数；施工方法和劳动组织，包括工作地点的组织、工人配备和劳动分工、技术操作过程和完成主要工序的方法等。

(5) 测定工具的准备　应准备好记录夹、测定所需的各式表格、计时器（表）、衡器、照相机或计时录像机以及其他的用品和文具等。

2.4.2　写实记录法

写实记录法用来研究非循环施工过程中所有性质的工作时间消耗，包括基本工作时间、辅助工作时间、不可避免的中断时间、准备与结束时间、休息时间以及各种损失时间。通过写实记录，可以获得分析工作时间消耗和制定工程定额时所必需的全部资料。此种测定方法比较简便，易于掌握，并能保证必需的精确度。

写实记录法分为个人写实和集体写实两种。由一个人单独操作或产品数量可单独计算时，采用个人写实记录；由小组集体操作，而产品数量又无法单独计算时，采用集体写实记录。

(1) 记录时间的方法　主要有数示法、图示法和混合法三种。计时一般使用有秒针的普通计时表即可。

1) 数示法。数示法是指测定时直接用数字记录各类工时消耗的方法。这种方法可同时对两个以内的工人进行测定，适应于组成部分较少而且比较稳定的施工过程。记录时间的精确度为5~10s。观察的时间应记录在数示法写实记录表中（见表2-1）。填表步骤如下：

① 将拟定好的所测施工过程的全部组成部分，按其操作的先后顺序填写在第二栏中，并将各组成部分依次编号填入第一栏内，对于在观察中偶然出现的组成部分可随时补充代号和名称。

② 第四栏和第十一栏中，填写工作时间消耗的组成部分号次，其号次应根据第一栏和第二栏填写，测定一个填写一个。如测定一个工人的工作时，应将测定的结果先填入第四~十栏，然后填入第十一~十七栏；如同时测定两个工人的工作时，测定结果应在两边各栏中同时单独填写。

③ 第五栏、第六栏、第十二栏、第十三栏中，填写起止时间。测定开始时，将开始时间填入此栏第一行，在组成部分的号次栏即第四栏里画"×"符号以示区别，其余各行均填写各组成部分的终止时间。

④ 第七栏和第十四栏，应在观察结束之后填写。将某一组成部分的终止时间减去前一组成部分的终止时间即得到该组成部分的延续时间。

⑤ 第八栏、第九栏、第十五栏、第十六栏中，可根据划分测定施工过程的组成部分，对选定的计量单位和实际完成的产品量填入，如有的组成部分难以计算产量时，可不填写。

⑥ 第十栏和第十七栏为"附注"栏，填写工作中产生各种缺陷的原因和各组成部分内容的必要说明等。

⑦ 观察结束之后，应详细测量或计算最终完成产品的数量，填入记录表中第1页"附注"栏中。对所测定的原始记录应分页进行整理，先计算第七栏、第十四栏的各组成部分延续时间，然后分别计算每一组成部分延续时间的合计，并填入第三栏中。如同时观察两个工人，则应分别进行统计，将第一个工人的时间消耗量填入第三栏中的斜线以上，第二个工人的时间消耗量填入斜线以下。各页原始记录表整理完毕之后，应检查第三栏的时间总计是否与第七栏和第十四栏的总计相等，然后填入本页的"延续时间"栏内。

2）图示法。图示法是指用图表的形式记录时间的方法（见表2-2）。记录时间的精确度可达到0.5~1.0min。适用于观察3个以内的工人共同完成某一产品的施工过程。此方法记录时间与数示法相比有许多优点，主要是记录技术简单，时间记录一目了然，原始记录整理方便。

图示法写实记录表的填写步骤如下：

① 表中划分为许多小格，每格为1min，每张表可以记录1h的时间消耗。为了方便记录时间，每5个小格和每10个小格处都有长线和数字标记。

② 表中"号次"及"各组成部分名称"栏，应在实际测定过程中，按所测施工过程的各组成部分出现的先后顺序随时填写，这样便于线段连接。

③ 记录时间时用铅笔在各组成部分相应的横行中画直线段，每个工人一条线，每一线段的始端和末端应与该组成部分的开始时间和终止时间相符合。每工作1min，直线段延伸一个小格。测定两个以上的工人工作时，最好使用不同颜色的铅笔以便区分各个工人的线段。当工人的操作由一个组成部分转入另一个组成部分时，时间线段也应随着改变其位置，并应将前一线段的末端划一垂直线与后一线段的始端相连接。

④ "产品数量"栏，按各组成部分的计量单位和所完成的产量填写，如个别组成部分的完成产量无法计算或无实际意义者，可不必填写。最终产品数量应在观察完毕之后，查点或测量清楚，填写在图示法写实记录表第一页"附注"栏中。

表 2-1 数示法写实记录表

工地名称	××住宅楼	开始时间	8:20:00	延续时间	1h21min55s
施工单位名称	市三建	终止时间	9:41:55	调查总页数	页 次
施工过程：双轮车运土方，200m运距		记录时间		观察对象：周××	

号次	施工过程组成部分名称	时间消耗量	组成部分号次	起止时间 时-分	秒	延续时间	完成产品 计量单位	数量	附注	组成部分号次	起止时间 时-分	秒	延续时间	完成产品 计量单位	数量	附注
一	二	三	四	五	六	七	八	九	十	十一	十二	十三	十四	十五	十六	十七
1	装土	28'15"	×	8-20	0					1	9-04	05	3'40"			
2	运输	22'26"	1	22	50	2'50"				2	06	25	2'20"			
3	卸土	9'09"	2	26	0	3'10"				3	07	25	1'0"			
4	空返	18'30"	3	27	20	1'20"				4	09	45	2'20"			
5	等候装土	2'05"	4	30	0	2'40"	m³	0.288	产量计算如下：每车容积= 1.2×0.6×0.4m³ =0.288m³	1	13	45	4'0"			
6	喝水	1'30"	1	33	20	3'20"				2	16	15	2'30"			
			2	36	50	3'30"	次	1		3	17	15	1'0"			等候装土
			3	37	50	1'0"				4	20	05	2'50"			
			4	40	20	2'30"	m³	0.288	共运土8车 8×0.288m³= 2.3m³	5	22	10	2'05"			
			1	43	30	3'10"	次	1	按松土计算	1	26	05	3'55"			
			2	45	50	2'20"				2	29	11	3'06"			
			3	47	05	1'15"				3	30	35	1'24"			
			4	49	50	2'45"				4	33	05	2'30"			
			1	53	20	3'30"				1	36	55	3'50"			
			2	56	20	3'0"				2	39	25	2'30"			
			3	57	30	1'10"				3	40	25	1'0"			
			4	9-00	25	2'55"				6	41	55	1'30"			喝水
		81'55"				40'25"							41'30"			

观察者：李××

表 2-2　图示法写实记录表

工地名称	×××商住楼	开始时间	8:30	延续时间	1h	调查总页数	1
施工单位名称	××市住建公司	终止时间	9:30	记录时间	2017.7.9	页次	1
施工过程	砌1砖厚单面清水墙			观察对象	张××（四级工）、王××（三级工）		

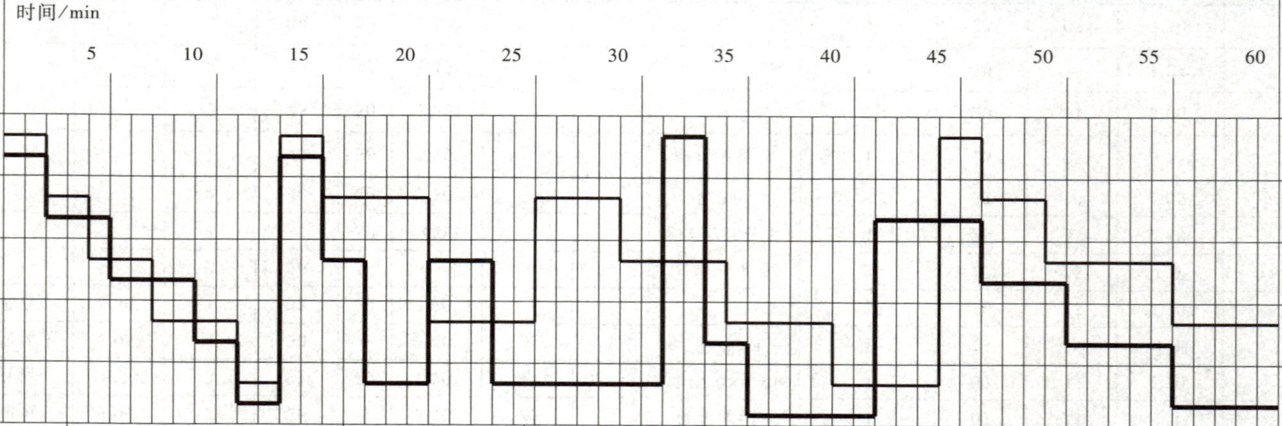

号次	各组成部分名称	时间/min — 5, 10, 15, 20, 25, 30, 35, 40, 45, 50, 55, 60	时间小计/min
1	挂线		12
2	铲灰浆		22
3	铺灰浆		27
4	摆砖、砍砖		28
5	砌砖		31
	合计		120

号次	各组成部分名称	产品数量	附注
1	挂线		
2	铲灰浆		
3	铺灰浆	0.48m³	
4	摆砖、砍砖		
5	砌砖		

观察者：李××

表2-3 混合法写实记录表

工地名称	×××	开始时间	8:30	延续时间	1h	调查总页数	1
施工单位名称	×××	终止时间	9:30	记录时间	2017.7.18	页次	
施工过程	浇捣混凝土柱（机拌人捣）			观察对象	四级工：3人，三级工：3人		

号次	各组成部分名称	时间/min 5　10　15　20　25　30　35　40　45　50　55　60	时间小计 /min
1	撒锹	2　1 2　　2 1　　　2　　　2　　　　　　1　　　2　　2　　1　　2	78
2	捣固	4　2 4　2 1　　1　　4　　3 4　2 1　　　　　　4 2　3	148
3	转移	5 1 3　2 5 6　　　　　　　3 5 6 4　6 3　　3	103
4	等混凝土	6 3　　　　　1　　　　　1　　　　　　　3	21
5	进行其他工作	1　　　　　　1	10

附注		
1	撒锹	产品数量 1.85m³
2	捣固	1.85m³
3	转移	3次
4	等混凝土	
5	进行其他工作	
	合计	360

观察者：李××

⑤ "附注"栏应简明扼要地说明有关影响因素和造成非定额时间的原因。

⑥ 在观察结束之后,及时将每一组成部分所消耗的时间合计后填入"时间小计"栏内,最后将各组成部分所消耗的时间相加后,填入"合计"栏内。

3)混合法。混合法吸取了图示法和数示法的优点,用图示法的表格记录所测施工过程各组成部分的延续时间,而完成每一组成部分的工人人数则用数字予以表示。这种方法适用于同时观察3个以上工人工作时的集体写实记录,优点是比较经济。

混合法记录时间仍采用图示法写实记录表(见表2-3),填表步骤如下:

① 表中"号次"和"各组成部分名称"栏的填写与图示法相同。

② 所测施工过程各组成部分的延续时间,用相应的直线段表示,完成该组成部分的工人人数用数字填写在其时间线段的始端上面。当某一组成部分的工人人数发生变动时,应立即将变动后的人数填写在变动处。当工人由一组成部分转向另一组成部分时,不作垂直线连接。

③ "产品数量"和"附注"栏的填写方法与图示法相同。

④ "时间小计"栏分别填入所测各个线段的总时间(即将工人人数与他们工作的时间相乘后累加),小计数之和填入"合计"。

(2)对测定延续时间的要求 测定前应确定测定所需的延续时间,即对每个被测施工过程或同时测定两个以上施工过程所需的总延续时间。

确定所需的延续时间,既要不消耗过多的观察时间,又能得到比较可靠和准确的数据。因此,应注意所测施工过程的广泛性和经济价值、已经达到的工效水平的稳定程度、同时测定不同类型施工过程的数目、被测定的工人人数以及测定完成产品的可能次数等。

写实记录法确定延续时间表见表2-4。用表2-4确定延续时间时,必须同时满足表中三项要求,当其中任一项达不到最低要求时,应酌情增加延续时间。

表2-4适用于一般施工过程。当遇到个别施工过程的单位产品所需消耗时间过长时,可适当减少表中测定完成产品的最低次数,同时应酌情增加测定的总延续时间;当遇到个别施工过程的单位产品所需时间过短时,应适当增加测定完成产品的最低次数,并酌情减少测定的总延续时间。

表2-4 写实记录法确定延续时间表

序号	项目	同时测定施工过程的类型数	测定对象		
			单人的	集体的	
				2~3人	4人以上
1	被测定的个人或小组的最低数	任一数	3人	3个小组	2个小组
2	测定总延续时间的最小值/h	1 2 3	16 23 28	12 18 21	8 12 24
3	测定完成产品的最低次数	1 2 3	4 6 7	4 6 7	4 6 7

【例2-1】 测定木窗框安装工程。同时测定两个类型（框周长分别为6m以内和8m以内）的施工过程，由3人组成的小组完成，试确定写实记录法所需的总延续时间。

【解】 查阅表2-4第1项"集体的"的"2~3人"一栏，至少应测定3个木工小组。

查阅表2-4第2项，同时测定两个类型的施工过程，由3人组成的小组完成时，测定的总延续时间最小值为18h。

按照一般的工效水平，完成这两个类型的产品，每一樘平均约需要0.67h左右。在测定的总延续时间内，可能完成产品的次数为18/0.67=27次。

查阅表2-4第3项，同时测定两个类型的施工过程，由3人组成的小组完成时，测定完成产品的次数应不少于6次，测定的总延续时间保持18h完全满足要求。

【例2-2】 测定板条墙面抹白灰砂浆（中级抹灰）的施工过程，由4人组成的小组完成，试确定写实记录法所需的总延续时间。

【解】 查阅表2-4第1项"4人以上"一栏，至少应测定2个抹灰小组。

查阅表2-4第2项，测定的施工过程为一个类型，4人组成的小组完成时，测定的总延续时间最小值为8h。

按照一般的工效水平，这个小组完成一间房的墙面（44.8m^2）抹灰，平均约需4.5h左右。在测定的总延续时间内，可能完成产品的次数为8/4.5=2次。

查阅表2-4第3项，测定的施工过程为一个类型，4人组成的小组完成时，测定完成产品的最低次数应不少于4次。

显然，为了保证这一要求，上述测定的总延续时间（8h）应增加到2倍即16h左右方能满足要求。

【例2-3】 同时测定水磨石地面的机磨和踢脚线的手磨两个施工过程，由3人组成的小组完成，试确定写实记录法的总延续时间。

【解】 查阅表2-4第1项"集体的"的"2~3人"一栏，至少应测定3个抹灰工小组。

查阅表2-4第2项，同时测定两个类型的施工过程时，由3人组成的小组完成时，测定的总延续时间最小值为18h。

按照一般的工效水平，这个小组完成一间房的地面（15m^2）和踢脚线磨光，平均需12h左右。在测定的总延续时间内，可能完成产品的次数为18/12=1.5次。

查阅表2-4第3项，同时测定两个类型的施工过程，由3人组成的小组完成时，测定完成产品的最低次数应不少于6次，即12h×6=72h。

测定如此长的延续时间既不经济，也不易做到。因此，若将测定完成产品的最低次数调整为3次，测定的总延续时间为36h，这样在基本保证延续时间的要求下，还能节省时间。

(3) 写实记录时间的汇总整理 将写实记录法所取得的若干原始记录表记载的工作时间消耗和完成产品数量进行汇总，并分析其影响因素，调整各组成部分不合理的时间消耗，最终确定单位产品所必需的时间消耗量。

汇总整理的结果填入汇总整理表（见表2-5），此表分为正、反两面，共三个部分。

第一部分（正面）为各组成部分工作时间消耗的汇总，第二部分（反面的上半部）为汇总整理结果，第三部分（反面的下半部）为汇总整理有关说明。汇总整理的方法和顺序如下：

1）第一部分。表中第二栏，填写各组成部分的名称。顺序是：基本工作时间、辅助工作时间、不可避免的中断时间、准备与结束时间、休息时间、损失时间。各类时间应列出合计。

第三栏，根据写实表中各组成部分工作时间消耗量合计进行填写，并应做好工时分类合计和全部消耗时间总计。

第四栏，各组成部分工时消耗数除以消耗时间总计数而得。

第五~八栏，根据写实记录表汇总后填入。

第九栏，用各组成部分的第三栏的数字除以第七栏的数字而得。

表中"换算系数"是指将各组成部分的产量，换算为最终单位产品时的系数。此系数用于计算单位产品中各组成部分所必需的消耗时间。如果个别组成部分无完成产量，第十栏可不填写。

$$换算系数（第十栏数字）= \frac{各组成部分完成产量（第七栏的数字）}{最终产品数量（第八栏的数字）}$$

第十一栏，要详细分析第十栏各组成部分的换算系数是否符合实际，如果发现其不合理、不实际、不符合技术要求，则应予以调整，将调整后的系数填入本栏中，并应将调整的依据和计算方法写在"附注"栏里。如果无须调整，则仍按第十栏的系数填入。例如，本资料的"拉线"这一组成部分，工人在实际操作中是每砌两皮砖拉一次线，按照操作规程的要求应每砌一皮砖拉一次线。因此，根据实砌皮数将第十一栏换算系数调整为 2.81（18 皮砖）。

第十二栏，填写第九栏的数字与第十栏的数字的乘积，第十三栏填写第九栏的数字与第十一栏的数字的乘积。如果个别组成部分无换算系数，则应将该组成部分的第三栏的数字除以第八栏的数字，填入第十二栏。如果准备与结束时间和休息时间不合理者，应予以调整，将调整后的数字填入第十三栏，并将调整的依据记入"附注"栏中。

第十四栏，用第十三栏各组成部分的时间消耗除以本栏定额时间合计后，按百分比数字填入。

2）第二部分。汇总整理结果，填写的主要内容是根据第一部分的汇总资料，整理时间工日消耗。

第十五栏和第十六栏，按最终产品的完成数量和计量单位填写。

第十七栏将本表（正面）第三栏时间消耗总计数折算为工日数后填入。消耗时间总计值 1440min 除以（8×60）min，即 $\frac{1440}{8 \times 60}$ 工日 = 3 工日。

第十八栏，填写调整后的全部工作时间消耗数，将本表（正面）第八栏的数乘以第十三栏的单位产品定额时间合计数并折算为工日数填入。如调整后时间消耗 = 砌砖数量×调整后单位产品平均时间消耗。调整后定额时间消耗合计 = 6.41×223.87min = 1435min；调整后非定额时间消耗合计 = 6.41×6.7min = 43min；调整后全部工时消耗量 =［1478/(8×60)］工日 = 3.08 工日。

表2-5 写实记录汇总整理表（正面）

施工单位名称	工地名称	日期	开始时间	终止时间	延续时间	调查号次	页次
×××市建一公司	×××商住楼	2012.7.25	8:00	18:00	8h	1	2

施工过程名称：砌1砖厚单面清水墙（3人小组）

序号	各组成部分名称	时间消耗/min	与全部时间的百分比	计量单位名称		产品完成数量		组成部分的平均时间消耗/min	换算系数		单位产品的平均时间消耗/min		占单位产品时间消耗的百分比	附注
				按组成部分	按最终产品	组成部分的	最终产品的		实际	调整	实际	调整		
一	二	三	四	五	六	七	八	九	十	十一	十二	十三	十四	
1	拉线	28	1.94	次		9		3.11	1.40	2.81	4.35	8.74	3.90	(1) 本资料拉线、每砌两皮砖拉一次，不符合操作规程，故换算系数按实际皮数应调整为2.81 (2) 清扫墙面换算系数为 1/0.24=4.17
2	砌砖（包括铺砂浆）	1186	82.36	m³		6.41		185.02	1	1	185.02	185.02	82.65	
3	检查砌体	41	2.85	次		7		5.86	1.09	1.09	6.39	6.39	2.85	
4	清扫墙面	37	2.57	m²		21		1.76	3.28	4.17	5.77	7.34	3.28	
	基本工作时间和辅助工作时间合计	1292	89.72				6.41				201.53	207.49	92.68	
5	准备与结束工作	29	2.01								4.52	4.52	2.02	
6	休息	76	5.28								11.86	11.86	5.30	
	定额时间合计	1397	97.01								217.91	223.87	100	
7	等灰浆	19	1.32								2.96			
8	进行其他工作	24	1.67								3.74			
	非定额时间合计	43	2.99								6.70			
	消耗时间总计	1440	100								224.61			

（反面）（续）

完成产品数量	计量单位	时间消耗/工日				每工产量		附注
		全部量		单位产品平均时间消耗				
		实际	调整	实际	调整	实际	调整	
十五	十六	十七	十八	十九	二十	二十一	二十二	
6.41	m³	3	3.08	0.468	0.480	2.14	2.08	

汇总整理说明：1. 本资料每工日为 8h。
2. 本资料没有观察到清理工作地点，使用本资料时应予以适当考虑。
3. 等砂浆和进行其他工作属于组织安排不当，消耗时间已全部强化。
4. 本资料施工条件正常，工人劳动积极，可供编制工程定额参考。

表 2-6 写实记录综合分析表

分析汇总表		施工单位名称	××市建一公司	编制日期	2017.7
			施工过程名称：砌 1 砖厚单面清水墙		
观察的日期		2017.7.25	2017.7.26	2017.7.27	结论
观察的延续时间		8h	7h 35min	5h 53min	
各次观察中因素的实况	工作地点特征	在平地上操作	在两排脚手架上操作	在三排脚手架上操作	一般宿舍楼，在三步架以内操作
	工作段的结构特征	门窗洞三个，线角	门窗洞四个，线角留槎	两个砖垛	有门窗洞口、线角、砖垛、墙面艺术形式 10% 以内
	工作组织	三人分段操作	二人分段操作	三人分段操作	三人分段进行操作
	劳动组织	六级工-1，四级工-1，三级工-1	四级工-2	四级工-2，三级工-1	六级工-1，四级工-1，三级工-1
	机器、工具的状况	使用一般手工工具	使用一般手工工具	使用一般手工工具	泥刀、线锤、麻线等一般工具
	使用材料说明	M2.5 混合砂浆，标准砖	M2.5 混合砂浆，标准砖	M2.5 混合砂浆，标准砖	M2.5 混合砂浆
	质量情况	符合要求	符合要求	墙面垂直平整，灰浆不够饱满	墙面垂直平整，灰浆饱满，符合要求
	完成产品的数量（单位）	6.41m³	5.15m³	3.99m³	

（续）

号次	各组成部分名称	单位	组成部分的平均时间消耗	换算系数	单位产品的时间消耗	占单位产品时间的百分比	组成部分的平均时间消耗	换算系数	单位产品的时间消耗	占单位产品时间的百分比	组成部分的平均时间消耗	换算系数	单位产品的时间消耗	占单位产品时间的百分比	组成部分的平均时间消耗	换算系数	单位产品的时间消耗	占单位产品时间的百分比
1	拉线	次	3.11	2.81	8.74	3.90	2	0.19	0.38	0.22	1.08	3.01	3.25	1.92	2.06	2.81	5.79	2.89
2	砌砖（包括铺砂浆）	m³	185.02	1.00	185.02	82.65	168.92	1.00	168.92	96.45	146.08	1.00	146.08	86.49	166.67	0.00	166.67	83.21
3	检查砌体	次	5.86	1.09	6.39	2.85	1.70	1.94	3.30	1.88	1.62	3.26	5.28	3.13	3.06	2.10	6.43	3.21
4	清扫墙面	m²	1.76	4.17	7.34	3.28	0.65	3.30	2.15	1.23	1.45	4.15	6.02	3.56	1.29	4.17	5.38	2.69
5	基本和辅助时间合计				207.49	92.68			174.75	99.78			160.63	95.10			184.27	92.00
6	准备与结束时间				4.52	2.02							4.26	2.52			4.01	2.00
7	休息				11.86	5.30			0.39	0.22			4.01	2.38			12.02	6.00
8																		
9																		
10																		
11																		
12																		
13																		
14																		
15	定额时间合计				223.87	100			175.14	100			168.90	100			200.30	100

准备与结束时间按2%，休息时间按6%确定，则基本工作与辅助工作时间为92%，定额时间为：184.27/0.92=200.30

第十九栏，将第十七栏实际消耗时间数除以第十五栏完成产品数量得出的数值填入。

第二十栏，将第十八栏调整后的全部工作时间消耗数除以第十五栏的完成产品数量后填入。

第二十一栏和第二十二栏，分别为第十九栏和第二十栏的倒数。

3) 第三部分。汇总整理说明的主要内容包括：调整所测施工过程各组成部分时间消耗的技术依据和具体计算方法；准备与结束时间和休息时间的确定，强化不合理时间消耗的理由；测定者对本资料的估价及其他有关事项。

这种表格适用于整理非循环施工过程的资料，对于整理循环过程资料时，可以用选择法测时记录表（见测时法）进行整理。

(4) 写实结果的综合分析　在汇总整理的基础上还应加以综合分析研究，以确定其可靠性和准确性。由于所测的资料往往受施工过程中各类因素的影响，其时间消耗不尽一致，有时甚至差异很大。因此，这就需要对同一施工过程的测定资料，根据不同的操作对象、施工条件进行分析研究，加以综合考虑，以便提供更加完善、更加合理、更加准确的技术数据。在进行综合分析时，要求各份资料的工作内容齐全，使用的工具、机械和操作方法及其有关的主要因素基本一致。否则，不能进行综合。写实记录综合分析见表2-6。

1) 将所测定的施工过程的各份资料中调查的主要因素和汇总整理的资料，按综合分析表的要求逐项进行填写。其中，"组成部分的平均时间消耗""换算系数""单位产品的时间消耗"及各组成部分"占单位产品时间的百分比"等栏，分别按汇总整理表（正面）第九栏、十一栏、十三栏、十四栏填写。各份资料应依次填入。

2) 根据各份资料调查的主要因素，经过分析研究后，拟定符合现行工程定额规定的正常施工条件，填入本表"结论"栏中。

3) 将各份资料的工作时间消耗进行分析汇总。

① 结论栏中"组成部分的平均时间消耗"，为各份资料组成部分的平均时间消耗之和除以资料份数而得。

② "结论"栏中的"换算系数"，应根据各份资料的系数分析研究确定。可采用各份资料换算系数的平均值，也可选用具有代表性的某份资料的换算系数。

③ "结论"栏中的"单位产品的时间消耗"，为"结论"栏中"组成部分的平均时间消耗"乘以"换算系数"而得。

④ "结论"栏中的各组成部分"占单位产品时间的百分比"，计算方法与前所述相同。

2.4.3　测时法

测时法是对某一被测产品，记录其每一道工序的作业时间，并求其各工序时间消耗的平均值，再将完成该产品所有工序时间消耗的平均值累计，即得到完成该产品的定额工时。

测时法记录时间的精确度可达0.5s，主要适用于机械操作。对机手并动或手工操作，应视实际情况决定；用于研究以循环形式不断重复进行的作业，观察研究施工过程循环的组成部分的工作时间消耗；不适用于研究工人休息、准备与结束及其他非循环的工作时间。

(1) 记录时间的方法　测时法按记录时间方法的不同，分为选择测时法与连续测时法两种。

1) 选择测时法。选择测时法又称间隔测时法或重点计时法，它不是连续地测定施工过程全部循环工作的组成部分，而是将完成产品的各个工序一一分开，有选择地对各工序的工时消耗进行测定；经过若干次选择测时后，直到填满表格中规定的测时次数，完成各个组成部分全部测试工作为止。间隔测时法主要用于测定工时消耗不长的循环操作过程，比较容易掌握，使用比较广泛，缺点是测定起始和结束点的时刻时，容易发生读数的偏差。

表 2-7 所列为选择测时法所用的表格和具体实例。测定开始之前，应将预先划分好的组成部分和定时点填入测时表格。在测时记录时，可以按施工组成部分的顺序将测得的时间填写在表格的时间栏目，也可以有选择地将测得的施工组成部分的所需时间填入对应的栏目，直到填满为止。在测定过程中，凡对各组成部分的延续时间有影响的一切因素，应随时记在"附注"栏中，以供整理资料测时数列时分析研究。

2）连续测时法。连续测时法又称接续测时法，它是对完成产品的循环施工过程的组成部分进行不间断的连续测定，不能遗漏任何一个循环的组成部分。连续测时法所测定的时间包括了施工过程中的全部循环时间，因此它保证了所得结果具有较高的精确度。

连续测时法在观测技术上要求较高，秒针走动过程中，观测者应根据各组成部分之间的定时点，记录终止时间。在测时过程中，注意随时记录对组成部分的延续时间有影响的施工因素，以便整理测时数据时分析研究。

表 2-8 所列为连续测时法的具体实例。在测定开始之前，需将预先划分的组成部分和定时点分别填入测时表格内。每次测时时，将组成部分的终止时间点填入表格，测时结束后再根据后一组成部分的终止时间计算出后一组成部分的延续时间，并将其填入表格中。

（2）测时法的观测次数　观测次数直接影响测时资料的准确度。实践证明，即使选择工作条件比较正常的测时对象，即使是同一个工人操作，但每次所测得的延续时间总是不完全相等的，这里也包括测定人员的误差或错误。一般来说，观测的次数越多，资料的准确性越高，但花费的时间和人力也越多。观测次数应依误差理论和经验数据相结合的方法来确定，表 2-9 提供了测时所必需的观测次数的确定方法，可供选用。

1）表中稳定系数 K_p 的计算公式为

$$K_p = \frac{t_{max}}{t_{min}} \tag{2-3}$$

式中　t_{max}——最大观测值；
　　　t_{min}——最小观测值。

2）算术平均值精确度的计算公式为

$$E = \pm \frac{1}{\overline{X}} \sqrt{\frac{\sum \Delta^2}{n(n-1)}} \tag{2-4}$$

式中　E——算术平均值精度；
　　　$\overline{X}$——算术平均值；
　　　n——观测次数；
　　　Δ——每次观测值与算术平均值之差。

表 2-7 选择测时法记录表

观察对象:大型屋面板吊装		施工单位名称	×× 市建一公司	工地名称	×××商住楼	日 期	2017.6.26	开始时间	9:00	终止时间	11:00	延续时间	2h	观察号次	页 次
时间精度:1s		施工过程名称:轮式起重机(QL3-16型)吊装大型屋面板													

组成部分名称	定时点	每次循环的工作消耗 单位:s/块										时间整理			附注
号次		1	2	3	4	5	6	7	8	9	10	正常延续时间	正常循环	算术平均	
1 挂钩	挂钩后松手离开吊钩	31	32	33	32	①43	30	33	33	33	32	289	9	32.1	①挂了两次钩 ②吊钩下降高度不够，第一次未脱钩
2 上升回转	回转结束后停止	84	83	82	86	83	84	85	82	82	86	837	10	83.7	
3 下落就位	就位后停止	56	54	55	57	57	②69	56	57	56	54	502	9	55.8	每循环一次吊装大型屋面板一块。每块重1.5t
4 脱钩	脱钩后回升	41	43	40	41	39	42	42	38	41	41	408	10	40.8	
5 空钩回转	空钩回至吊件对方处	50	49	48	49	51	50	50	48	49	48	492	10	49.2	
											合计			261.6	

表 2-8 连续测时法记录表

测定对象：混凝土搅拌机拌和混凝土			施工单位名称：××市建一公司																			观察日期 2017.6.7	开始时间 10:00	终止时间 10:21	延续时间 20min 54s	观察号次	页/次
观察精确度：1s			施工过程：混凝土搅拌机（JB-500型）拌和混凝土																							附注	
序号	工序名称	时间	观察次数																			记录整理					
			1		2		3		4		5		6		7		8		9		10		延续时间总计/s	有效循环次数	算术平均值/s		
			min	s	min	s	min	s	min	s	min	s	min	s	min	s	min	s	min	s	min	s					
1	装料	终止时间	0	15	2	16	4	20	6	30	8	33	10	39	12	44	14	56	17	4	19	5	148	10	14.8		
		延续时间		15		13		13		17		14		15		16		19		12		14					
2	搅拌	终止时间	1	45	3	48	5	55	7	57	10	4	12	9	14	20	16	28	18	33	20	38	915	10	91.5		
		延续时间		90		92		95		87		91		90		96		92		89		93					
3	出料	终止时间	2	3	4	7	6	13	8	19	10	24	12	28	14	37	16	52	18	51	20	54	191	10	19.1		
		延续时间		18		19		18		22		20		19		17		24		18		16					
合计																									125.4		

表 2-9 测时法所必需的观测次数表

观测次数 稳定系数 \ 精确度要求	算术平均值精确度（%）				
	5 以内	7 以内	10 以内	15 以内	25 以内
1.5	9	6	5	5	5
2	16	11	7	5	5
2.5	23	15	10	6	5
3	30	18	12	8	6
4	39	25	15	10	7
5	47	31	19	11	8

【例 2-4】 根据表 2-7 所测数据，试计算该施工过程的算术平均值，算术平均值精确度和稳定系数，并判断观测次数是否满足要求。

【解】 ① 吊装大型屋面板挂钩

$$\bar{X} = \frac{31+32+33+32+30+33+33+33+32}{9} = 32.1$$

Δ 值为：-1.1，-0.1，+0.9，-0.1，-2.1，+0.9，+0.9，+0.9，-0.1

$$E = \pm \frac{1}{\bar{X}} \sqrt{\frac{\sum \Delta^2}{n(n-1)}} = \pm \frac{1}{32.1} \sqrt{\frac{(-1.1)^2+(-0.1)^2 \times 3+0.9^2 \times 4+(-2.1)^2}{9 \times (9-1)}} = \pm \frac{1}{32.1} \sqrt{\frac{8.89}{72}} = \pm 1.09\%$$

$$K_p = \frac{t_{max}}{t_{min}} = \frac{33}{30} = 1.10$$

查表 2-9，表中规定算术平均值精度在 5% 以内，稳定系数在 1.5 以内，应测定 9 次，显然本过程的观察次数满足要求，否则应继续测定。

② 上升回转

$$\bar{X} = \frac{84+83+82+86+83+84+85+82+82+86}{10} = 83.7$$

Δ 值为：+0.3，-0.7，-1.7，+2.3，-0.7，+0.3，+1.3，-1.7，-1.7，+2.3

$$E = \pm \frac{1}{\bar{X}} \sqrt{\frac{\sum \Delta^2}{n(n-1)}} = \pm \frac{1}{83.7} \sqrt{\frac{0.3^2 \times 2+(-0.7)^2 \times 2+(-1.7)^2 \times 3+1.3^2+2.3^2 \times 2}{10 \times (10-1)}}$$

$$= \pm \frac{1}{83.7} \sqrt{\frac{22.1}{90}} = \pm 0.59\%$$

$$K_p = \frac{t_{max}}{t_{min}} = \frac{86}{82} = 1.05$$

查表 2-9 可知，观测次数满足要求。

③ 下落就位

$$\bar{X} = \frac{56+54+55+57+57+56+57+56+54}{9} = 55.8$$

Δ值为：+0.2，-1.8，-0.8，+1.2，+1.2，+0.2，+1.2，+0.2，-1.8

$$E = \pm \frac{1}{\overline{X}} \sqrt{\frac{\sum \Delta^2}{n(n-1)}} = \pm \frac{1}{55.8} \sqrt{\frac{0.8^2 + 0.2^2 \times 3 + (-1.8)^2 \times 2 + 1.2^2 \times 3}{9 \times (9-1)}}$$

$$= \pm \frac{1}{55.8} \sqrt{\frac{11.56}{72}} = \pm 0.72\%$$

$$K_p = \frac{t_{max}}{t_{min}} = \frac{57}{54} = 1.06$$

查表2-9可知，观测次数满足要求。

④ 脱钩

$$\overline{X} = \frac{41 + 43 + 40 + 41 + 39 + 42 + 42 + 38 + 41 + 41}{10} = 40.8$$

Δ值为：+0.2，+2.2，-0.8，+0.2，-1.8，+1.2，+1.2，-2.8，+0.2，+0.2

$$E = \pm \frac{1}{\overline{X}} \sqrt{\frac{\sum \Delta^2}{n(n-1)}} = \pm \frac{1}{40.8} \sqrt{\frac{0.2^2 \times 4 + 1.2^2 \times 2 + (-0.8)^2 + 1.8^2 + (-2.8)^2 + 2.2^2}{10 \times (10-1)}}$$

$$= \pm \frac{1}{40.8} \sqrt{\frac{19.6}{90}} = \pm 1.14\%$$

$$K_p = \frac{t_{max}}{t_{min}} = \frac{43}{38} = 1.13$$

查表2-9可知，观测次数满足要求。

⑤ 空钩回转

$$\overline{X} = \frac{50 + 49 + 48 + 49 + 51 + 50 + 50 + 48 + 49 + 48}{10} = 49.2$$

Δ值为：+0.8，-0.2，-1.2，-0.2，+1.8，+0.8，+0.8，-1.2，-0.2，-1.2

$$E = \pm \frac{1}{\overline{X}} \sqrt{\frac{\sum \Delta^2}{n(n-1)}} = \pm \frac{1}{49.2} \sqrt{\frac{0.2^2 \times 3 + 0.8^2 \times 3 + (-1.2)^2 \times 3 + 1.8^2}{10 \times (10-1)}}$$

$$= \pm \frac{1}{49.2} \sqrt{\frac{9.60}{90}} = \pm 0.66\%$$

$$K_p = \frac{t_{max}}{t_{min}} = \frac{51}{48} = 1.06$$

查表2-9可知，观测次数满足要求。

(3) 测时数据的整理　观测所得数据的算术平均值，即为所求延续时间。为了使算术平均值更接近于各组成部分的延续时间正确值，在整理测时数列时可进行必要的清理，删去那些显然是错误的以及偏差极大的数值。通过清理后所得出的算术平均值，通常称为平均修正值。

1) 清理测时数列时，首先删掉完全是由于人为的因素影响而出现的偏差，如工作时间闲聊天，材料供应不及时造成的等候，以及测定人员记录时间的疏忽而造成的错误等所测得的数据，删掉的数据在测时记录表上做"×"记号。

2）删去由于施工因素的影响而出现的偏差极大的延续时间，如挖土机挖土时碰到孤石等。此类偏差大的数还不能认为完全无用，可作为该项施工因素影响的资料，进行专门研究。对此类删去的数据应在测时记录表中做"○"记号，以示区别。

3）清理偏差大的数据可参照误差调整系数（见表2-10）和偏差极限算式进行。

表 2-10　误差调整系数 K 值表

观 察 次 数	调整系数 K	观 察 次 数	调整系数 K
5	1.3	11~15	0.9
6	1.2	16~30	0.8
7~8	1.1	31~53	0.7
9~10	1.0	53 以上	0.6

极限算式如下：

$$\lim\nolimits_{\max} = \overline{X} + K(t_{\max} - t_{\min}) \tag{2-5}$$

$$\lim\nolimits_{\min} = \overline{X} - K(t_{\max} - t_{\min}) \tag{2-6}$$

式中　$\lim_{\max}$——最大极限值；

　　　$\lim_{\min}$——最小极限值；

　　　$t_{\max}$——最大值；

　　　$t_{\min}$——最小值；

　　　$\overline{X}$——算术平均值；

　　　K——调整系数，见表2-10。

清理的方法是：首先，从测得的数列中删去由于人为因素的影响而出现的偏差极大的数据；然后，再从留下来的测时数列中，试删去偏差极大的可疑数据，用表2-10和极限算式求出最大极限和最小极限；最后，从数列中删去最大或最小极限之外偏差极大的可疑数值。

【例 2-5】 从表2-7中号次1挂钩组成部分测时数列中的数值为31、32、33、32、43、30、33、33、33、32。试确定其修正后的算术平均值。

【解】　该数列中偏差大的可疑数值为43。根据上述方法，先删去43这个数值，然后用极限算式计算其最大极限。计算过程如下：

$$\overline{X} = \frac{31+32+33+32+30+33+33+33+32}{9} = 32.1$$

$$\lim\nolimits_{\max} = \overline{X} + K(t_{\max} - t_{\min}) = 32.1 + 1.0 \times (33-30) = 35.1$$

由于43大于35.1，显然应该从数列中删去43，所求修正后的平均算术值为32.1。

如果一组测时数列中有两个误差大的可疑数据时，应从最大的一个数值开始连续进行检核（每次只能删去一个数据）。如一组测时数列中有两个以上的可疑数据时，应将这一组测时数列抛弃，重新进行观测。

删去了最大或最小极限之外的数据之后，计算保留下来的数据的算术平均值，将其填入测时记录表的算术平均值栏内,作为该组成部分在相应的条件下所确定的延续时间。测时记录表中的"时间总和"和"循环次数"栏,应按清理后的合计数填入。

2.4.4 工作日写实法

工作日写实法主要是用来研究工人全部工作时间中各类工时消耗,包括基本工作时间、准备与结束工作时间、休息时间、不可避免的中断时间和损失时间等的一种测定方法。用此方法可以分析工时消耗的有效性,找出工时损失的原因,拟定改进措施,提高劳动生产率。

(1) 工作日写实法的分类 根据写实对象的不同,工作日写实法可分为个人工作日写实、小组工作日写实和机械工作日写实三种。

1) 个人工作日写实是观察、测定一个工人在一个工作日内的全部工时消耗,这种方法最为常用。

2) 小组工作日写实是测定同一个小组的工人在工作日内的工时消耗,它可以是相同工种的工人,也可以是不同工种的工人。前者是为了取得同工种工人的工时消耗资料,后者则主要是为了取得确定小组定员和改善劳动组织的资料。

3) 机械工作日写实是测定某一机械在一个台班内机械效能发挥的程度以及配合工作的劳动组织是否合理,其目的在于最大限度地发挥机械的效能。

(2) 个人工作日写实的步骤 个人工作日写实是使用较广的方法,一般分为准备、观测写实、分析整理等三个阶段进行。小组和机械工作日写实也与此雷同。

1) 准备阶段。了解写实对象的技术等级、工种、文化程度等情况;了解机器设备的性能、维修保养、使用年限等情况;了解劳动分工、工种配备、工作地点的供应等生产和劳动组织的状况。明确写实目的,正确选择写实对象;确定工时消耗的分类。向工人讲清楚工作日写实的目的和意义,取得写实对象的支持和配合。

2) 观测写实阶段。主要是按工时消耗的次序进行实地观测与写实。要求将工作日(工作班)全部所有的活动情况,原原本本地记录在"个人工作日写实记录表"上。

3) 分析整理阶段。主要是把观测写实阶段获得的资料,进一步加以分析整理。

(3) 工作日写实法的基本要求

1) 因素登记。工作日写实主要是研究工时的利用和损失时间,在填写因素时,应简明扼要地对施工过程的组织和技术进行说明。

2) 时间记录。工作日写实法采用的表格及记录方法与写实记录法相同。一般个人工作日写实采用图示法写实记录表或数示法写实记录表,小组工作日写实采用混合法写实记录表,机械工作日写实采用混合法或数示法写实记录表。

3) 延续时间。工作日写实法的总延续时间不应低于一个工作日,如其完成产品的时间消耗大于8h,则应酌情延长观测时间。

4) 观测次数。工作日写实法的观测次数应根据不同的目的要求确定。一般说来,如果是为了总结先进工人的工时利用经验,测定1~2次为宜;为了掌握工时利用情况或制定标准工时规范,应测定3~5次;为了分析造成损失时间的原因,改进施工管理,应测定1~3次以取得所需要的有价值的资料。

(4) 工作日写实结果的整理和汇总 工作日写实的研究对象是工作日内全部工时的利用和损失时间。工作日写实结果的整理,采用专门的工作日写实结果表,见表2-11。

表 2-11 工作日写实结果表

施工单位名称	测定日期	延续时间	调查号次	页次
三公司	2017.7.25	8h30min		
施工过程名称		钢筋混凝土直形墙模板安装		

工时消耗表

序号	工时消耗分类	时间消耗/min	百分比	施工过程中的问题与建议
	一、定额时间			
1	基本工作时间：适于技术水平的	1198	74.5	本资料造成非定额时间的原因主要是：
2	基本工作时间：不适于技术水平的			1) 劳动组织不合理。开始由三人操作，中途又增加一人，在实际工作中经常出现一人等工的现象
3	辅助工作时间	53	3.30	2) 等材料。上班后领材料时未找到材料员而造成等工
4	准备与结束时间	14	0.87	3) 产品不符合质量要求返工。由于技术交底马虎，工人对产品规格要求也未真正弄清楚，结果造成返工
5	休息时间	12	0.75	4) 违反劳动纪律。主要是上班迟到和工作时间闲谈
6	不可避免的中断时间	9	0.58	建议：切实加强施工管理工作，班前要认真做好技术交底，职能人员要坚守岗位，保证材料及时供应，并预先办好领料手续，提前领料，科学地按定额规定每工应完成的产量，结合工人实际工效安排劳动力，加强劳动纪律教育，按时上班，集中思想工作
7	合计	1286	80.0	
	二、非定额时间			
8	由于劳动组织的缺点而停工	19	1.18	
9	由于缺乏材料而停工	102	6.34	
10	由于工作地点未准备好而停工			
11	由于机具设备不正常而停工			
12	产品质量不符返工	132	8.21	
13	偶然停工（停电、停水、暴风雨）			
14	违反劳动纪律	69	4.27	
15	其他损失时间			
16	合计	322	20	经认真改善后，劳动效率可提高 25%左右
	消耗时间总计	1608	100	
	完成产品数量	52.15m²		
	实际生产率：1608/(60×8×52.15)= 0.064	工日/m²		可以提高：(0.064/0.051−1)×100% = 25%
	可能生产率：1286/(60×8×52.15)= 0.051			

1) 表中"工时消耗分类"栏，按定额时间和非定额时间的分类预先印好。整理资料时，应按本表的分类要求汇总填写，非定额时间的类别中本表未包括者，可填入其他损失时间栏里，并将造成非定额时间的原因注明。无论进行哪一种工作日写实，均应统计所完成的产品数量。

2) "施工过程中的问题与建议"栏，应根据工作日写实记录资料，分析造成非定额时间的有关因素，并注意听取有关技术人员、施工管理人员和工人的意见，提出切实可行、有效的技术与组织措施的建议。

3) 工作日写实结果表的主要内容填写步骤如下：

① 根据观测资料，将定额时间和非定额时间的消耗（以 min 为单位）填入时间消耗栏内，并分别合计和总计。

② 根据各定额时间、非定额时间的消耗量和时间总消耗量，计算各部分的百分比。

③ 将工作日内完成产品的数量统计后，填入完成情况表中的"完成产品数量"。

④ 将施工过程中的问题与建议填入表内。

(5) 工作日写实结果汇总　工作日写实结果汇总表见表2-12。该表将同一工作，不同施工过程的时间消耗百分率汇总在一张表上，供编制工程定额时使用。

表2-12　工作日写实结果汇总表

序号	工时消耗分类	施工单位名称	三公司三处		工种		木工	附注
		测定日期	2017.7.25	2017.7.28	2017.8.3	2017.8.12	加权平均数	
		延续时间	8h30min	8h	8h	8h		
		施工过程名称	直形墙模板安装	基础模板安装	杯形柱基模板安装	杯形柱基模板安装		
		班(组)长姓名	×××	×××	×××	×××		
		班(组)人数	3	2	3	4	12	
		一、定额时间(%)						
1		基本工作时间：适于技术水平的	74.5	75.91	62.8	91.22	77.38	
2		不适于技术水平的						
3		辅助工作时间	3.30	1.88	2.35	1.48	2.22	
4		准备与结束时间	0.87	1.9	2.6	0.56	1.37	
5		休息时间	0.75	3.77	2.98	4.18	2.95	
6		不可避免的中断时间	0.58				0.15	
7		合计	80.0	83.46	70.73	97.44	84.07	
		二、非定额时间(%)						
8		由于劳动组织的缺点而停工	1.18	7.74			1.59	
9		由于缺乏材料而停工	6.34		12.4		4.69	
10		由于工作地点未准备好而停工		3.52	5.91		2.06	
11		由于机具设备不正常而停工						
12		产品质量不符返工	8.21	5.28		1.6	3.47	
13		偶然停工(停电、停水、暴风雨)			3.24		0.8	
14		违反劳动纪律	4.27		7.72	0.96	3.32	
15		其他损失时间						
16		合计	20	16.54	29.27	2.56	15.93	
		消耗时间总计	100	100	100	100	100	

表中加权平均值的计算方法为

$$\overline{X} = \frac{\sum R\beta}{\sum R} \tag{2-7}$$

式中　$\overline{X}$——算术平均值；

　　　R——各工作日写实表中的人数；

　　　β——各类工时消耗百分比。

【例2-6】　表2-12中，各工作日写实结果中的人数分别为3人、2人、3人、4人，基本工作时间消耗的百分率为74.5%、75.91%、62.8%、91.22%，求加权平均百分率。

【解】

$$\overline{X} = \frac{\sum R\beta}{\sum R} = \frac{3\times74.5\% + 2\times75.91\% + 3\times62.8\% + 4\times91.22\%}{3+2+3+4} = 77.38\%$$

2.4.5 简易测定法

上述三种方法虽然均可满足技术测定的要求，但都需要花费较多的人力和时间。在实际工作中可采用简易测定法，取得所需要的各种技术资料。

简易测定法是指采用前述三种方法中的某一种方法在现场观测时，将观测的组成部分简化，只测定组成时间中的某一种定额时间，如基本工作时间（含辅助时间），然后借助表 2-13 计算出所需数据的一种简易方法。该方法简便、快捷，省去了技术测定前的诸多准备工作，减少了现场取得资料的过程，节省了人力和时间。缺点是不适合用来测定全部工时消耗。

表 2-13 准备与结束、休息、不可避免中断时间，占工作班时间的百分率参考表

序号	工 种	准备与结束时间占工作时间(%)	休息时间占工作时间(%)	不可避免的中断时间占工作时间(%)
1	材料运输及材料加工	2	13~16	2
2	人力土方工程	3	13~16	2
3	架子工程	4	12~15	2
4	砖石工程	6	10~13	4
5	抹灰工程	6	10~13	3
6	手工木作工程	4	7~10	3
7	机械木作工程	3	4~7	3
8	模板工程	5	7~10	3
9	钢筋工程	4	7~10	4
10	现浇混凝土工程	6	10~13	3
11	预制混凝土工程	4	10~13	2
12	防水工程	5	25	3
13	油漆玻璃工程	3	4~7	2
14	钢制品制作及安装工程	4	4~7	3
15	机械土方工程	2	4~7	2
16	石方工程	4	13~16	2
17	机械打桩工程	6	10~13	3
18	构件运输及吊装工程	6	10~13	3
19	水暖电气工程	5	7~10	3

基本工作时间的消耗可以用以下公式求得：

$$T_{基本} = \sum T_{工序} \tag{2-8}$$

式中 $T_{基本}$ ——基本工作时间消耗；

$T_{工序}$ ——以工序组成的工时消耗。

算出基本工作时间消耗后，借助表 2-13 中有关工种的规范时间，采用定额时间计算公式，即可计算出某项定额指标。其计算式为

$$T_{时间定额} = \frac{T_{基本} \times 100}{8 \times 60 \times [100 - (T_{准备} + T_{休息} + T_{中断})]} \quad (2-9)$$

或

$$时间定额 = \frac{作业时间(基本工作时间)}{1 - 规范时间(\%)} \quad (2-10)$$

【例 2-7】 为取得编制 $1\frac{1}{2}$ 砖基础的定额资料，拟采用简易测定法。现场技术测定资料结果表明，完成 $1m^3$ 砌体的基本工作时间（含辅助工作时间）为 140min，试计算该砖基础的时间定额的基础数据。

【解】 已知基本工作时间消耗为 140min。依据表 2-13 中砖石工程的有关数据，准备与结束时间占工作时间的 6%，工人休息时间占工作时间的 12%，不可避免中断时间占工作时间的 4%。

则

$$时间定额 = \frac{140 \times 100}{8 \times 60 \times [100 - (6 + 12 + 4)]} 工日/m^3 = 0.37\ 工日/m^3$$

2.4.6 技术测定的资料整理

1. 确定影响工时消耗的具体因素

影响工时消耗的具体因素是指在施工过程观察中，实际发生且对工时消耗起作用的那些因素。无论是采用写实记录法、测时法、工作日写实法，还是采用简易测定法，在测时的同时，就要观察影响工时消耗的各种因素，测时完毕立即在专用表格上记录下来，并做出必要的、详尽的说明。应确定的因素包括以下内容：

1）观察日期、工作班时间。
2）施工过程名称以及所属公司、项目部、工程项目。
3）气温、雨量、风力。
4）工人的详细情况（年龄、性别、文化程度、工种、等级、工龄、从事本专业的实际工作时间、工资制度、平均工资、参加劳动竞赛的情况、工作速度、上月劳动生产率等）。
5）所使用的材料情况（材料类别、质量）。
6）工具、设备及机械的详细说明。
7）产品的规格和产量。
8）工作地点与施工过程的组织与技术说明。
9）产品数量的计数。

2. 因素反映表

因素反映就是调查并详述所测施工过程中的有关基本因素。目的在于对该施工过程从技术、组织上作全面的鉴定和说明。每进行一次测定，及时将所测施工过程的有关因素以及产品数量，填写在专用的"因素登记表"里，因素登记表见表 2-14。

3. 整理施工过程观察资料

整理观测资料的基本方法一般采用平均修正法。

表 2-14　因素登记表

施工过程名称	建筑机构名称	工地名称	观察时间	气温
砌三层里外混水墙	×公司×施工队	×厂宿舍楼	2017年6月24日	26~30℃

工程概况：三层楼每层两单元，带壁橱、阁楼、卫生间。长27.6m，宽14m，层高3.0m

施工队（组）人员组成：瓦工队共28人。其中：一级工10人，二级工12人，五级工4人，六级工2人；男24人，女4人；50岁以上6人

施工方法和机械设备：手工操作，里架子，配备2~5t塔式起重机一台，翻斗车一辆

技术测定情况	定额项目	单位	完成产品数量	实际工时消耗/工日	单位工时消耗/（工日/m^3）
	瓦工砌　砌1½砖混水外墙	m^3	96	64.20	0.669
	瓦工砌　砌1砖混水内墙	m^3	48	32.10	0.669
	瓦工砌　砌1/2砖隔断墙	m^3	16	10.70	0.669
	壮工运输和调制砂浆			105.00	
	总计		160	212.00	

影响工时消耗的组织和技术因素	1. 该宿舍楼是三层混水墙到顶，墙体厚度不一，建筑面积小，操作比较复杂 2. 砖的质量不好，选砖比较费时 3. 低级工比例过大，浪费工时现象比较普遍 4. 高级工比例小，低级工做高级工活也比较普遍，技壮工配合不好 5. 工作台的位置和砖的放置，不便于工人操作 6. 瓦工操作不符合动作经济原则，取砖和砂浆的动作幅度很大，极易疲劳 7. 劳动纪律不太好，有些青年工人工作时间聊天、打闹

填表人：	填表日期：2017年6月25日
备注	

平均修正法是一种在对测时数列进行修正的基础上，求出平均值的方法。修正测时数列，就是剔除或修正那些偏高、偏低的可疑数据，目的是保证不受那些偶然数据的影响。具体做法参见测时法数据的整理。

2.5　材料消耗——科学计算法

2.5.1　工程材料分类及耗用量计算原理

1. 工程材料的分类

建筑工程所需要的一切材料、半成品及成品，按其对工程的用途，可分为工程直接性材料、辅助性材料以及周转性材料三种。

1）工程直接性材料，为一次性消耗、直接用于工程上构成建筑物或结构本体的材料，如钢筋混凝土柱中的钢筋、水泥、砂、碎石等。

2）辅助性材料，虽也是施工过程中所必需的材料，却并不是构成建筑物或结构本体的材料，如土石方爆破工程中所需的炸药、引线、雷管等。

3）周转性材料，也称措施性材料，不直接构成建筑工程实体，在施工过程中为辅助完成建筑物或结构本体而周转使用的材料，如模板、脚手架、支撑等。

2. 工程材料的耗用量计算原理

建筑工程中各种材料的耗用量主要通过以下四种方法获得：

（1）现场技术测定法　现场技术测定法又叫观察法，是通过在施工现场对生产某一产品的材料消耗量进行实际测定的一种方法。该方法是根据测定资料，通过对产品的数量、材料消耗量以及材料净用量的计算，确定单位产品的材料消耗量和损耗量。

采用现场技术测定法来确定工程材料消耗量，观察对象的选择应满足如下条件：

1）建筑物应具有代表性。
2）施工技术和条件符合操作规范的要求。
3）建筑材料的规格和质量符合技术规范的要求。
4）被观测对象的技术操作水平、工作质量和节约用料情况良好。

现场技术测定法主要适用于确定材料的损耗量。通过现场观察，测定出材料损耗的数量，区别出哪些是可以避免的损耗，哪些是属于难以避免的损耗，明确定额中不应列入可以避免的损耗。

（2）实验室试验法　实验室试验法是在实验室内进行观察生产合格产品材料消耗量的方法。这种方法主要研究产品强度与材料消耗量的数量关系，以获得各种配合比，并以此为基础计算出各种材料的消耗数量。

这种方法的优点是能更深入、更详细地研究各种因素对材料消耗的影响；缺点是无法估计到施工现场某些因素对材料消耗量的影响。在定额实际运用中，应考虑施工现场条件和各种附加的损耗数量。

（3）现场统计法　现场统计法是以施工现场积累的分部分项工程使用材料数量、完成产品数量、完成工作后原材料的剩余数量等统计资料为基础，经过分析整理，计算出单位产品材料消耗量的方法。

该方法的基本思路为：某分项工程施工时共领料 N_0，项目完工后，退回材料的数量为 ΔN_0，则用于该分项工程上的材料数量为

$$N = N_0 - \Delta N_0$$

若该产品的数量为 n，则该单位产品的材料消耗量为

$$m = \frac{N}{n} = \frac{N_0 - \Delta N_0}{n} \tag{2-11}$$

该方法比较简单易行，但也有缺陷：一是该方法一般只能确定材料总消耗量，不能确定净用量和损耗量；二是其准确程度受统计资料和实际使用材料的影响。

（4）科学计算法　科学计算法是根据施工图和建筑构造要求，用科学计算公式计算产品的材料净用量的方法。这种方法适合容易估算确定废料的材料消耗量的计算。在实际运用中还需确定各种材料的损耗量（率），与材料净用量相加才能得到材料的总耗用量。

建筑工程材料耗用量的计算是通过以上某种方法或几种方法相结合来确定的。下面主要说明如何用科学计算法来确定直接性材料、措施性材料以及半成品配比材料的耗用量。

2.5.2　直接性材料用量计算

直接性材料，指在建筑工程施工中，一次性消耗并直接构成工程实体的材料。例如，各种墙体用砖、砌块、砂浆、垫层材料、面层材料、装饰用块板、屋面瓦、门窗材料等。

1. 砌筑类材料用量计算

砌筑类材料主要由砌块（包括标准砖、多孔砖、空心砖及各种砌块）和砌筑砂浆（包括水泥砂浆、石灰砂浆、混合砂浆等）组成。

（1）标准砖墙体材料用量计算

$$每立方米砖墙体中砖的净用量(块)=\frac{2K}{墙厚\times(砖长+灰缝)\times(砖厚+灰缝)} \quad (2-12)$$

$$每立方米砖墙体中砂浆的净用量(m^3)=1-砖的净用量\times砖长\times砖厚\times砖宽 \quad (2-13)$$

式中　K——墙厚的砖数，即一砖墙为1，一砖半墙为1.5。

墙厚、砖长、砖厚、砖宽、灰缝的计量单位均为 m，以下公式中均如此。

（2）标准砖基础材料用量计算　等高式放脚基础标准砖用量计算的约定如下：

砖基础只包括从最上层放脚上表面至最下一层放脚下表面的体积，如图2-6所示。

每层放脚的放出宽度为 62.5mm，每层放脚的高度为 126mm。

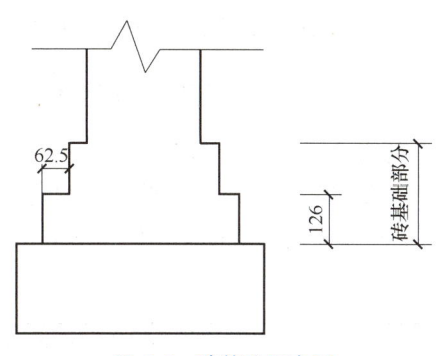

图 2-6　砖基础示意图

砖用量(块/m³) =

$$\frac{2K\times放脚层高\times层数\times(砖宽+灰缝)+大放脚增加面积}{(墙厚\times放脚层高\times层数+大放脚增加面积)\times(砖长+灰缝)\times(砖厚+灰缝)\times(砖宽+灰缝)}$$
$$(2-14)$$

（3）其他砖及砌块材料用量计算

$$砖净用量(块/m^3)=\frac{1}{(砖长+灰缝)\times砖宽\times(砖厚+灰缝)} \quad (2-15)$$

$$砂浆净用量(m^3)=1-(砖数\times每块砖体积) \quad (2-16)$$

2. 块料面层材料用量计算

每 100m² 面层块料数量、灰缝及结合层材料用量计算公式如下：

$$100m^2 面层块料净用量(块)=\frac{100}{(块料长+灰缝宽)\times(块料宽+灰缝宽)} \quad (2-17)$$

$$100m^2 面层灰缝用量=[100-(块料长\times块料宽\times100m^2 面层块料净用量)]\times块料厚 \quad (2-18)$$

$$结合层用量=100m^2\times结合层厚度 \quad (2-19)$$

【例 2-8】　用 1:2 水泥砂浆贴 500mm×500mm×12mm 花岗岩板墙面，灰缝 1mm，砂浆结合层 5mm 厚，试计算 100m² 墙面的花岗岩和砂浆净用量。

【解】　每 100m² 墙面花岗岩净用量 = $\frac{100}{(0.5+0.001)\times(0.5+0.001)}$ 块/100m²

= 398.40 块/100m²

每 100m² 墙面砂浆净用量 = 结合层砂浆 + 灰缝砂浆 = 0.005×100m³/100m² + [100 -

(0.5×0.5×398.40)]×0.012m³/100m² = 0.505m³/100m²

3. 装饰用块板用量计算

随着科学技术和建筑材料工艺的迅速发展，建筑装饰材料的品种在不断增加，特点是装饰用块料（板）材料品种繁多，如建筑陶瓷面砖、釉面砖、天然大理石板、彩色水磨石板、塑料贴面砖、铝合金压型板、顶棚材料钙塑泡沫板、石膏装饰板等。

（1）铝合金装饰板用量计算

$$100\text{m}^2 \text{ 面层装饰板净用量（块）} = \frac{100}{\text{块长} \times \text{块宽}} \tag{2-20}$$

（2）石膏装饰板、釉面砖、天然大理石用量计算

$$100\text{m}^2 \text{ 面层装饰板、砖净用量（块）} = \frac{100}{(\text{块长}+\text{拼缝}) \times (\text{块宽}+\text{拼缝})} \tag{2-21}$$

4. 屋面瓦用量计算

建筑工程房屋用瓦有平瓦（水泥瓦、黏土瓦）和波纹瓦（石棉水泥波纹瓦、塑料波纹瓦），适用规格和搭接尺寸见表 2-15。

表 2-15 屋面瓦的规格和搭接尺寸

项 目	规格/mm		搭接/mm	
	长	宽	长	宽
水泥平瓦	385	235	85	33
黏土平瓦	380	240	80	33
小波石棉瓦	1820	725	150	62.5
大波石棉瓦	2800	994	150	165.7

屋面瓦用量计算公式为

$$100\text{m}^2 \text{ 屋面瓦净用量（块）} = \frac{100}{\text{瓦有效长} \times \text{瓦有效宽}} \tag{2-22}$$

式中　瓦有效长——规格长减搭接长；

　　　瓦有效宽——规格宽减搭接宽。

【例 2-9】　求铺水泥瓦屋面 100m² 水泥瓦净用量。

【解】　查表 2-15 得，规格为 385mm×235mm，搭接长为 85mm，宽为 33mm。

$$100\text{m}^2 \text{ 屋面水泥瓦净用量} = \frac{100}{(0.385-0.085) \times (0.235-0.033)} \text{块} = 1651 \text{块}$$

5. 卷材（油毡）用量计算

油毡规格为 0.915m×21.86m，每卷 20m²。按《屋面工程质量验收规范》（GB 50207—2012）规定要求搭接长边不小于 10cm，短边不小于 15cm。

$$100\text{m}^2 \text{ 屋面卷材净用量（m}^2\text{）} = \frac{20 \times 100 \times \text{铺贴层数}}{(\text{卷材宽}-\text{长边搭接}) \times (\text{卷材长}-\text{短边搭接})} \tag{2-23}$$

【例 2-10】　某屋面采用两毡三油防水，铺设时长边搭接 12cm，短边搭接 16cm，求

$100m^2$ 屋面油毡净用量。

【解】 $100m^2$ 面层油毡净用量 $=\dfrac{20\times 100\times 2}{(0.915-0.12)\times(21.86-0.16)}m^2=231.86m^2$

6. 垫层材料用量计算

铺设垫层材料的厚度有虚铺厚度与压实厚度，两者之比称为压实系数。

$$压实系数=\dfrac{虚铺厚度}{压实厚度} \qquad (2\text{-}24)$$

垫层材料用量计算方法如下：

（1）质量比计算法

$$单位体积混合物质量=\dfrac{单位体积}{\dfrac{甲材料用量(\%)}{甲材料堆积密度}+\dfrac{乙材料用量(\%)}{乙材料堆积密度}+\cdots} \qquad (2\text{-}25)$$

$$材料净用量=混合物质量\times 压实系数\times 材料\% \qquad (2\text{-}26)$$

【例 2-11】 黏土炉渣配合比为 $1:0.6$。黏土堆积密度为 $1400kg/m^3$，炉渣堆积密度为 $800kg/m^3$。虚铺厚度为 $240mm$，压实厚度为 $160mm$。求每 $10m^3$ 垫层中各材料用量。

【解】 黏土用量百分比 $=\dfrac{1}{1+0.6}\times 100\%=62.5\%$

炉渣用量百分比 $=\dfrac{0.6}{1+0.6}\times 100\%=37.5\%$

压实系数 $=\dfrac{240}{160}=1.50$ 每 $1m^3$ 混合物的密度 $=\dfrac{1}{\dfrac{0.625}{1400}+\dfrac{0.375}{800}}kg/m^3=1093kg/m^3$

每 $10m^3$ 垫层中各材料用量：

$$黏土用量=10\times 1.50\times 1093\times 0.625kg=10247kg$$

$$黏土体积=\dfrac{10247}{1400}m^3=7.32m^3$$

$$炉渣用量=10\times 1.50\times 1093\times 0.375kg=6148kg$$

$$炉渣体积=\dfrac{6148}{800}m^3=7.69m^3$$

（2）体积比计算法

$$每 1m^3 垫层中各材料用量=\dfrac{虚铺厚度}{压实厚度}\times\dfrac{材料的成分比}{10} \qquad (2\text{-}27)$$

【例 2-12】 石灰炉渣的体积配合比为石灰：炉渣 $=1:3$。求 $1m^3$ 石灰炉渣垫层中原材料的用量。已知生产 $1m^3$ 粉化石灰需生石灰 $501.5kg$，每层石灰炉渣的虚铺厚度为 $180mm$，压实厚度为 $120mm$。

【解】 1:3相当于2.5:7.5,每$1m^3$垫层中各材料用量为

$$石灰用量=\frac{180}{120}\times\frac{2.5}{10}\times501.5kg=188kg \quad 炉渣用量=\frac{180}{120}\times\frac{7.5}{10}m^3=1.13m^3$$

(3) 石灰、砂、碎砖三合土配合比材料用量计算方法 每$1m^3$垫层中各材料实体积与虚体积计算公式:

$$材料量系数=\frac{1}{甲材料实体积+乙材料实体积+\cdots} \quad (2-28)$$

$$材料实体积=材料占配合比\times(1-材料空隙率) \quad (2-29)$$

$$每1m^3垫层中各材料用量=材料占配合比\times材料量系数 \quad (2-30)$$

$$材料空隙率=\left(1-\frac{堆积密度}{密度}\right)\times100\% \quad (2-31)$$

【例 2-13】 三合土的体积配合比为石灰:砂:碎砖=1:1:4。求$1m^3$三合土垫层中各材料的用量。已知石灰空隙率为 0.45,砂空隙率为 0.35,碎砖空隙率为 0.45。

【解】 原材料混合成三合土后,砂填充了碎砖中的空隙,石灰填充了砂中的空隙,石灰的空隙中仍为空气(相当于混合后石灰中的空隙仍然存在,石灰的体积不变)。则:

石灰的体积=$1m^3$;砂的实体积=$(1-0.35)m^3\times1=0.65m^3$;碎砖的实体积=$(1-0.45)m^3\times4=2.2m^3$。

每$1m^3$三合土垫层中原材料用量:

$$材料量系数=\frac{1}{1+0.65+2.2}=0.26$$

$$石灰用量=1\times0.26\times501.5kg=130.39kg$$

$$砂用量=1\times0.26m^3=0.26m^3$$

$$碎砖用量=4\times0.26m^3=1.039m^3$$

7. 门窗材料用量计算

(1) 门窗框木材净用量的计算

$$每1延长米门窗框木材的净用量(m^3)=毛断面\times\left(框料1延长米+\frac{一樘门窗框后备长度}{一樘框料延长米}\right) \quad (2-32)$$

式(2-32)中毛断面为净断面加刨光损耗,一面刨光加3mm,两面刨光加5mm。

(2) 门窗扇木材净用量的计算

1) 门窗扇的框料计算方法同门窗框。

2) 门扇板材的净用量计算:

$$每平方米门扇的板材净用量(m^3)=\begin{bmatrix}(门扇高-冒头总高+板材后备长度)\times\\(门扇宽-主梃总宽+板材后备长度)\end{bmatrix}\times毛板厚度\times\frac{1}{门扇面积} \quad (2-33)$$

其中板材后备长度见表 2-16。

表 2-16 板材后备长度参考表

序号	名　称	说　明	后备长度/cm
1	门框立坎	有下坎者按图注外口尺寸	2
		无下坎者按图注外口尺寸	5
2	门框上、中、下坎	按图注外口尺寸	2
3	窗框	按图注尺寸	2
4	门窗立梃	按图注尺寸	5
5	门扇冒头	按图注尺寸	2
6	门心板	按图注尺寸长宽各增加	2
7	窗扇立梃	按图注尺寸	4
8	窗扇上下冒头	按图注尺寸	2
9	亮子料	应加长度与窗扇同	
10	门窗扇玻璃梊	按图注尺寸	2
11	间壁墙筋	按图注尺寸	2
12	天棚主楞、楼地楞	按图注尺寸	2
13	木装修板枋料		2

【例 2-14】 试计算图 2-7 所示全板镶板门的锯材净用量。

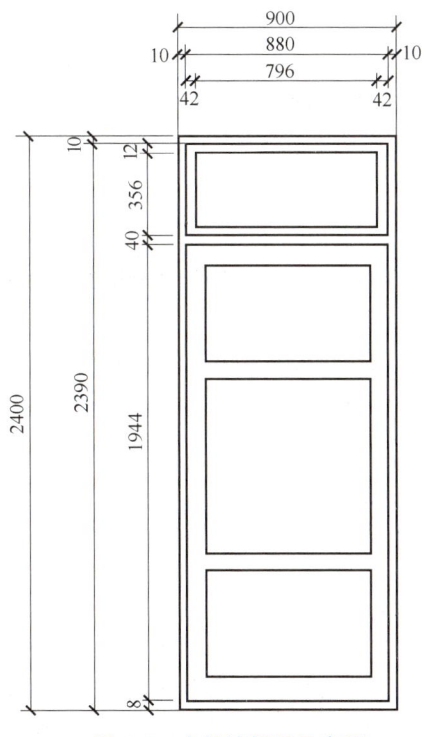

图 2-7 全板镶板门示意图

【解】 (1) 门框锯材净用量的计算

95mm×42mm 断面(小枋)门框锯材净用量 = (0.095+0.005)×(0.042+0.003)×
[(2.39×2+0.88)+(0.05×2+0.02)]m³
= 0.0045×5.78m³ = 0.0260m³

95mm×50mm 断面(中枋)门框锯材净用量 = (0.095+0.005)×(0.050+0.005)×(0.88+0.02)m³
$$= 0.0055 \times 0.9 \text{m}^3 = 0.0050 \text{m}^3$$

(2) 门扇锯材净用量的计算

1) 门扇框料。

95mm×40mm 断面(小枋)锯材净用量 = (0.095+0.005)×(0.040+0.005)×
[(0.816×3+1.944×2)+(0.02×3+0.05×2)]m³
$$= 0.0045 \times 6.496 \text{m}^3 = 0.0292 \text{m}^3$$

175mm×40mm 断面(厚板)锯材净用量 = (0.175+0.005)×(0.040+0.005)×(0.816+0.02)m³
$$= 0.0081 \times 0.836 \text{m}^3 = 0.0068 \text{m}^3$$

2) 门扇板材。

门扇板材净用量 = [1.994−(0.175+0.095×3)+0.02×3]×(0.816−0.095×2+0.02)×(0.01+0.005)m³
$$= 1.594 \times 0.646 \times 0.015 \text{m}^3 = 0.0154 \text{m}^3$$

(3) 亮子锯材净用量

55mm×40mm 断面(小枋)亮子锯材净用量 = (0.055+0.005)×(0.040+0.005)×
[(0.816+0.356)×2]m³ = 0.0027×2.344m³
$$= 0.0063 \text{m}^3$$

总结得出：

小枋净用量 = (0.0260+0.0292+0.0063)m³ = 0.0615m³

中枋净用量 = 0.0050m³

薄板净用量 = 0.0154m³

厚板净用量 = 0.0068m³

每樘门锯材净用量 = (0.0615+0.0050+0.0154+0.0068)m³ = 0.0887m³

以上是对直接性材料净用量的科学计算公式，在实际制定各种定额的材料消耗量时，要考虑材料的损耗量，不同的定额中材料的损耗率不同。其计算公式如下：

$$材料总耗用量 = 材料净用量 + 材料损耗量 \tag{2-34}$$

2.5.3 周转性材料用量计算

周转性材料是指在施工过程中随着多次使用而逐渐消耗的材料。该类材料在使用过程中不断补充、不断重复使用。如临时支撑、钢筋混凝土工程用的模板，脚手架的架料以及土方工程使用的挡土板等。因此，周转性材料应按照多次使用，分次摊销的方法进行计算。

周转性材料消耗的指标有：一次使用量、周转使用量、回收量、摊销量、补损率。

一次使用量是周转材料周转一次的基本量，即一次投入量；周转使用量是每周转一次的平均使用量，即全部周转次数中总共投入量除以周转次数；回收量是指总回收量除以周转次数的平均回收量；摊销量是指定额规定的平均一次消耗量，是应分摊到每一分项工程上的消耗量，也是纳入定额的实际消耗量；周转次数是周转材料重复使用的次数，可以用统计法或观察法确定；补损率是指周转材料第二次及以后各次周转中，为了补充上次使用时产生的不可避免损耗量的比率,一般采用平均损耗率来表示。

1. 现浇混凝土模板用量计算

(1) 每 $1m^3$ 混凝土的模板一次使用量计算

$$每\ 1m^3\ 混凝土的模板一次使用量 = \frac{1m^3\ 混凝土接触面积 \times 每\ 1m^2\ 接触面积模板净用量}{1-制作损耗率} \quad (2-35)$$

(2) 周转使用量计算

$$周转使用量 = 一次使用量 \times \frac{1+(周转次数-1)\times 补损率}{周转次数} \quad (2-36)$$

(3) 回收量计算

$$回收量 = 一次使用量 \times \frac{1-补损率}{周转次数} \quad (2-37)$$

(4) 摊销量计算

$$摊销量 = 周转使用量 - 回收量 \times 折旧率 \quad (2-38)$$

【例 2-15】 根据选定的现浇混凝土矩形梁设计图算出,每 $10m^3$ 矩形梁模板接触面积为 $69.8m^2$,每 $10m^2$ 接触面积需板材 $1.64m^3$,制作损耗率为 5%,周转次数为 6,补损率为 15%,木板折旧率为 50%。试计算每 $10m^3$ 矩形梁的模板摊销量。

【解】 模板一次使用量计算:一次使用量 $= \dfrac{6.98 \times 1.64}{1-5\%} m^3 = 12.05 m^3$

周转使用量计算:周转使用量 $= 12.05 m^3 \times \dfrac{1+(6-1)\times 15\%}{6}$

$= 12.05 m^3 \times 0.29 = 3.49 m^3$

回收量计算:回收量 $= 12.05 m^3 \times \dfrac{1-15\%}{6} = 12.05 \times 0.14 m^3 = 1.69 m^3$

摊销量计算:摊销量 $= (3.49 - 1.69 \times 50\%) m^3/10m^3 = 2.65 m^3/10m^3$

2. 预制混凝土模板用量计算

预制混凝土构件模板摊销量计算,不考虑损耗率,按多次使用、平均分摊的办法计算。其计算公式为

$$摊销量 = \frac{一次使用量}{周转次数} \quad (2-39)$$

【例 2-16】 根据选定的预制钢筋混凝土过梁图样,计算出每 $10m^3$ 构件的模板接触面积为 $98.64m^2$,每 $10m^2$ 接触面积所需板材用量为 $1.32m^3$,制作损耗率为 5%,周转次数为 30。试计算每 $10m^3$ 预制过梁的模板摊销量。

【解】 模板一次使用量计算:一次使用量 $= \dfrac{9.864 \times 1.32}{1-5\%} m^3 = 13.71 m^3$

模板摊销量计算:摊销量 $= \dfrac{13.71}{30} m^3/10m^3 = 0.457 m^3/10m^3$

3. 混凝土模板用量通用计算

模板摊销量计算不分现浇和预制构件,均采用一个公式计算,其计算公式为

$$摊销量 = \frac{一次使用量 \times (1+施工损耗率)}{周转次数} \tag{2-40}$$

【例 2-17】 根据某施工图计算出每 $10m^3$ 矩形柱的组合钢模板接触面积为 $87m^2$,损耗率为 1%,周转次数为 50 次。试计算每 $10m^3$ 矩形柱的组合钢模板摊销量。

【解】 组合钢模板摊销量 $= \dfrac{87 \times (1+1\%)}{50} m^2/10m^3 = 1.76 m^2/10m^3$

4. 脚手杆、板和钢管脚手架用量计算

脚手架材料的摊销公式为

$$摊销量 = \frac{单位一次使用量 \times (1-残值率) \times 一次使用期}{耐用期} \tag{2-41}$$

【例 2-18】 已知每 $100m^2$ 外墙高度 9m 内木制单排脚手杆的一次使用量为 $5.12m^3$,残值率为 10%,一次使用期为 3 个月,耐用期为 96 个月,求其一次使用期的摊销量。

【解】 摊销量 $= \dfrac{5.12 \times (1-10\%) \times 3}{96} m^3/100m^2 = 0.144 m^3/100m^2$

2.5.4 半成品配合比材料用量计算

直接性材料除了以上介绍的以外,还包括一些半成品配合比材料,它们的用量可以通过实验室实验的方法来确定。

1. 抹灰砂浆材料用量计算

抹灰砂浆分为水泥砂浆、石灰砂浆、混合砂浆(水泥石灰砂浆)。抹灰砂浆配合比均以体积比计算,其材料用量按体积比计算公式为

$$砂子用量(m^3) = \frac{砂子比例数}{配合比总比例数 - 砂子比例数 \times 砂子空隙率} \tag{2-42}$$

$$水泥用量(kg) = \frac{水泥比例数 \times 水泥堆积密度}{砂子比例数} \times 砂子用量 \tag{2-43}$$

$$石灰膏用量(m^3) = \frac{石灰膏比例数}{砂子比例数} \times 砂子用量 \tag{2-44}$$

当砂用量的计算结果超过 $1m^3$ 时,因其孔隙容积已大于灰浆数量,实际均按 $1m^3$ 计算。其中水泥堆积密度取 $1300 kg/m^3$,砂密度取 $2.6 g/cm^3$,砂堆积密度取 $1500 kg/m^3$,即有:

$$砂孔隙率 = \left(1 - \frac{1500}{2.6 \times 1000}\right) \times 100\% = 42\%$$

【例 2-19】 水泥石灰砂浆配合比为 $1:0.3:3$(水泥:石灰膏:砂),制备 $1m^3$ 石灰膏

需要生石灰600kg，求每1m³砂浆中各材料用量。

【解】 砂子用量 $= \dfrac{3}{1+0.3+3-3\times 0.42}\text{m}^3 = 0.987\text{m}^3$

水泥用量$(\text{kg}) = \dfrac{1\times 1300}{3}\times 0.987\text{kg} = 427.7\text{kg}$

石灰膏用量 $= \dfrac{0.3}{3}\times 0.987\text{m}^3 = 0.099\text{m}^3$ 生石灰用量 $= 0.099\times 600\text{kg} = 59.4\text{kg}$

2. 纯水泥浆材料用量计算

纯水泥浆，其用水量按水泥的35%计算，即 $m_w = 0.35 m_c$。

1m³ 纯水泥浆中水泥净体积与水的净体积之和应为 1m³。则有：

$$\dfrac{m_c}{\rho_c} + \dfrac{m_w}{\rho_w} = 1 \tag{2-45}$$

式中 m_c——1m³ 纯水泥浆中水泥用量（kg）；

m_w——1m³ 纯水泥浆中水用量，$m_w = 0.35 m_c$；

ρ_c——水泥的密度（kg/m³）；

ρ_w——水的密度（kg/m³）。

【例2-20】 计算 1m³ 纯水泥浆中材料用量。水泥堆积密度按 1300kg/m³，密度按 3.10g/cm³，用水量按水泥的35%计算，水密度按 1000kg/m³ 计算。

【解】 $\dfrac{m_c}{\rho_c} + \dfrac{m_w}{\rho_w} = 1$

因用水量按水泥的35%计算，即 $m_w = 0.35 m_c$，代入已知数据可得：

$\dfrac{m_c}{3100} + \dfrac{0.35 m_c}{1000} = 1$

解方程可得 $m_c = 1487\text{kg}$，则 $m_w = 0.35\times 1487\text{kg} = 520\text{kg}$。

可得出：水泥在混合前的体积为

$$V = \dfrac{m}{\rho} = \dfrac{1487}{1300}\text{m}^3 = 1.144\text{m}^3$$

3. 耐酸砂浆材料用量计算

耐酸砂浆属于特种砂浆，其配合比均按质量比方法计算，计算公式如下：

设甲、乙、丙三种材料，其密度分别为 A、B、C，配合比分别为 a、b、c，则

单位用量 $G = \dfrac{1}{a+b+c}\times 100\%$ 甲材料单位用量 $= Ga$

乙材料单位用量 $= Gb$ 丙材料单位用量 $= Gc$

配合后 1m³ 砂浆质量 $= \dfrac{1}{\dfrac{Ga}{A} + \dfrac{Gb}{B} + \dfrac{Gc}{C}}$

$1m^3$ 砂浆中需要各种材料的用量为

甲材料 = 每立方米砂浆质量 $\times G_a$

乙材料 = 每立方米砂浆质量 $\times G_b$

丙材料 = 每立方米砂浆质量 $\times G_c$

另外，材料用量还可以简化为下式计算：

$$材料用量 = 配合比(质量比) \times 材料堆积密度 \tag{2-46}$$

【例 2-21】 耐酸沥青砂浆配合比（质量比）为 1.3：2.4：7.2（沥青：石英粉：石英砂），求每 $1m^3$ 砂浆中各材料用量。其中沥青密度取 $1100kg/m^3$，石英粉密度取 $2700kg/m^3$，石英砂密度取 $2700kg/m^3$。

【解】 单位用量 $G = \dfrac{1}{1.3+2.4+7.2} \times 100\% = 0.0917$

沥青单位用量 = $0.0917 \times 1.3 = 0.119$

石英粉单位用量 = $0.0917 \times 2.4 = 0.220$

石英砂单位用量 = $0.0917 \times 7.2 = 0.660$

$1m^3$ 耐酸沥青砂浆的质量 = $\dfrac{1}{\dfrac{0.119}{1100}+\dfrac{0.220}{2700}+\dfrac{0.660}{2700}}$ kg = 2304kg

其中： 沥青质量 = $2304kg \times 0.119 = 274kg$

石英粉质量 = $2304kg \times 0.220 = 507kg$

石英砂质量 = $2304kg \times 0.660 = 1521kg$

2.6 定额制定简易方法

定额制定简易方法主要包括比较类推法、统计分析法以及经验估计法。

2.6.1 比较类推法

1. 比较类推法的概念

比较类推法又称典型定额法，它是以同类或相似类型的产品、工序的典型定额项目的水平或技术测定的实耗工时记录为依据，经过与相邻定额的分析比较、归类、推导确定同一组相邻定额工时消耗量的方法。

2. 比较类推法的特点

（1）按比例类推定额 比较类推法主要采用正比例的方法来推算其他同类定额的消耗量，进行比较的定额项目必须是同类或相似类型的，应具有明显的可比性，如果缺乏可比性就不能采用此法。

（2）方法简便，有一定的适用范围 该方法适用于同类型、规格多、批量小的施工过程。随着施工机械化、标准化、装配化程度的不断提高，这种方法的适用范围逐步扩大。

（3）采用典型定额类推 为了提高定额的准确程度和可靠性，通常采用以主要项目作为典型定额来类推。在对比分析时，要抓住主要影响因素，并考虑技术革新和挖潜的可能性。

3. 比较类推的计算方法

比较类推法常用的方法有比例数示法和坐标图示法两种。

（1）比例数示法　比例数示法又称比例推算法。选择好典型定额项目后，通过技术测定或根据统计资料确定它们的定额水平以及相邻项目间的比例关系，运用正比例的方法计算同一组定额中其余相邻的项目水平的方法。

比例数示法可用下列公式进行计算：

$$t = pt_o \tag{2-47}$$

式中　t——比较类推相邻定额项目的工时消耗量；

　　　t_o——典型定额项目的工时消耗量；

　　　p——已确定出的比例。

【例 2-22】 已知人工挖地槽土方的一类土时间定额及一类土与二、三、四类土人工挖地槽定额的比例关系见表 2-17，试计算二、三、四类土人工挖地槽的时间定额。

表 2-17　挖地槽时间定额比例数示法确定

项　目	比例关系	挖地槽深在 1.5m 以内/（工日/m³）		
		上口宽在（　）m 以内		
		0.8	1.5	3.0
一类土	1.00	0.133	0.115	0.108
二类土	1.43	0.190	0.164	0.154
三类土	2.50	0.333	0.288	0.270
四类土	3.76	0.500	0.432	0.406

【解】　当地槽上口宽在 0.8m 以内的时间定额：

二类土：$t = 1.43 \times 0.133$ 工日/m³ $= 0.190$ 工日/m³

三类土：$t = 2.50 \times 0.133$ 工日/m³ $= 0.333$ 工日/m³

四类土：$t = 3.76 \times 0.133$ 工日/m³ $= 0.500$ 工日/m³

当地槽上口宽在 0.8~1.5m 之间时的时间定额：

二类土：$t = 1.43 \times 0.115$ 工日/m³ $= 0.164$ 工日/m³

三类土：$t = 2.50 \times 0.115$ 工日/m³ $= 0.288$ 工日/m³

四类土：$t = 3.76 \times 0.115$ 工日/m³ $= 0.432$ 工日/m³

当地槽上口宽在 1.5~3.0m 之间时的时间定额：

二类土：$t = 1.43 \times 0.108$ 工日/m³ $= 0.154$ 工日/m³

三类土：$t = 2.50 \times 0.108$ 工日/m³ $= 0.270$ 工日/m³

四类土：$t = 3.76 \times 0.108$ 工日/m³ $= 0.406$ 工日/m³

（2）坐标图示法　坐标图示法又称图表法，即采用坐标图和表格来制定工程定额的方法。以横坐标表示影响因素的变化，纵坐标表示产量或工时消耗的变化。

其具体做法是：选择一组同类型典型定额项目，采用技术测定或统计资料确定各项的定额水平,在坐标图上用"点"表示,连接各点成一曲线。此曲线即是影响因素与工时(产量)之间的变化关系,它反映工时消耗量随着影响因素变化而变化的规律。从定额曲线上即可找出所需的全部项目的定额水平。

采用坐标图示法选择的一组典型定额项目(即坐标点),数量越多,精确度越高;数量越少,精确度越低。但过多或过少都会失去比较类推的意义。实践证明,同一组典型定额项目(坐标点)不得少于3点,一般以4点以上为宜。

【例 2-23】 机动翻斗车运输砂子,已知典型的定额项目的时间定额见表 2-18,试求运距为 200m、600m、1200m、2000m 的时间定额。

表 2-18 机动翻斗车运砂子的典型时间定额

项目	单位	运距/m			
		140	400	900	1600
运砂子	工日/m³	0.126	0.182	0.240	0.333

【解】 用表中所列的典型时间定额为点作图,得出运砂子的曲线(见图 2-8)。从图中的曲线上即可找出所需要的同一组相邻项目的定额水平,见表 2-19。从图上定额曲线可以看出,机动翻斗车运输,工日消耗量随着运距增加而逐步增加,运距越短,水平变化越小,运距越长,水平变化越大,反映了影响因素同工时之间一定的变化规律。

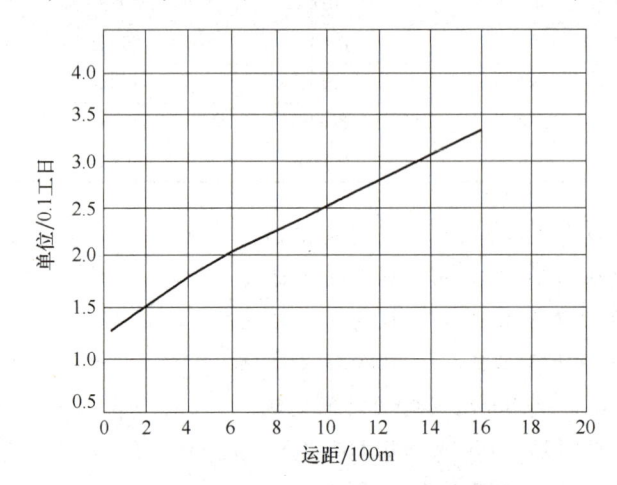

图 2-8 机动翻斗车运砂子时间定额坐标图

表 2-19 用坐标图示法确定出的定额

项目	单位	运距/m			
		200	600	1200	2000
运砂子	工日/m³	0.150	0.208	0.278	0.390

表中相邻运距项目的时间定额,即可从坐标图上的定额曲线,通过网格部分计算出定额水平。这些数据还可以根据有关资料作必要的修正,使定额水平更符合影响因素与工时之间的变化规律。用这种方法制定定额,简便易行,一目了然。

2.6.2 统计分析法

1. 统计分析法的概念

统计分析法，就是把过去施工中同类工程或生产同类产品工时消耗（或产品完成数量）的统计资料，同当前生产技术、施工组织条件的变化因素结合起来，进行分析研究后，确定定额的方法。

2. 统计分析法的要求

统计分析法简便易行，工作量小，适合于施工（生产）条件正常、产品稳定、批量大、统计工作制度健全的施工（生产）过程和施工企业，通常与技术测定法并用。但是由于统计资料只是实耗工时的记录，在统计时并没有剔除生产技术组织中不合理的因素，只能反映已经达到的劳动生产率水平，因此，也只适用于某些次要的定额项目以及某些无法进行技术测定的项目。

采用统计分析法制定定额时，应着重考虑和做好以下五项工作。

1）健全原始记录和统计工作制度。
2）统计资料要以单项统计和实物效率统计资料为主。
3）合理选择统计资料和统计对象。
4）统计资料的整理、优化。
5）统计资料的比较。

3. 统计分析法的计算方法（以达到平均先进水平为例）

（1）二次平均法　统计分析资料反映的是工人过去已经达到的水平，在统计时并没有也不可能剔除施工（生产）过程中不合理的因素，因而这个水平一般偏于保守。为了使确定的定额水平保持平均先进性，可采用二次平均法对统计分析资料进行整理、优化。

二次平均法的计算公式及步骤如下：

1）剔除统计资料中特别偏高、偏低，根据因素分析属于明显不合理的数据。
2）计算平均数（简单算术平均值或加权平均数）。简单算术平均值的计算公式为

$$\bar{t} = \frac{t_1 + t_2 + \cdots + t_n}{n} = \frac{\sum_{i=1}^{n} t_i}{n} \tag{2-48}$$

式中　n——数据个数；

$\sum_{i=1}^{n} t_i$——各个数据之和（"加总"）。

加权平均数的计算公式为

$$\bar{t} = \frac{1}{\sum f} \sum ft \tag{2-49}$$

式中　f——频数，即某一数值在数列中出现的次数；

$\sum f$——数列中各个不同数值出现次数的总和；

$\sum ft$——将数列中各个不同数值与各自出现的次数相乘，然后把各个乘积加起来的总和。

3）计算平均先进值。将数列中小于平均值的各数值求平均值（对于时间定额）或将数

列中大于平均值的各数值求平均值（对于产量定额），然后再将其与简单算术平均数相加求平均数，即求第二次平均数。该平均数就是确定定额水平的依据。计算公式为

对于工时定额：
$$\bar{t}_o = \frac{\bar{t}+\bar{t}_n}{2} \tag{2-50}$$

式中 $\bar{t}_o$——二次平均后的平均先进值；
$\bar{t}$——全数平均值；
$\bar{t}_n$——小于全数平均值的各个数值的平均值。

对于产量定额：
$$\bar{p}_o = \frac{\bar{p}+\bar{p}_k}{2} \tag{2-51}$$

式中 $\bar{p}_o$——二次平均后的平均先进值；
$\bar{p}$——全数平均值；
$\bar{p}_k$——大于全数平均值的各个数值的平均值。

【例2-24】 已知由统计得来的工时消耗数据资料为：40、60、70、70、70、60、50、50、60、60，试用二次平均法计算其平均先进值。

【解】 求第一次平均值：

$$\bar{t} = \frac{1}{10} \times (40+60+70+70+70+60+50+50+60+60) \text{工时} = 59 \text{工时}$$

或

$$\bar{t} = \frac{1}{1+2+3+4} \times (1\times40+2\times50+4\times60+3\times70) \text{工时} = 59 \text{工时}$$

求先进平均值：

$$\bar{t}_n = \frac{40+50+50}{3} \text{工时} = 46.67 \text{工时}$$

求二次平均先进值为

$$\bar{t}_o = \frac{\bar{t}+\bar{t}_n}{2} = \frac{59+46.67}{2} \text{工时} = 52.84 \text{工时}$$

此52.84即可作为这一组统计资料整理优化后的数值，可用作确定定额的依据。

【例2-25】 某企业一个车间2月份生产类似产品的资料见表2-20，试计算其平均先进值。

表2-20 ××车间2月份生产情况统计

产量/(件/工日)	完成人数	组 中 值	每组产量
16~20	12	18	216
21~25	40	23	920
26~30	56	28	1568
31~35	32	33	1056
合计	140		3760

【解】 计算总平均值：

$$\bar{t} = \frac{1}{\sum f}\sum ft = \frac{\sum(每组产量)}{\sum(每组工人)} = \left(\frac{3760}{140}\right)件/工日 = 26.9\ 件/工日$$

计算总平均值所在组先进部分的工人数：

$$平均值所在组先进部分的工人数 = \frac{平均值所在组上限值-平均值}{平均值所在组的组距} \times 平均值所在组人数$$

$$= \left(\frac{30-26.9}{30-26} \times 56\right)人 = 44\ 人$$

计算平均值所在组先进部分的组中值：

$$平均值所在组先进部分的组中值 = \frac{平均值所在组上限+平均数}{2} = \left(\frac{30+26.9}{2}\right)件/工日 = 28.5\ 件/工日$$

计算平均值所在组先进部分的产量：

平均值所在组先进部分的产量 = 平均值所在组先进部分的工人数 ×

平均值所在组先进部分的组中值 = (44×28.5)件 = 1254 件

计算平均先进值：

$$平均先进值 = \frac{1254+1056}{44+32}件/日 = 30\ 件/工日$$

与其他生产环节的措施平衡后，每工日 30 件即为工人的平均先进产量定额，按此产量定额可求出相对应的时间定额。

$$工人每班 8\ 小时 = 60\min \times 8 = 480\min$$

$$时间定额 = \frac{480\min}{30\ 件} = 16\min/件$$

此结果即可作为这一组统计资料整理优化后的数值，可用作确定定额的依据。

---

(2) 概率测算法　用二次平均法计算出的结果，一般偏向于先进，可能多数工人达不到，不能较好地体现平均先进的原则。概率测算可以运用统计资料计算出渴望有多少百分比的工人，可能达到作为确定定额水平的依据，其计算公式及步骤如下：

1）确定有效依据。对取得某施工过程的若干次工时消耗数据进行整理分析，剔除明显偏低或偏高的数据。

2）计算工时消耗的平均值

$$\bar{t} = \frac{t_1 + t_2 + \cdots + t_n}{n} = \frac{\sum_{i=1}^{n} t_i}{n} \tag{2-52}$$

式中字母的含义同二次平均法计算公式。

3）计算工时消耗数据的样本标准差

$$S^2 = \frac{1}{n-1}\sum_{i=1}^{n}(x_i - \bar{t})^2 \tag{2-53}$$

或

$$S = \sqrt{\frac{1}{n-1}\sum_{i=1}^{n}(x_i - \bar{t})^2} \tag{2-54}$$

式中　S——样本标准差；
　　　n——数据个数；
　　　x_i——工时消耗数据（$i=1, 2, 3, \cdots, n$）；
　　　$\bar{t}$——工时消耗平均值。

4）运用正态分布公式确定定额水平

$$t = \bar{t} + \lambda S \quad (2\text{-}55)$$

式中　t——定额工时消耗；
　　　$\bar{t}$——工时消耗平均值；
　　　λ——S 的系数，从正态分布表 2-21 中可以查到对应于 λ 值的概率 $P(\lambda)$；
　　　S——样本标准差。

表 2-21　正态分布

λ	$P(\lambda)$	λ	$P(\lambda)$	λ	$P(\lambda)$	λ	$P(\lambda)$	λ	$P(\lambda)$
-2.5	0.01	-1.5	0.07	-0.5	0.31	0.5	0.69	1.5	0.93
-2.4	0.01	-1.4	0.08	-0.4	0.34	0.6	0.73	1.6	0.95
-2.3	0.01	-1.3	0.10	-0.3	0.38	0.7	0.76	1.7	0.96
-2.2	0.01	-1.2	0.12	-0.2	0.42	0.8	0.79	1.8	0.96
-2.1	0.02	-1.1	0.14	-0.1	0.46	0.9	0.82	1.9	0.97
-2.0	0.02	-1.0	0.16	0.0	0.50	1.0	0.84	2.0	0.98
-1.9	0.03	-0.9	0.18	0.1	0.54	1.1	0.86	2.1	0.98
-1.8	0.04	-0.8	0.21	0.2	0.58	1.2	0.88	2.2	0.98
-1.7	0.04	-0.7	0.24	0.3	0.62	1.3	0.90	2.3	0.99
-1.6	0.06	-0.6	0.27	0.4	0.66	1.4	0.92	2.4	0.99

【例 2-26】　已知某施工过程工时消耗的各次统计值为 40、60、70、70、70、60、50、50、60、60（同例 2-24），试用概率测算法确定 86% 的工人能够达到的定额值和超过平均先进值的概率。

【解】　求算术平均值：

$$\bar{t} = \frac{1}{10} \times (40+60+70+70+70+60+50+50+60+60) \text{ 工时} = 59 \text{ 工时}$$

计算样本标准差

$$S = \sqrt{\frac{1}{n-1} \sum_{i=1}^{n} (x_i - \bar{t})^2}$$

$$= \sqrt{\frac{1}{10-1} \times [(40-59)^2 + 2 \times (50-59)^2 + 4 \times (60-59)^2 + 3 \times (70-59)^2]} \text{ 工时}$$

$$= 9.94 \text{ 工时}$$

确定使 86% 的工人能够达到的工时消耗定额，由正态分布表 2-21 可查到，当 $P(\lambda) = 0.86$ 时，$\lambda = 1.1$，故使 86% 的工人能够达到的工时消耗定额为

$$t = \bar{t} + \lambda S = (59 + 1.1 \times 9.94) \text{ 工时} = 69.93 \text{ 工时}$$

确定能超过平均先进值的概率：

由例 2-24 求出的平均先进值为 52.84 工时，计算出能达到此值的概率：

$$\lambda = \frac{\bar{t}_o - \bar{t}}{S} = \frac{52.84 - 59}{9.94} = -0.62$$

查表 2-21 得 $P(-0.62) = 0.264$ 即只有 26.4% 的工人能达到这个水平。

2.6.3 经验估计法

1. 经验估计法的概念

经验估计法一般是由定额人员、工程技术人员和工人结合在一起，根据个人或集体的实践经验，经过图纸分析和现场观察、了解施工工艺、分析施工生产的技术组织条件和操作方法的繁简难易程度，通过座谈、分析计算后确定定额消耗量的方法。

2. 经验估计法的资料依据

1) 施工过程和工艺规程，例如施工程序、施工组织、施工操作方法、质量要求等。
2) 施工过程中使用的机具，设备的型号、规格和效能。
3) 施工过程中采用的原材料和构件的品种、规格、性能以及对劳动效率的影响情况。
4) 施工时的劳动组织情况，如工人的技术等级、人员配备和实际技术水平、劳动效率等。
5) 同类或类似工序在历史上已达到的生产水平和劳动量消耗的统计资料。

3. 经验估计法的基本方法

（1）经验估计法的方法　运用经验估计法制定定额，以施工工序为对象，将工序细分为操作，先分别估出操作的基本工作时间，然后考虑辅助工作时间、准备与结束时间和休息时间，再根据这些时间综合整理并对整理结果予以优化处理，最终得出该项工序的时间定额或产量定额。

（2）经验估计法的优缺点　经验估计法的优点是简便易行；工作量小，易于掌握，随着情况变化便于对定额进行及时的制定和修改；速度快，可以缩短制定定额的时间。

其不足之处是：对新工艺、新技术、新施工方法或新型机械设备的安装进行估计时，其定额容易出现偏高或偏低的现象；定额时间水平不易平衡，或高或低，准确性比较差；对构成定额的各种因素缺乏分析研究；技术依据不足，容易受到参加制定定额人员的水平和经验的影响，不易挖掘生产潜力。

因而，经验估计法只适用于产品品种多、批量小，不易计算工作量的施工作业，通常作为一次性定额使用。对常用施工项目，不宜采用经验估计法制定定额。

（3）经验估计法制定定额的注意事项

1) 依靠群众，加强调查研究。应选择作风正派，具有丰富实践经验的工人和工程技术人员参加估计工作，对同一项定额应选择几种不同类型的方法反复座谈讨论，多方征求意见，然后定案，避免将个人或局部的经验作为确定定额水平的依据，使制定出的定额趋于片面。

2) 加强分析、研究工作。仔细分析施工过程的生产技术组织条件，研究历史经验资料，充分考虑完成定额的各类影响因素，反复比较平衡，尽可能提高经验估计定额的精确度，减少主观片面性的影响。

3) 对经验估计资料进行优化处理。经验估计定额由于受估计工作人员的经验和水平的局限，对同一个项目的定额，往往会提出先进、保守和一般几种不同的水平，定额的准确性很难保证。因此，必须对提出的各种数据进行分析、整理。

4）严格审批程序，加强定额管理。经验估计定额要按规定程序审批，未经批准不得执行。采用经验估计定额实行计件工资时，要建立工时实耗记录，单独核算定额完成情况。对完成定额的超额幅度一般应有所限制。

4. 经验估计法的计算方法

（1）算术平均值法　当对一个施工工序或产品进行工时消耗量估计时，大家提出了较多的估计值，这时就可以采用算术平均值的方法计算工时消耗量。其计算公式为

$$\overline{X} = \frac{1}{n}\sum_{i=1}^{n} x_i \tag{2-56}$$

式中　$\overline{X}$——算术平均值；

　　　n——数据个数；

　　　x_i——第 i 个数据。

如果经验估计过程中，大家提出的估计值较多（如 10 个以上）时，还可以去掉其中最大、最小值后，再用算术平均值的方法来确定定额工时消耗量。

【例 2-27】　某项工序的工时消耗量通过有经验的有关人员分析后，提出了如下数据：1.24、1.36、1.24、1.20、1.52、1.23、1.30、1.32、1.18、1.12、1.19，试用算术平均值法确定定额工时。

【解】　去掉一个最大值 1.52，去掉一个最小值 1.12；计算其余数据的算术平均值：

$$\overline{X} = \frac{1}{n}\sum_{i=1}^{n} x_i$$

$$= \frac{1}{9} \times (1.24 + 1.36 + 1.24 + 1.20 + 1.23 + 1.30 + 1.32 + 1.18 + 1.19) \text{工时}$$

$$= 1.25 \text{工时}$$

（2）经验公式与概率估计法　为了尽量提高经验估计定额的准确度，使制定的定额水平比较合理，可以在经验公式的基础上采用概率的方法来估算定额工时。

该方法是有经验的人员，分别对某一个施工过程进行估算，从而得出三个工时消耗数值：先进的（乐观估计）为 a，一般的（最大可能）为 m，保守的（悲观估计）为 b，然后用经验公式求出它们的平均值 $\bar{t}$。经验公式如下：

$$\bar{t} = \frac{a + 4m + b}{6} \tag{2-57}$$

均方差为

$$\sigma = \left|\frac{a - b}{6}\right| \tag{2-58}$$

根据正态分布的公式，调整后的工时定额为

$$t = \bar{t} + \lambda\sigma \tag{2-59}$$

式中，λ 为 σ 的系数，从正态分布表 2-21 中，可以查到对应 λ 值的概率 $P(\lambda)$。

【例 2-28】 已知完成某施工过程的先进的工时消耗为 6h，保守的工时消耗为 14h，一般的工时消耗为 7h，问：(1) 如果要求在 9.3h 内完成，完成任务的可能性有多少？(2) 要使完成任务的可能性 $P(\lambda)=90\%$，则下达的工时定额应是多少？

【解】 (1) 求 9.3h 内完成该施工过程的可能性：

已知：$\alpha = 6h$，$b = 14h$，$m = 7h$，$t = 9.3h$

$$\bar{t} = \frac{\alpha + 4m + b}{6} = \frac{6 + 4 \times 7 + 14}{6} h = 8h$$

$$\sigma = \left|\frac{\alpha - b}{6}\right| = \left|\frac{6-14}{6}\right| h = 1.3h$$

$$\lambda = \frac{t - \bar{t}}{\sigma} = \frac{9.3 - 8}{1.3} = 1$$

由 $\lambda = 1$ 从表 2-21 中查得对应的 $P(\lambda) = 0.84$。

即在给定工时消耗为 9.3h 时，要求完成任务的可能性有 84%。

(2) 由 $P(\lambda) = 90\% = 0.9$，由表 2-21 中查得相应的 $\lambda = 1.3$，代入计算公式得：

$$t = (8 + 1.3 \times 1.3) h = 9.7h$$

即当要求完成任务的可能性 $P(\lambda) = 90\%$ 时，下达的工时定额应为 9.7h。

本章小结及关键概念

本章小结：工程定额编制是使用工程定额的前提。为了编制出水平适当、合理可行的工程定额，编制人员不仅要遵循一定的编制步骤，还要做好对工时和施工过程的研究。

施工过程就是为完成某一项施工任务，在施工现场所进行的生产过程。施工过程的目的是要获得一定的产品，该过程既可能改变了劳动对象的外表形态、内部结构或性质，也可能改变了劳动对象的位置等。

根据不同的标准和需要，对施工过程有按专业性质和内容不同分类；按完成方法和手段不同分类；按劳动组成特点不同分类；按组织上的复杂程度不同分类；按施工工序是否重复循环分类；按施工各阶段工作在产品形成中所起的作用分类；按劳动者、劳动工具、劳动对象所处位置和变化分类。

在建筑安装施工过程中，影响施工过程的因素有：劳动力、劳动工具、劳动对象、劳动条件与环境和企业经营管理方面。工作时间消耗可分为工人工作时间消耗和施工机械工作时间消耗。

工程定额制定一般采用技术测定法、科学计算法和简易测定法等。其中定额的简易测定法又包括比较类推法、统计分析法、经验估计法等。

技术测定法是以现场观测为特征，以各种不同的技术方法为手段，通过对施工过程中的具体活动进行实地观察，详细地记录施工中的工人和机械的工作时间消耗、完成产品的数量及有关影响因素，并整理记录的结果；通过客观地分析各种因素对于产品的工作时间的影响，在取舍的基础上获得可靠的数据资料，为制定工程定额或标准工时规范提供科学依据。

技术测定法通常采用的方法有写实记录法、测时法、工作日写实法以及简易测定法四种。

工作日写实法主要是用来研究工人全部工作时间中各类工时消耗，包括基本工作时间、准备与结束工作时间、休息时间、不可避免的中断时间和损失时间等的一种测定方法。用此方法可以分析工时消耗的有效性，找出工时损失的原因，拟定改进措施，提高劳动生产率。

科学计算法是根据施工图和建筑构造要求，用科学计算公式计算出产品的材料净用量的方法。

关键概念：施工过程、工作时间、工序、必须消耗的时间、损失时间、有效工作时间、技术测定法、科学计算法、简易测定法、直接性材料、二次平均法。

习　题

1. 简述工程定额编制的依据和步骤。
2. 施工过程就是为完成某_____，在_____所进行的_____。
3. 必须消耗的时间，是工人在_____条件下，为完成_____所需消耗的时间。它是_____的主要根据。
4. 有效工作时间是从_____来看与_____的时间消耗。其中包括_____、_____、_____、_____的消耗。
5. 施工过程有何特点？
6. 施工过程完成应该具备什么样的条件？
7. 施工过程是如何分类的？
8. 施工过程的影响因素有哪些？
9. 简述工人工作时间消耗和机械工作时间消耗的内容。
10. 哪些工作时间消耗应计入定额时间？哪些时间不计入定额时间？
11. 工作时间研究的方法有哪些？简述其方法。
12. 工程定额制定一般采用_____、_____和_____等方法。
13. 技术测定通常采用的方法有_____、_____、_____以及_____四种。
14. 测时法按记录时间方法的不同，分为_____与_____两种。
15. 工作日写实法主要是用来研究工人全部工作时间中各类工时消耗，包括_____、_____、_____以及_____等的一种测定方法。
16. 定额的简易制定方法包括（　　）、统计分析法、经验估计法等。
    A. 测时法　　　　B. 工作日写实法　　　C. 比较类推法　　　D. 连续测定法
17. 周转性材料消耗的指标有一次使用量、周转使用量、回收量及（　　）。
    A. 残损率　　　　B. 摊销量　　　　C. 补损率　　　　D. 摊销量、补损率
18. 简述工程定额的编制方法。
19. 在技术测定法中如何确定工人和机械工作时间消耗量？简述其过程。
20. 计算 $10m^3$ 240mm 厚砖墙所用标准砖和砌筑砂浆的净用量。
21. 某标准砖砌筑的砖基础，基础墙厚240mm，有三层等高式放脚，试计算该砖基础每 $1m^3$ 需用标准砖的净数量。
22. 蒸压实心灰砂砖的规格为240mm×175mm×115mm，横竖砖缝均为10mm，计算每 $1m^3$ 砌体净用砖数以及砂浆净用量。
23. 有铝合金装饰压型板，规格为800mm×600mm，求 $100m^2$ 装饰面积中压型板净用块数。
24. 天然大理石，规格为300mm×300mm×15mm，灰缝宽度为5 mm，求 $100m^2$ 面层净用大理石块数及

灰缝砂浆用量。

25. 水泥石灰砂浆体积配合比为 1:0.3:4（水泥：石灰膏：砂），水泥堆积密度按 1300kg/m³ 计，生产 1m³ 石灰膏需要生石灰质量为 600kg，砂子空隙率为 42%，求 1m³ 砂浆中各种材料的净用量。

26. 定额制定的简易方法有哪些？

27. 采用测时法测定某施工过程的工时消耗，并计算算术平均值、先进平均值、稳定系数和时间定额。要求至少测 10 次以上（剔除不合理因素）。

28. 采用写实法测定某施工过程的工时消耗，并计算出时间定额和产量定额。

29. 用连续测时法测 250L 混凝土搅拌机（每盘出料 0.25m³）拌和混凝土所耗费时间，结果如下表所示。请计算各工序的有效次数、算术平均值和混凝土搅拌机的产量定额（搅拌机有效利用系数为 0.8）。

序号	工序名称	观察次数	1		2		3		4		5		6	
		时间	min	s	min	s	min	s	min	s	min	s	min	s
1	装料入鼓	终止时间	0	15	2	17	4	24	6	28	8	35	10	37
		延续时间		15		14		14		13		15		16
2	搅拌	终止时间	1	47	3	52	5	57	8	05	10	04	12	10
		延续时间		92		95		93		97		89		93
3	出料	终止时间	2	03	4	10	6	15	8	20	10	21	12	27
		延续时间		16		18		18		15		17		17

30. 已知某现浇混凝土工程，共浇筑混凝土 3.0m³，基本工作时间为 350min，准备与结束时间为 20min，必需的休息时间为 12min，不可避免的中断时间为 10min，损失时间为 95min。求浇筑混凝土的人工时间定额和产量定额。

31. 用塔式起重机吊运混凝土，已知料斗定位需时 50s，运行需时 70s，卸料需时 45s，返回需时 30s，中断 15s；料斗每次装混凝土 0.6m³，机械利用系数 0.85。求吊运 1m³ 混凝土的机械时间定额和产量定额。

32. 用一台 6t 塔式起重机吊装某种混凝土构件，由 1 名司机、8 名起重工、2 名电焊工和 3 名其他工组成的综合小组共同完成。已知机械台班产量定额为 35m³/台班，试求吊装 10m³（定额计量单位）该混凝土构件的人工时间定额。

二维码形式客观题

微信扫描二维码，可在线做题，提交后可查看答案。

第 3 章
企业定额和施工定额

学习要点

本章详细讲解了企业定额的概念、分类及作用，编制原则及依据，编制方案及步骤。在此基础上，介绍了施工定额中人工、材料和施工机械台班消耗定额的编制及应用，阐述了计价定额的编制原理和过程。通过本章的学习，应了解企业定额的概念、分类、作用及编制依据，熟悉企业定额的编制方案与步骤；掌握施工定额中人工、材料和机械台班消耗定额的编制及应用；掌握计价定额的组成、编制原理和方法。

学习导读

小明："小刚，咱们在上一章学习了工程定额的编制原理和方法。工程定额的测定方法挺多的呀！"

小刚："老师说了，上一章讲的是最基本的人、材、机消耗测定方法，它们是后面各章定额的基础，本章施工定额的编制就要用到它们啦。"

小明："好的。真希望赶快搞清楚！"

3.1 企业定额概述

企业定额在不同的历史时期有着不同的概念和作用。在计划经济时期，企业定额是国家统一定额、行业定额或地方定额的补充，供企业内部使用。在市场经济条件下，企业定额有了新的内涵，它是企业参与市场竞争，确定工程成本和投标报价的依据，是企业综合实力的反映，是企业管理的基础。

建设工程实行工程量清单计价方法，要求施工企业必须依据自身的技术专长、工程设备及材料供应渠道以及管理水平等因素来编制企业定额，作为工程计价的依据，让施工企业达到真正意义上的自主经营、自主报价。因此，施工企业能够结合自身情况，编制一套同时适合自己与建筑市场的企业定额，已经成为当务之急。

3.1.1 企业定额的概念、分类及作用

1. 企业定额的概念

企业定额是指企业根据自身的技术水平和管理水平，编制的完成单位合格产品所必需消耗的人工、材料和施工机械台班等的数量标准。企业定额反映企业的施工生产与生产消费之间的数量关系，是施工企业生产力水平的体现。

企业的技术和管理水平不同，企业定额的定额水平也就不同，它是企业在建筑市场的核心竞争能力的具体表现。企业定额的水平一般应高于国家现行定额的水平，才能满足生产技术发展、企业管理和市场竞争的需要，才能在激烈的市场竞争中获得利润。

2. 企业定额的分类

企业定额包括企业的计量定额、直接费定额和费用定额三个部分，其中计量定额是其他定额编制的基础。

（1）计量定额　计量定额是以工作内容为对象，以各种生产要素消耗量形式表现的定额。主要包括劳动定额、材料消耗定额、材料损耗率定额、机械使用定额、机械台班费用定额等。这些定额的编制除了参考全国统一建设工程基础（或消耗量）定额的编制方法和内容以外，还要考虑企业的具体情况，如企业的劳动力搭配情况、机械设备装备情况、材料利用及来源情况等。

（2）直接费定额　直接费定额是根据企业的计量定额所列的各种生产要素消耗量与其单价综合而成的，包括人工费、材料费、机械费、设备费等。各种要素的单价要结合市场行情和企业自身的承受能力灵活确定。

（3）费用定额　费用定额是直接费定额中没有包括而又直接或间接地为组织工程建设所进行的生产经营活动所需的费用。费用定额的编制应根据国家对建设工程费用定额项目划分的原则确定项目，根据建筑市场竞争状况、企业的财务状况以及企业对某一特定项目的预期目标而采用灵活的策略，具体确定计算尺度。

这三种定额的内容不同，其使用时间的长短也不同，但相辅相成。计量定额只受企业素质等重大因素的影响，一定时期内保持相对稳定，但在国家政策有重大变化时应及时调整；直接费定额和费用定额受价格因素的直接影响，并且价格因素处于不稳定之中，因此计价定额应因时、因地、因事进行调整。

3. 企业定额的构成及表现形式

企业定额的构成及表现形式因企业性质的不同、取得资料的详细程度不同、编制的目的不同、编制的方法不同而不同。它的构成及表现形式主要有企业劳动定额、企业材料消耗定额、企业机械台班使用定额、企业施工定额、企业定额估价表、企业定额标准、企业产品出厂价格、企业机械台班租赁价格等。

4. 企业定额的作用

（1）企业定额是企业管理和施工计划管理的基础　企业定额既是企业编制施工组织设计的依据，也是企业编制施工作业计划的依据，还是投标报价的依据。

（2）企业定额是组织和指挥施工生产的有效工具　企业组织和指挥施工班组进行施工，是按照作业计划，通过下达施工任务单和限额领料单来实现的。

施工任务单中列出了应完成的施工任务和要求，它既是下达施工任务的技术文件，也是

班组经济核算的原始凭证，还是进行班组或工人工资结算的依据。

限额领料单是项目部随同施工任务单同时签发的领取材料的凭证。它根据施工任务和施工材料定额填写。其中，领料的数量是班组为完成规定的工程任务所能消耗材料的最高限额。这一限额也是评价班组完成任务情况的一项重要指标。

(3) 企业定额是计算工人劳动报酬的根据　企业定额是衡量工人劳动数量和质量，是计算工人工资的基础依据，真正体现按劳取酬的分配原则。

(4) 企业定额是企业激励工人的条件　完成和超额完成定额，不仅能获取更多的工资报酬，还能满足自尊和获取他人（社会）的认同，并进一步尽可能地发挥个人潜力，以实现自我价值。

(5) 企业定额有利于推广先进技术　企业定额水平中包含某些已成熟的先进的施工技术和经验，工人要想达到和超过定额，就必须掌握和运用这些先进技术。

(6) 企业定额是编制施工预算，加强企业成本管理的基础　施工预算是施工单位用来确定单位工程的人工、材料、机械和资金需要量的计划文件。施工预算以施工定额为编制基础，既反映设计图的要求，也考虑在现有条件下可能采取的节约人工、材料和降低成本的各项具体措施。严格执行施工定额，不仅可以起到控制成本、降低费用开支的作用，也为企业加强班组核算和增加盈利创造了良好的条件。

(7) 企业定额是施工企业进行工程投标、编制投标报价的主要依据　确定工程投标报价时，首先需要依据企业定额计算出拟完成投标工程的计划成本，然后在掌握工程成本的基础上，根据工程所处的环境和条件，确定在该工程上拟获得的利润、预计的工程风险费用和其他应考虑的因素，最后确定投标报价。

3.1.2　企业定额的编制原则及步骤

1. 编制原则

(1) 平均先进性原则　平均先进是就定额的水平而言的。定额水平是指规定消耗在单位产品上的劳动、机械和材料数量的多少。所谓平均先进水平是指在正常的施工条件下，大多数施工队组和大多数生产者经过努力能够达到和超过的水平。

企业定额应以企业平均先进水平为基准制定，使多数员工经过努力能够达到或超过，以便既保持定额的先进性又保证定额的可行性。

(2) 简明适用性原则　简明适用是就企业定额的内容和形式而言，要方便于定额的贯彻和执行。要达到简明适用，关键是做到定额项目设置完全，项目划分粗细适当；还应正确选择产品和材料的计量单位，适当利用系数，并辅以必要的说明和附注。定额的简明性和适用性既有联系又有区别，编制施工定额时应加以全面贯彻。当二者发生矛盾时，简明性应服从适应性的要求。

(3) 以专家为主编制定额的原则　编制施工定额，要以专家为主，要有一支经验丰富、技术与管理知识全面、有一定政策水平的稳定的专家队伍，同时也要注意必须走群众路线，这一点在现场测定和组织新定额试点时尤为重要。

(4) 独立自主的原则　企业独立自主地制定定额，主要是自主地确定定额水平，自主地划分定额项目，自主地根据需要增加新的定额项目。但是，企业定额毕竟是一定时期企业生产力水平的反映，它不可能也不应该割断历史。因此，企业定额应是对原有的国家、部门和地区性施工定额的继承和发展。

（5）动态管理原则　企业定额是一定时期内技术发展和管理水平的反映，在一段时期内表现出稳定的状态。而这种稳定性又是相对的，它具有显著的时效性。如果当企业定额不再适应市场竞争和成本控制的需要时，就需要重新进行编制或修订。

（6）保密原则　企业定额的指标体系及标准要严格保密，如果被竞争对手获取，会给企业带来不可估量的损失。

2. 编制步骤

编制企业定额的关键工作是确定人工、材料和机械台班的消耗量，计算分项工程单价或综合单价。企业定额的编制一般包括以下步骤：

（1）制订"企业定额编制计划书"　一般包括以下内容：

1）企业定额编制的目的。编制目的既决定了企业定额的适用性，也决定了企业定额的表现形式。编制目的如果是控制工耗和计算工人劳动报酬，就应采取劳动定额的形式；如果是企业进行工程成本核算，以及为企业走向市场参与投标报价提供依据，则应采用施工定额或定额估价表的形式。

2）定额水平的确定原则。定额水平过高，则在使用过程中，企业内多数施工队、班组、工人通过努力仍然达不到定额水平，不仅不利于定额在本企业内推行，还会挫伤管理者和劳动者的积极性；定额水平过低，起不到鼓励先进和督促落后的作用，而且对项目成本核算和企业参与市场竞争不利。

3）确定编制方法和定额形式。定额的编制方法很多，不同形式的定额其编制方法也不相同。例如，劳动定额的编制方法有：技术测定法、统计分析法、类比推算法、经验估算法等；材料消耗定额的编制方法有观察法、试验法、统计法等。究竟采取哪种方法应视具体情况而定。企业定额编制通常采用定额测算法和方案测算法。

4）成立编制机构，提交参编人员名单。企业定额的编制工作是一个系统性的工程，因此必须专门设置一个高效率的协调组织指挥机构，配置一批高素质的专业人员。

5）明确应收集的数据和资料。定额在编制时需要收集大量的基础数据和各种法律、法规、标准、规程、规范文件、规定等。所以在编制计划书中，要制订一份按门类划分的资料明细表。除了一些必须采用的法律、法规、标准、规程、规范资料之外，还要根据企业自身的特点，选择本企业适用的基础性数据资料。

6）确定编制工期和编制进度。定额具有时效性，所以，应确定一个合理的编制工期和进度计划表，这样既有利于编制工作的开展，又能保证编制工作的效率和效益。

（2）收集资料、调查、分析、测算和研究　收集的资料包括：

1）现行定额，包括基础定额和预算定额、工程量计算规则。

2）国家现行的法律、法规、经济政策和劳动制度等。

3）设计规范、施工及验收规范、工程质量检验评定标准和安全操作规程。

4）现行的全国通用建筑标准设计图集、安装工程标准安装图集、定型设计图、具有代表性的设计图、地方建筑配件通用图集和地方结构构件通用图集，并根据上述资料计算工程量，作为编制定额的依据。

5）有关建筑安装工程的科学试验、技术测定和经济分析数据。

6）高新技术、新型结构、新研制的建筑材料和新的施工方法等。

7）现行人工工资标准和地方材料预算价格。

8）现行机械的效率、寿命周期和价格；机械台班租赁价格行情。

9）本企业近几年各工程项目的财务报表、公司财务总报表，以及历年收集的各类经济数据。

10）本企业近几年各工程项目的施工组织设计、施工方案，以及工程结算资料。

11）本企业近几年所采用的主要施工方法。

12）本企业近几年发布的合理化建议和技术成果。

13）本企业目前拥有的机械设备状况和材料库存状况。

14）本企业目前工人的技术素质、构成比例、家庭状况和收入水平。

资料收集后，要对上述资料进行分类整理、分析、对比、研究和综合测算，提取可供使用的各种技术数据。内容包括：企业整体水平与定额水平的差异；现行法律、法规，以及规范规程对定额的影响；新材料、新技术对定额水平的影响等。

（3）拟定编制企业定额的工作方案与计划

1）根据编制目的，确定企业定额的内容及专业划分。

2）确定企业定额册、章、节的划分和内容的框架。

3）确定企业定额的结构形式及步距划分原则。

4）具体参编人员的工作内容、职责、要求。

（4）企业定额初稿的编制

1）确定企业定额的项目及内容。企业定额的项目及内容根据定额的编制目的及企业自身的特点，本着内容简明适用、形式结构合理、步距划分适当的原则进行确定。首先将一个单位工程，按工程性质划分为若干个分部工程，然后将分部工程划分为若干个分项工程，最后确定分项工程的步距，划分具体的项目。

2）确定定额的计量单位。定额的计量单位包括自然计量单位（如台、套、个、件、组等）和国际标准计量单位（如 m、km、m^2、m^3、kg、t 等）。一般情况下，当实物体的三个度量都会发生变化时，采用 m^3 为计量单位（如土方、混凝土、保温材料等）；如果实物体的三个度量中有两个度量不固定，采用 m^2 为计量单位（如地面、抹灰、油漆等）；如果实物体截面的形状大小固定，则采用 m 为计量单位（如管道、电缆、电线等）；不规则形状的、难以度量的则采用自然单位或质量单位为计量单位。

3）确定企业定额指标。企业定额指标包括：人工消耗指标、材料消耗指标、机械台班消耗指标等。应根据企业采用的施工方法、新材料的替代以及机械装备的情况和管理模式，结合搜集整理的各类基础资料进行确定。

人工消耗量的确定，首先是根据企业环境，拟定正常的施工作业条件，分别计算测定基本用工和其他用工的工日数，进而拟定施工作业的定额时间。

材料消耗量的确定是通过对企业历史数据的统计分析、理论计算、试验、实地考察等方法计算确定材料（包括周转材料）的净用量和损耗量，从而拟定材料消耗的定额指标。

机械台班消耗量的确定，需要按照企业的环境，拟定机械工作的正常施工条件，确定机械工作效率和利用系数，据此拟定施工机械作业的定额台班和与机械作业相关的工人小组的定额时间。

4）编制企业定额项目表。分项工程的人工、材料和机械台班的消耗量确定以后，就可以编制企业定额表中的各项内容。企业定额项目表由表头栏和人工栏、材料栏、机械栏组成。

5) 企业定额的项目编排。定额项目表是按分部工程归类，按分项工程子目编排的一些项目表格，也就是按施工的程序，遵循章、节、项目和子目等顺序编排。

6) 企业定额相关项目说明的编制。企业定额相关项目包括：前言、总说明、目录、分部（或分章）说明、建筑面积计算规则、工程量计算规则、分项工程工作内容等。

7) 企业定额估价表的编制。企业根据投标报价工作的需要，可以编制企业定额估价表。估价表中的人工、材料、机械台班单价是通过市场调查，结合国家有关法律文件及规定，按照企业自身的特点来确定的。

（5）评审及修改 评审及修改主要是通过对比分析、专家论证等方法，对定额的水平、使用范围、结构及内容的合理性，以及存在的缺陷进行综合评估，并根据评审结果对定额进行修正。

（6）定稿、刊发及组织实施

3.1.3 企业定额的编制依据

1. 劳动制度及相关政策

建筑安装工人技术等级标准、建筑安装工人及管理人员工资标准、劳动保护制度、工资奖励制度、用工制度、利税制度、八小时工作制度等。

2. 技术依据

（1）规范类 如《建筑工程施工质量验收统一标准》（GB 50300—2013）以及《中华人民共和国建筑法》《中华人民共和国安全生产法》《建设工程质量管理条例》《建设工程安全生产管理条例》、机械设备说明书、国家建筑材料标准等。各类规范、规程、标准和制度，必须是国家颁发施行（或试行）的现行文件。

（2）技术测定和统计资料类 主要是指现场技术测定数据和工时消耗的单项和综合统计资料。技术测定资料、数据和统计资料必须准确可靠，在收集时应特别注意因素分析，采用数理统计的科学方法，力求最大限度地减少误差。

3. 经济依据

《全国统一建筑安装工程劳动定额》《全国统一建筑安装工程消耗量定额》《全国统一施工机械台班费用定额》和《全国统一建筑装饰装修工程消耗量定额》以及《建设工程工程量清单计价规范》（GB 50500—2013）、《建筑安装工程费用项目组成》等定额、规范和建筑材料价格信息。

《建设工程工程量清单计价规范》确定了工程量计价的原则、方法和必须遵守的规则，包括统一的项目编码、项目名称、项目特征、计量单位、工程量计算规则等。清单计价留给了企业自主报价、参与市场竞争的空间，也让构成报价的施工方法、施工措施和人工、材料、机械的消耗水平、取费等，完全由企业根据自身和市场情况来确定，给了企业充分选择的权利。

3.2 企业施工定额的编制

施工定额是以同一性质的施工过程或工序为测算对象，确定建筑安装工人在正常的施工条件下，为完成某种单位合格产品的人工、材料和机械台班消耗的数量标准。施工定额由人工消耗定额、材料消耗定额、机械台班消耗定额组成，是最基本的定额。施工定额是企业定额的一种。

3.2.1 人工消耗定额的编制

1. 人工消耗定额的概念

人工消耗定额即劳动消耗定额，简称劳动定额或人工定额，它是规定在一定生产技术组织条件下，完成单位合格产品所需的劳动消耗量的标准，按其表示形式有时间定额和产量定额两种。

（1）时间定额　时间定额是指在一定的生产技术和生产组织条件下，某工种、某种技术等级的工人小组或个人，完成单位合格产品所必须消耗的工作时间，包括工人的有效工作时间、必需的休息时间和不可避免的中断时间。时间定额以工日为单位，每个工日按八小时计算。

$$单位产品时间定额(工日) = \frac{1}{每日产量} \tag{3-1}$$

或

$$单位产品时间定额(工日) = \frac{小组成员工日数的总和}{台班产量(班组完成的产品数量)} \tag{3-2}$$

（2）产量定额　产量定额是指在一定的生产技术和生产组织条件下，某工种、某技术等级的工人小组或个人，在单位时间（工日）完成合格产品的数量。产量定额的计量单位，是以单位时间的产品计量单位表示，如立方米（m^3）、平方米（m^2）、吨（t）、块、根等。

$$产量定额 = \frac{1}{单位产品时间定额(工日)} \tag{3-3}$$

$$台班产量 = \frac{小组成员工日数的总和}{单位产品时间定额(工日)} \tag{3-4}$$

同一工序的产量定额与时间定额成互为倒数关系。

2. 人工消耗定额的编制

人工消耗定额编制的基本方法有经验估计法、统计分析法、比较类推法和技术测定法等，具体做法见第2章。

3.2.2 材料消耗定额的编制

1. 材料消耗定额的概念

材料消耗定额是指在节约与合理使用材料的条件下，生产单位合格产品所必须消耗的一定规格的建筑材料、半成品或配件的数量标准，包括材料的净用量和必要的工艺性损耗量。

材料的损耗量与材料的消耗量之比的百分数为材料的损耗率，材料的损耗率是通过观测和统计得到的，也可参考国家有关部门的规定。用公式表示为

$$材料损耗率 = \frac{材料损耗量}{材料消耗量} \times 100\% \tag{3-5}$$

$$材料消耗量 = \frac{材料净用量}{1-材料损耗率} \tag{3-6}$$

2. 制定材料消耗定额的基本方法

材料消耗定额一般是通过理论计算、施工过程中对材料消耗的观察测定、实验室条件下的实验以及技术资料的统计等方法制定的。确定材料消耗的基本方法有：①观测法；②试验法；③统计法；④科学计算法等。这些方法已在第 2 章中介绍，不再赘述。

3. 直接性材料用料计算

用计算法确定材料用量，方法比较简单，下面介绍两种用计算法确定材料用量的方法。

（1）$100m^2$ 块料面层材料消耗量的计算　块料面层一般是指有一定规格尺寸的瓷砖、锦砖、预制水磨石板、大理石及各种装饰板等，通常以 $100m^2$ 为单位，其计算公式如下：

$$100m^2\ 面层材料用量 = \frac{100}{(块长+拼缝)\times(块宽+拼缝)}/(1-损耗率) \tag{3-7}$$

【例 3-1】　瓷质地砖规格为 $500mm \times 500mm$，其拼缝宽度为 $2mm$，损耗率为 1%，求 $100m^2$ 面层需用瓷砖块数。

【解】　瓷砖的消耗量 $= \left[\dfrac{100}{(0.5+0.002)\times(0.5+0.002)}/(1-0.01)\right]$ 块
　　　　　　　　　　$= 401$ 块

（2）普通抹灰砂浆配合比用料量计算　抹灰砂浆的配合比通常是按砂浆的体积配合比计算的，每 $1m^3$ 砂浆中各种材料消耗量的计算公式如下：

$$砂消耗量(m^3) = \frac{砂比例数}{配合比总比例数-砂比例数\times砂空隙率}/(1-损耗率) \tag{3-8}$$

$$水泥消耗量(kg) = \frac{水泥比例数\times水泥密度}{砂比例数}\times砂用量/(1-损耗率) \tag{3-9}$$

$$石灰膏消耗量(m^3) = \frac{石灰膏比例数}{砂比例数}\times砂用量/(1-损耗率) \tag{3-10}$$

【例 3-2】　抹灰砂浆所用水泥、石灰膏、砂配合比为 $1:1:2$，砂空隙率为 39%，水泥堆积密度为 $1200kg/m^3$，砂损耗率 2%，水泥、石灰损耗率各为 1%，求每 $1m^3$ 砂浆中水泥、石灰膏、砂的用量。

【解】　砂消耗量 $= \left[\dfrac{2}{(1+1+2)-2\times 0.39}/(1-0.02)\right] m^3 = 0.63 m^3$

　　　　水泥消耗量 $= \dfrac{1\times 1200}{2} kg/m^3 \times 0.63 m^3/(1-0.01) = 381.82 kg$

　　　　石灰膏消耗量 $= \dfrac{1}{2}\times 0.63 m^3/(1-0.01) = 0.31 m^3$

当砂用量超过 $1m^3$ 时，因其空隙容积大于灰浆数量，砂用量均按 $1m^3$ 计算。

4. 周转性材料消耗量计算

建筑安装工程施工中除了耗用直接构成工程实体的各种材料、成品、半成品外，还要消耗一些工具性材料，如挡土板、脚手架及模板等，这类材料在施工中不是一次消耗完，而是随着使用次数逐渐消耗的,故称为周转性材料。周转性材料在定额中按多次使用、分次摊销的方法计算。下面以模板为例介绍周转性材料的摊销计算方法。

(1) 现浇结构模板摊销量计算

1) 考虑模板周转使用补充和回收的计算。

$$摊销量 = 周转使用量 - 周转回收量 \tag{3-11}$$

$$周转使用量 = \frac{一次使用量 + 一次使用量 \times (周转次数 - 1) \times 周转损耗率}{周转次数} \tag{3-12}$$

$$周转回收量 = \frac{一次使用量 - (一次使用量 \times 周转损耗率)}{周转次数} \tag{3-13}$$

一次使用量 = 每计量单位构件模板接触面积 × 每平方米接触面积需模板量 × (1 + 施工损耗率)

$$\tag{3-14}$$

【例 3-3】 根据选定的某工程现浇钢筋混凝土独立基础的施工图计算,每 $1m^3$ 基础的模板接触面积为 $1.8m^2$。根据计算,每 $1m^2$ 模板接触面积需用枋板材 $0.092m^3$,模板周转 6 次,每次周转的损耗率为 15%,试计算钢筋混凝土独立基础的模板周转使用量、回收量和定额摊销量(不考虑施工损耗)。

【解】 $周转使用量 = \dfrac{1.8 \times 0.092 + 1.8 \times 0.092 \times (6-1) \times 15\%}{6} m^3/m^3 = 0.048 m^3/m^3$

$周转回收量 = \dfrac{1.8 \times 0.092 - 1.8 \times 0.092 \times 15\%}{6} m^3/m^3 = 0.023 m^3/m^3$

$摊销量 = (0.048 - 0.023) m^3/m^3 = 0.025 m^3/m^3$

2) 不考虑周转使用补充和回收量时,计算公式为

$$摊销量 = \frac{一次使用量}{周转次数} \tag{3-15}$$

(2) 预制混凝土构件模板摊销量计算 预制混凝土构件是按多次使用平均摊销的方法计算模板摊销量,不计算每次周转损耗率(即补充损耗率)。所以计算预制混凝土构件模板摊销量时,只需按图计算出模板一次使用量,再根据确定的模板周转次数计算摊销量。

3.2.3 施工机械台班消耗定额的编制

1. 施工机械台班消耗定额的含义及表现形式

施工机械台班消耗定额,简称机械台班定额,是指施工机械在正常的施工条件下,合理均衡地组织劳动和使用机械时,该机械在单位时间内的生产效率。施工机械台班定额按其表现形式不同,可以分为机械时间定额和机械台班产量定额两种。

(1) 机械时间定额 机械时间定额是指在合理的劳动组织与合理使用机械条件下,生产某一单位合格产品所必须消耗的机械台班数量。计算单位用"台班"或"台时"来表示。工人使用一台机械,工作一个班称为一个台班,它既包括机械本身的工作,又包括使用该机械的工人的工作。

(2) 机械台班产量定额 机械台班产量定额是指在合理的劳动组织与合理使用机械条

件下,规定某种机械设备在单位时间内,必须完成的合格产品的数量。其计量单位是以产品的计量单位来表示的。

机械时间定额与机械台班产量定额是互为倒数关系,即

$$\text{机械时间定额(台班)} = \frac{1}{\text{机械台班产量定额}} \quad (3-16)$$

机械必须由工人小组配合,人工配合机械完成某一单位合格产品所必须消耗的工日数,称为人工时间定额。

$$\text{人工时间定额} = \text{工人人数} \times \text{机械时间定额} \quad (3-17)$$

2. 施工机械台班消耗定额的编制步骤

(1) 确定机械净工作一小时的正常生产率 确定时,对于循环动作机械和连续动作机械,要采取不同的方法。循环动作机械是指机械在每一周期内,重复、有规律地进行同样次序的动作。连续动作机械是指机械在工作时没有规律性的周期界限,一直不停地做某种动作。

1) 循环动作机械。循环动作机械净工作 1h 的正常生产率 N_t 等于机械净工作 1h 正常循环次数 n 乘以每一次循环生产的产品数量 Q。其中

$$\text{净工作 1h 正常循环次数 } n = 60 \times 60 \div \text{一次循环的正常延续时间(s)} \quad (3-18)$$

确定机械净工作 1h 的循环次数,首先必须确定每一次循环的正常延续时间。每一次循环的正常延续时间,等于各循环组成部分的正常延续时间之和,若组成部分有交叠时间,则必须减去。

$$\text{一次循环的正常延续时间} = \Sigma(\text{循环组成部分的正常延续时间} - \text{交叠时间})$$

或

$$= \Sigma \text{循环组成部分的正常延续时间} \quad (3-19)$$

2) 连续动作机械。对于连续动作机械,其净工作 1h 的正常生产率 N_t,一般是通过试验或实际观察在一定时间内的合格产品数量来确定的。

$$\text{机械净工作 1h 的正常生产率} = \text{工作时间内生产数量} / \text{工作时间(h)} \quad (3-20)$$

(2) 确定机械的时间利用系数 机械的时间利用系数 K 就是机械在一个台班内的净工作时间与工作班延续时间之比值,计算公式如下:

$$\text{机械时间利用系数 } K = \frac{\text{机械在一个台班内的净工作时间}}{\text{一个台班的延续时间(一般为 8h)}} \quad (3-21)$$

(3) 确定机械台班定额

1) 确定机械产量定额和时间定额。将机械净工作 1h 的正常生产率 N_t,乘以工作班延续时间(一般为 8h),再乘以机械时间利用系数 K,即可得到机械台班的产量定额 N,即

$$N = 8N_t K \quad (3-22)$$

对于某些一次循环大于 1h 的机械施工过程,可不必先计算净工作 1h 的正常生产率,而直接用一次循环时间 t,求出台班循环次数 T/t,再根据每次循环的产品数量 m,确定台班产量定额,计算公式为

$$N = (T/t) m K \quad (3-23)$$

有了产量定额,根据式(3-16),即可求出机械时间定额。

2) 确定人工时间定额。人工时间定额可根据机械的产量定额或时间定额与工人人数计算。计算公式为

$$人工时间定额 = 工人人数 \times 机械时间定额$$

或 $$人工时间定额 = 工人人数(工日数)/机械台班产量定额 \qquad (3-24)$$

3. 机械台班消耗定额编制示例

以正铲挖掘机配合 8t 自卸汽车运输土方的产量定额制定为例。

施工条件：三类土，挖方高度在 1.5m 以上的大型土石方，汽车外运 5km，工作面有推土机配合。机械配备：液压正铲挖掘机，机斗容量 1m³，自卸汽车载质量 8t。

根据分析整理的各种调查资料和所配备的机械台班技术参数的各项基础数据见表 3-1 ~ 表 3-6。

表 3-1 土壤的可松系数

项 目	一、二类土	三 类 土	四 类 土
可松系数	1.21	1.27	1.33

表 3-2 各种铲斗的充盈系数

项 目	机 型		
	正 铲	反 铲	拉 铲
最佳挖土状态	1.05	0.96	1.02
非最佳挖土状态	1.00	0.90	1.02

表 3-3 土壤天然状态下的密度 （单位：kg/m³）

项 目	一、二类土	三 类 土	四 类 土
密度	1600	1800	1900

表 3-4 1.0m³ 正铲挖掘机的原始数据

项 目		装 车			不 装 车		
		一、二类土	三 类 土	四 类 土	一、二类土	三 类 土	四 类 土
每次挖土时间/s		31	33.5	40	29	32	36
挖掘机定额容量 /m³	1	0.83	0.79	0.75	0.83	0.79	0.75
	2	0.87	0.83	0.79	0.87	0.83	0.79
台班挖土次数		743	688	576	794	720	640

注：1. 每次挖土时间包括挖土、卸土的作业时间加作业宽放时间。
2. 挖掘机定额容量 1 和 2 分别是非最佳挖土状态和最佳挖土状态下的斗容量。
3. 台班挖土次数按台班有效工作时间 384min 计算。

表 3-5 8t 自卸汽车固定作业时间及定额容量

挖掘机类别	作业时间合计 /min	装车时间 /min	卸车时间 /min	调位时间 /min	等装时间 /min	每车定额容量 /m³
一类	8.8	5.5	1	1.3	1	4.4
二类	7.6	4.3				
三类	6.4	3.1				

注：一类挖掘机指台班产量为 300m³ 以内，二类挖掘机指台班产量为 450m³ 以内，三类挖掘机指台班产量为 450m³ 以上。

表 3-6 自卸汽车行驶速度及往返消耗时间

运距/km	时速/(km/h)	分速/(km/min)	往返耗时/min
0.5	12	0.2	5
1	15	0.25	8
2	18	0.3	13
3	22	0.37	16
4	24	0.4	20
5	24	0.4	25
6	26	0.43	28
7	26	0.43	32
8	26	0.43	37
9	27	0.45	40
10	29	0.48	41

注：10km 以上运输时速均取定为 29km/h，每增加 1km 运距，增加往返耗时 4min。

（1）挖掘机台班产量的计算 查表 3-4，1m³ 正铲挖掘机在装车的条件下台班挖土次数 688 次，在最佳挖土状态下（挖土深度 2m 以内），挖掘机定额容量 0.83m³，则台班产量为

$$0.83 \times 688 m^3 = 571 m^3$$

（2）计算 8t 自卸汽车的台班产量 查表 3-6，自卸汽车运输 5km 需往返时间 25min，自卸汽车固定作业时间 6.4min（挖掘机台班产量大于 450m³），每运输一次共耗时 31.4min。根据调查测算，自卸汽车每台班有效工作时间为 380min，则每台班可运输 12 次。查表 3-5 可知三类土每车定额容量为 4.4m³，则 8t 自卸汽车的台班产量为

$$4.4 \times 12 m^3 = 52.80 m^3$$

劳动组织为每台挖掘机配 2 人，每台自卸汽车配 1 人。经计算得出挖掘机挖土和自卸汽车运土的劳动定额，见表 3-7、表 3-8。

表 3-7 挖掘机挖土每 1 台班的劳动定额

项 目				装 车			不 装 车		
				一、二类土	三类土	四类土	一、二类土	三类土	四类土
正铲挖掘机斗容量/m³	1.0	挖土深度/m	……	……					
			2.0 以内		$\dfrac{0.368}{5.44}$			$\dfrac{0.352}{5.68}$	
			2.0 以外		$\dfrac{0.350}{5.71}$			$\dfrac{0.334}{5.98}$	
	……		……						
编号									

注：表中横线以上数量为时间定额，即小组成员工日数的总和，横线以下数量为机械的台班产量，单位为 100m³。

表 3-8 自卸汽车配合挖掘机运土每 1 台班的劳动定额

自卸汽车载质量/t	运距/km	土类型			
		一类	二类	三类	四类
8	1 以内				
	……				
	5 以内	$\dfrac{2.08}{0.48}$	$\dfrac{1.96}{0.51}$	$\dfrac{1.89}{0.53}$	$\dfrac{1.96}{0.51}$
	编号				

注：表中横线以上为时间定额，横线以下为产量定额，单位为 100m³。

（3）有关系数的确定　在不同施工条件、不同机械配备情况下，采用系数调整的办法可扩大定额的使用范围，减少定额的项目，增加灵活性。如：

查表 3-4，挖掘机在非最佳状态下的斗定额容量为 0.79m³，则台班产量为 0.79m³×688 = 544m³，则在非最佳状态下的挖掘机台班产量可乘以系数 544/571 = 0.95。

查表 3-5，在一类挖掘机配合下自卸汽车每次固定作业时间为 8.8min，则每台班可运输次数为 [384÷(25+8.8)] 次 = 11 次，则台班产量为 4.4m³×11 = 48.4m³，则自卸汽车配合一类挖掘机在非最佳状态下的台班产量可乘以系数 48.4/52.8 = 0.92。

3.3　企业计价定额的编制

企业计价定额是施工企业确定生产建筑产品价格的依据，也是施工企业确定生产建筑工程某一计量单位的分部分项工程或构件的人工、材料和机械台班费用的标准。

3.3.1　企业建筑安装工程费用的构成

企业建筑安装工程费由直接费、间接费、利润和税金构成。

1. 直接费

直接费即工程的直接成本，由直接工程费和措施项目费组成。

（1）直接工程费　直接工程费是指施工过程中耗费的构成工程实体的各项费用，包括人工费、材料费、施工机械使用费。

（2）措施项目费　措施项目费是指为完成工程项目施工，发生于该工程施工前和施工过程中非工程实体项目的费用，包括以下内容：

1）安全文明施工费：包括环境保护费、文明施工费、安全施工费、临时设施费。

环境保护费：是指施工现场为达到环保部门要求所需要的各项费用。

文明施工费：是指施工现场文明施工所需要的各项费用。

安全施工费：是指施工现场安全施工所需要的各项费用。

临时设施费：是指施工企业为进行建筑工程施工所必须搭设的生活和生产用的临时建筑物、构筑物和其他临时设施等费用。

2）夜间施工增加费：是指因夜间施工所发生的夜班补助费、夜间施工降效、夜间施工照明设备摊销及照明用电等费用。

3）二次搬运费：是指因施工场地狭小等特殊情况而发生的二次搬运费用。

4）冬雨季施工增加费：是指在冬雨期施工时所采取的防冻、保温、防雨安全措施及工效降低所增加的费用。

5）大型机械进出场及安拆费：是指机械整体或分体自停放场地运至施工现场或由一个施工地点运至另一个施工地点，所发生的机械进出场运输及转移费用及机械在施工现场进行安装、拆卸所需的人工费、材料费、机械费、试运转费和安装所需的辅助设施的费用。

6）施工排水、降水费：是指为确保工程在正常条件下施工，采取各种排水、降水措施所发生的各种费用。

7）地上、地下设施，建筑物的临时保护设施费：是指工程施工前，对原有地上、地下设施和建筑物进行安全保护所采取的措施费用。不包括对新建地上、地下设施和建筑物的临时保护措施。

8）已完工程及设备保护费：是指竣工验收前，对已完工程及设备进行保护所需费用。

9）混凝土、钢筋混凝土模板及支架费：是指混凝土施工过程中需要的各种钢模板、木模板、支架等的支、拆、运输费用及模板、支架的摊销或租赁费用。

10）脚手架工程费：是指施工需要的各种脚手架搭、拆、运输费用及脚手架的摊销或租赁费用。

2. 间接费

建筑安装工程间接费是指虽然不直接由施工的工艺过程所引起，但却与工程的总体条件有关的，建筑安装企业为组织施工和进行经营管理以及间接为建筑安装生产服务的各项费用。间接费由规费、企业管理费组成。

（1）规费 规费是指政府和有关权力部门规定必须缴纳的费用（简称规费），包括：

1）工程排污费：是指施工现场按规定缴纳的工程排污费。

2）社会保险费：包括养老保险、失业保险和医疗保险。

3）住房公积金：是指企业按规定标准为职工缴纳的住房公积金。

4）危险作业意外伤害保险费：是指按照《中华人民共和国建筑法》规定，企业为从事危险作业的建筑安装施工人员支付的意外伤害保险费。

（2）企业管理费 企业管理费是指建筑安装企业组织施工生产和经营管理所需费用，具体包括：

1）管理人员工资：是指管理人员的基本工资、工资性补贴、职工福利费、劳动保护费等。

2）差旅交通费：是指企业职工因公出差、工作调动的差旅费，住勤补助费，市内交通及误餐补助费，职工探亲路费，劳动力招募费，离退休职工一次性路费及交通工具油料、燃料、牌照、养路费等。

3）办公费：是指企业办公用文具、纸张、账表、印刷、邮电、书报、会议、水、电、燃煤（气）等费用。

4）固定资产使用费：是指管理和试验部门及附属生产单位使用的属于固定资产的房屋、设备、仪器等的折旧、大修、维修或租赁费。

5）工具用具使用费：是指企业施工生产和管理使用的不属于固定资产的工具、器具、家具、交通工具和检验、试验、测绘、消防用具等的购置、维修和摊销费。

6）劳动保险和职工福利费：是指由企业支付的职工退职金、按规定支付给离休干部的经费，集体福利费、夏季防暑降温、冬季取暖补贴、上下班交通补贴等。

7）劳动保护费：是指企业按规定发放的劳动保护用品的支出。如工作服、手套、防暑降温饮料以及在有碍身体健康的环境中施工的保健费用等。

8）检验试验费：是指施工企业按照有关标准规定，对建筑以及材料、构件和建筑安装物进行一般鉴定、检查所发生的费用，包括自设实验室进行试验所耗用的材料等费用。不包括新结构、新材料的试验费，对构件做破坏性试验及其他特殊要求检验试验的费用和建设单位委托检测机构进行检测的费用，对此类检测发生的费用，由建设单位在工程建设其他费用中列支。但对施工企业提供的具有合格证明的材料进行检测不合格的，该检测费用由施工企业支付。

9）工会经费：是指企业按《工会法》规定的全部职工工资总额比例计提的工会经费。

10）职工教育经费：是指按职工工资总额的规定比例计提，企业为职工进行专业技术和职业技能培训，专业技术人员继续教育、职工职业技能鉴定、职业资格认定以及根据需要对职工进行各类文化教育所发生的费用。

11）财产保险费：是指施工管理用财产、车辆等的保险费用。

12）财务费：是指企业为施工生产筹集资金或提供预付款担保、履约担保、职工工资支付担保等所发生的各种费用。

13）税金：是指企业按规定缴纳的房产税、车船使用税、土地使用税、印花税等。

14）其他：包括技术转让费、技术开发费、投标费、业务招待费、绿化费、广告费、公证费、法律顾问费、审计费、咨询费、保险费等。

3. 利润

利润是指施工企业完成所承包工程获得的盈利。利润是企业追求的最终目标，是企业成为独立经营、自负盈亏的市场竞争主体的前提，合理确定利润水平（利润率）对企业的生存和发展至关重要。在投标报价时，企业要根据自身实力、投标策略来确定利润水平，使报价既具竞争力，又能保证其他各方面利益的实现。

4. 税金

税金是指国家税法规定的应计入建筑安装工程造价的增值税、城市维护建设税、教育费附加及地方教育费附加等。

增值税是以商品（含应税劳务）在流转过程中产生的增值额作为计税依据而征收的一种流转税，为价外税。应纳税额＝税前工程造价×税率－进项税额。

城市维护建设税是国家为了加强城市的维护建设，扩大和稳定城市维护建设资金来源，对有经营收入的单位和个人征收的一种税。

教育费附加是指为了加快发展地方教育事业，扩大地方教育资金来源而征收的一种地方税。

地方教育费附加是指各省、自治区、直辖市根据国家有关规定，为实施"科教兴省"战略，增加地方教育的资金投入，促进各省、自治区、直辖市教育事业发展，开征的一项地方政府性基金。

3.3.2 人工单价的组成与确定

1. 企业正式员工的人工单价确定

人工单价是一个建筑安装工人在一个工作日应计入的全部人工费用，包括：

(1) 基本工资　基本工资是指发放给生产工人的基本工资，包括岗位工资、技能工资和工龄工资。

$$基本工资 = 生产工人年人均基本工资 \div 年法定工作日 \tag{3-25}$$

$$年法定工作日 = 年日历天数(365 天) - 周末(104 天) - 法定节日(11 天) \tag{3-26}$$

(2) 工资性补贴　工资性补贴是指按规定标准和范围发放给生产工人的所有补贴，包括物价补贴、煤（燃）气补贴、交通补贴、住房补贴、流动施工津贴、地区补贴等。

$$工资性补贴 = 生产工人年人均补贴额 \div 年法定工作日 \tag{3-27}$$

(3) 辅助工资　辅助工资是指生产工人年有效施工天数以外非作业天数的工资，包括职工学习、培训期间的工资，调动工作、探亲、休假期间的工资，因气候影响的停工工资，女工哺乳时间的工资，病假在六个月以内的工资及产、婚、丧假期的工资。

$$辅助工资 = (基本工资 + 工资性补贴) \times 年平均非工作天数 \div 年法定工作日 \tag{3-28}$$

(4) 职工福利费　职工福利费是指按规定标准计提的职工福利的费用。它主要用于职工的医药费（包括企业职工参加职工医疗保险交纳的医疗保险费）、医务人员的工资、医务经费、职工生活困难补助、职工浴室、幼儿园工作人员的工资及按国家规定开支的其他职工福利支出。

$$职工福利费 = 生产工人年人均职工福利费 \div 年法定工作日 \tag{3-29}$$

(5) 劳动保护费　劳动保护费是指按规定标准发放的劳动保护用品的购置费及修理费，徒工服装补贴，防暑降温费，在有碍身体健康环境中施工的保健费用等。

$$劳动保护费 = 生产工人年人均劳动保护费发放额 \div 年法定工作日 \tag{3-30}$$

人工单价就是上述五项费用之和。生产工人工资标准的确定，应根据有关文件精神，并结合本部门、本地区、本企业的具体情况，经反复测算取定。

2. 市场劳动力的人工单价确定

投标报价时，人工单价的确定有以下三种方法：

(1) 根据劳动力来源确定　人工单价的计算过程可分为以下几个步骤：

1) 根据总施工工日数（即人工工日数）及工期计算总施工人数。工日数、工期和施工人数存在着下列关系：

$$总工日数 = 工程实际施工工期 \times 平均总施工人数 \tag{3-31}$$

因此，当招标文件中已经确定了施工工期时：

$$平均总施工人数 = \frac{总工日数}{工程实际施工工期(天)} \tag{3-32}$$

当招标文件中未确定施工工期，而由投标人自主确定工期时：

$$最优化的施工人数或工期(工日) = \frac{总工日数}{最优施工工期} \tag{3-33}$$

2) 确定各专业施工人员的数量及比重。

$$某专业平均施工人数 = \frac{某专业消耗的工日数}{工程实际施工工期(天)} \tag{3-34}$$

3) 确定各专业劳动力资源的来源及构成比例。

劳动力主要有三大来源：本企业的工人、外聘技工、劳务市场招聘的普工。其中外聘技工的工资水平高些，普工工资水平低些。这三种劳动力资源的构成比例，应先对本企业现状、工程特点及对生产工人的要求和当地劳动力资源的充足程度、技能水平及工资水平进行综合评价，再据此合理确定。

4）确定工资单价。

$$某专业综合人工单价 = \sum（本专业某种来源的人力资源人工单价 \times 构成比重） \quad (3-35)$$

$$综合人工单价 = \sum（某专业综合人工单价 \times 权数） \quad (3-36)$$

其中权数是根据各专业工日消耗量占总工日数的比重取定的。例如，土建专业工日消耗量占总工日数的比重是30%，则其权数即为30%。如果投标单位使用各专业综合工日单价法投标，则不须计算综合工日单价。

通过上述一系列的计算，可以初步得出综合工日单价的水平，但是得出的单价是否有竞争力，以此报价是否能够中标，必须进行一系列的分析评估。

(2) 根据以往的承包情况确定　企业在投标报价时，可以对同一地区以往承包工程的人工单价进行对比分析，再根据实际情况确定。

(3) 根据单位估价表中的人工单价确定　地区的单位估价表中都规定了人工单价，承包工程时可以以此为依据确定投标报价的人工单价。

3.3.3　材料预算单价的组成与确定

材料的预算价格是指材料从其来源地到达施工工地仓库后的出库价格，一般由材料供应价、包装费、运输费、采购及保管费、检验试验费等组成。

(1) 材料供应价　材料供应价是指按照国家规定的产品出厂价、交货地点价格、市场批发价格及进口材料的调拨价格、供销部门手续费等确定的材料价格。一般施工企业都有自己的材料来源渠道，在投标报价前应对主要材料进行询价，确定不同来源的材料的市场价格和供货比例。同一种材料因来源地、供应单位或生产厂家不同而价格不同时，应根据供应数量比例，采取加权平均方法计算。

(2) 材料包装费和回收价值　材料包装费是为了便于运输或保护材料免受损坏或损失而必须进行包装时所需的费用。包括水陆运输中的支撑、篷布等所耗用的材料和费用。包装费和回收价值按以下几种情况分别计算：

1) 生产厂家负责包装者，如水泥、玻璃、铁钉、卫生瓷器等，其包装费已计入供应价的，不再另行计算包装费。但包装材料回收价值，应从材料包装费中扣除。

$$包装品回收价值 = \frac{包装材料原价 \times 回收率 \times 回收价值率}{包装容器标准容量} \quad (3-37)$$

2) 采购部门自备包装材料或容器，其包装费用应按周转使用次数分摊计算，并计入材料价格中。

$$包装费 = \frac{包装材料原价 \times (1-回收率 \times 回收价值率) + 使用期间维修费}{周转使用次数 \times 包装容器标准容量} \quad (3-38)$$

3) 包装器材的回收价值，应按当地旧、废包装器材出售价格计算；没有回收价值的不予计算。

包装品的回收率、回收价值率、周转使用次数、残值回收率见表3-9。

表 3-9　包装品回收率、回收价值率、周转使用次数、残值回收率

包　装　品		回收率(%)	回收价值率(%)	使用次数	残值回收率(%)
木制品	箱	70	20	4	5
	桶	70	20	5	3
竹制品					10
塑料、纤维箱、桶				8	
金属制品	桶	95	50	10	3
	丝、线	20	50		
	薄钢板	50	50		
纸制品	袋、箱、桶	50	50		
玻璃陶瓷制品		30	60		

4）租赁包装品者，其包装费按租金计算。

凡不需包装的材料不得计算包装费。应包装的材料，没有包装，仍应计算包装费。但是由于未包装而发生的规定运输损耗以外的运输损耗及费用，不得计算。

5）材料净重与毛重的比例修正系数。

材料运输费是按材料毛重计算的，而材料预算价格按净重计算，毛重与净重之差别就在材料包装器材的质量。毛重与净重的比例修正系数见表 3-10。

表 3-10　材料毛重与净重的比例修正系数参考表

序号	材料名称	单位	修正系数	序号	材料名称	单位	修正系数
	一、一般土建工程材料			14	白石子	t	1.02
1	水泥	t	1.01	15	钢钉	t	1.10
2	白灰	t	1.01	16	五金制品	t	1.07
3	沥青	t	1.08	17	焊条	t	1.07
4	水玻璃	t	1.15	18	石油沥青	t	1.06
5	防腐剂	t	1.11	19	黄色炸药	t	1.15
6	氯化铵	t	1.15	20	各种漆	t	1.10
7	大理石粉	t	1.02				
8	软沥青	t	1.08		二、卫生工程材料		
9	乙炔(116.2kg)	100m³	1.27	1	石棉板	t	1.02
10	汽油	t	1.10	2	绝缘管	t	1.02
11	油灰	t	1.10	3	矿物棉	t	1.34
12	电石	t	1.15	4	耐火黏土砖	t	1.01
13	玻璃	t	1.10	5	矿渣棉	t	1.34

（3）材料运输费　材料运输费又称材料运杂费，是指材料由来源地或交货地运至施工现场仓库或存放点止运输全过程中所支付的一切费用。材料来源地根据因地制宜、就近取材、流向合理的原则确定。材料运输费按国家、地方管理部门批准的铁路、公路、水路等运价规定计算。材料运输流程示意图如图 3-1 所示。

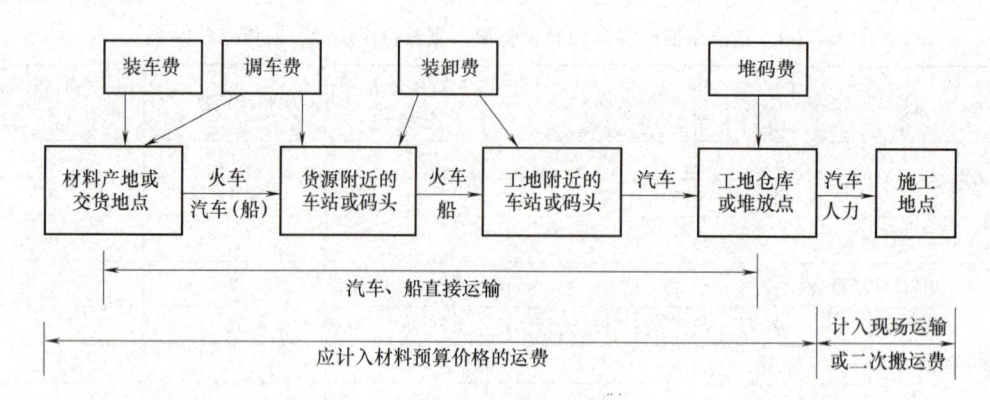

```
┌──────┐  ┌──────┐   ┌──────┐          ┌──────┐
│装车费│  │调车费│   │装卸费│          │堆码费│
└──┬─┬─┘  └──┬───┘   └──┬───┘          └──┬───┘
   │ │      │           │                 │
   ▼ ▼      ▼           ▼                 ▼
┌──────┐ 火车 ┌──────┐ 火车 ┌──────┐ 汽车 ┌──────┐ 汽车 ┌──────┐
│材料产│ 汽车 │货源附│     │工地附│     │工地仓│ 人力 │施工  │
│地或交│─(船)─│近的车│─船──│近的车│─汽车─│库或堆│─────│地点  │
│货地点│     │站或码│     │站或码│     │放点  │     │      │
│      │     │头    │     │头    │     │      │     │      │
└──────┘     └──────┘     └──────┘     └──────┘     └──────┘
```

图 3-1 材料运输流程示意图

材料运输费由运费、调车费或驳船费、装卸费、附加工作费和材料场外运输合理损耗费（运输损耗费）组成。

1) 各种运费计算。

① 铁路运费计算。根据原铁道部《铁路货物运输管理规则》按以下三个条件确定铁路运费：按托运货物的质量确定运费标准、按托运货物等级规定运费标准、按不同运输里程规定运费标准。

② 水路运费计算。水路运费按不同等级，不同运价里程和质量计算。

③ 公路运费计算。公路运输分汽车、马车、人力车等运输方式，所用运输工具不同，运费标准也不一样，按所属省、市、自治区公路（市内）交通运输部门规定计算。

④ 市内运费计算。市内运费按当地"货物装卸搬运价格规定"计算。

2) 装卸费计算。铁路运输装卸费按铁路部门规定的装卸等级和装卸费率计算；水路运输装卸费按各港口规定计算；汽车运输装卸费按当地公路运输部门的规定计算。

3) 调车费（取送车费）和驳船费。调车费是铁路机车在专用线、货物专线调送车辆的费用。调车费不论取送车皮多少，均按往返里程，以机车公里计算费用。驳船费是在港口用驳船从码头到船舶取送货物的费用，按驳船费率计算。

4) 附加工作费。附加工作费是指除前面讲的各种运费、调车费或驳船费、装卸费和下面讲的材料运输损耗费以外的其他费用都叫附加工作费。如堆码费、过磅费等。

5) 材料场外运输合理损耗费。材料场外运输合理损耗费简称运输损耗费，又称材料运输途中损耗费，是指材料在到达施工现场仓库或堆放地点之前的全部运输过程中的合理损耗。

① 按运输损耗率计取：

$$材料运输损耗费 = 场外运输损耗量 \times 材料到仓库的价格 \quad (3-39)$$

式中，场外运输损耗量 = 材料净用量 × 损耗率；材料净用量是指计划采购量。

材料到仓库的价格，包括材料供应价、包装费、运输费，但不包括采购保管费。

② 按预算价格的百分比计取：

$$材料运输损耗费 = [材料供应价 + 包装费 + 运输费（不含运输损耗）] \times 运输损耗率$$
$$(3-40)$$

主要材料运输损耗率见表 3-11。

表 3-11 主要材料运输损耗率

材 料 种 类	损耗率(%)	材 料 种 类	损耗率(%)
各种标准砖及黏土空心砖瓦	2.0	陶管、瓷管、瓷制品	3.0
实心砌块	1.5	块状沥青	1.0
耐火砖	1.0	桶装沥青	3.0
水泥、石棉、玻纤瓦	1.5	空心砌块	2.5
生石灰	3.0	石灰膏	1.5
石膏、耐火泥、烧碱	1.0	缸砖、面砖、瓷砖	3.0
袋装水泥	1.0	河砂、炉渣、石屑	2.5
散装水泥	2.5	混凝土、石块、石板	1.0

（4）材料采购及保管费　材料采购及保管费是指材料供应部门（包括工地仓库及以上各级材料管理部门）在组织采购、供应和保管材料过程中所需的各种费用，包括采购和保管人员的工资、福利费、办公费、差旅交通费、固定资产使用费、工具用具使用费、材料储存损耗以及其他零星费用。

$$材料采购及保管费 = (材料供应价 + 包装费 + 运输费) \times 采购及保管费率 \quad (3-41)$$

材料采购及保管费率一般≤2.5%，最高不超过3%。凡由建设单位供应的材料，施工单位只收取保管费，一般不超过采购及保管费的70%。

（5）检验试验费

$$检验试验费 = 按规定每批材料抽检所需费用/该批材料数量(元/计量单位) \quad (3-42)$$

以上费用之和即材料预算价格。计算公式为

$$材料预算价格 = (材料供应价 + 包装费 + 运输费) \times (1 + 采购保管费率) + 检验试验费 - 包装品回收价格 \quad (3-43)$$

【例 3-4】　某种材料由甲乙两地供货。甲地可以供货40%，原价95元/t；乙地可供货60%，原价96元/t。甲地运距110km，运费0.45元/(km·t)，途中损耗2%；乙地运距115km，运费0.35元/(km·t)，途中损耗2.5%。材料包装费均为10元/t，采购保管费率2.5%，计算该材料的预算价格。

【解】　（1）加权平均供应价：$(95 \times 0.4 + 96 \times 0.6)$元/t = 95.6 元/t

（2）包装费：10元/t。

（3）运输费

1）运费：$(0.4 \times 110 \times 0.45 + 0.6 \times 115 \times 0.35)$元/t = 43.95 元/t

2）加权平均损耗率：$0.4 \times 2\% + 0.6 \times 2.5\% = 2.3\%$

3）材料运输损耗费：$(95.6 + 10 + 43.95)$元/t $\times 2.3\% = 3.44$ 元/t

4）材料运输费：$(43.95 + 3.44)$元/t = 47.39 元/t

（4）该地方材料预算价格

$$(95.6 + 10 + 47.39)\text{元/t} \times (1 + 2.5\%) = 156.82 \text{ 元/t}$$

3.3.4 机械台班单价的组成与确定

1. 自有机械台班单价的计算

一台施工机械工作 8h 为一个台班,每个台班必须消耗的人工、物料和应分摊的费用即一个机械台班单价。施工机械的费用按因素性质可以分为两大类,即第一类费用和第二类费用。

(1) 第一类费用的组成及确定 第一类费用又称不变费用,是由国家主管部门统一制定颁发,根据施工机械的年工作制,按全年所需分摊到每个台班中,并且以货币形式列入施工机械台班使用费中去,在编制台班费用时不允许调整,是一种比较固定的经常费用。

第一类费用包括四项内容:机械台班折旧费、大修理费、经常修理费、安拆费及场外运输费。

1) 机械台班折旧费。机械台班折旧费是指按规定的机械使用期限逐渐收回其原始价值的费用。

$$机械台班折旧费 = 机械预算价格 \times (1-残值率) \times 贷款利息系数 / 耐用总台班 \quad (3-44)$$

式中,贷款利息系数 $= 1 + 0.5 \times ($折旧年限$ + 1) \times $当年银行贷款利率

国产机械预算价格 = 机械出厂价格 × 1.05

进口机械预算价格 = 机械进口到岸价格(又称抵岸价格)× 1.11

机械预算价格,是指机械的出厂价格,加上供应机构的手续费和机械由出厂地点运至建制单位所需的一次性运杂费。

机械残值率是机械使用后的残余价值。一般以机械预算价格的百分率表示,大型施工机械为 5%,运输机械为 6%,中小型机械为 4%。

机械使用总台班按下式计算:

$$使用总台班 = 使用周期 \times 大修理间隔台班 \quad (3-45)$$

或

$$使用总台班 = 年工作台班 \times 使用年限 \quad (3-46)$$

2) 大修理费(大修)。大修理费是指机械使用达到规定使用时间必须进行大修理以恢复机械正常使用功能所需的费用。对机械进行全面修理,更换其主要部件和配件,修理的范围广、需要费用多、间隔时间长是其特点。

$$机械台班大修理费 = \frac{一次大修理费 \times 大修理次数}{使用总台班} = \frac{一次大修理费 \times (使用周期 - 1)}{使用总台班} \quad (3-47)$$

式中

$$使用周期 = \frac{使用总台班}{大修理间隔台班} \quad (3-48)$$

3) 经常修理费。它是指机械在寿命期内除大修理以外的各级保养及临时故障排除所需的各项费用,为保障机械正常运转所需替换设备、随机工具器具的摊销及维护费用,机械日常保养所需润滑擦拭材料费用,机械停置期间的维护保养费用。

$$机械台班经常修理费 = \frac{中小修理费 + \sum(各级保养一次费用 \times 保养次数)}{大修理间隔台班} \quad (3-49)$$

各级保养一次费用分别指机械在各个使用周期内为保证机械处于完好状况,必须按规定的各级保养间隔周期、保养范围和内容进行的一、二、三级保养或定期保养所消耗的工时、

配件、辅料、油燃料等费用，计算方法同大修理费计算方法。

4）安拆费及场外运输费。安拆费是指机械在施工现场进行安装与拆卸所需人工、材料、机械和试运转费用以及机械辅助设施（如基础、底座、固定锚桩、行走轨道、枕木等）的折旧、搭设、拆除等费用；场外运输费是指机械整体或分件自停置地点运至施工现场或由一工地运至另一工地的运输、装卸、辅助材料以及架线等费用。

定额台班基价内所列安拆费及场外运输费，均分别按不同机械、型号、质量、外形、体积、安拆和运输方法测算其工、料、机械的耗用量综合计算取定。除地下工程机械外，均按年平均4次运输、运距平均25km以内考虑。

安拆费及场外运输费的计算公式如下：

$$机械台班安拆费 = \frac{机械一次安拆费 \times 年平均安拆次数}{年工作台班} + 台班辅助设施摊销费 \quad (3-50)$$

式中

$$台班辅助设施摊销费 = \frac{辅助设施一次费用 \times (1-残值率)}{辅助设施耐用台班} \quad (3-51)$$

$$机械台班场外运输费 = \frac{(一次运输及装卸费 + 辅助材料一次摊销费 + 一次架线费) \times 年平均场外运输次数}{年工作台班}$$

$$(3-52)$$

（2）第二类费用的组成及确定　施工机械第二类费用也称可变费用，在施工机械台班定额中，是以每台班实物消耗量指标来表示的，包括机上人工费、动力燃料消耗费及牌照税等三项内容。

1）机上人工费。机上人工费是指机上工人的工资。机上工人是指司机、司炉以及其他操作机械的工人，机下辅助的工人不包括在内。人工消耗量指标应在工程定额的人工部分列出，人工等级按消耗量定额规定的技术等级，工资标准包括附加工资在内按当地的工资标准计算。机上操作人员的配备应根据机械性能、操作需要和连续作业等特点确定。

$$机上人工费 = 定额机上人工工日 \times 工资单价 \quad (3-53)$$

2）动力燃料消耗费。施工机械分为电动、风动、机动三种。施工机械的动力、燃料消耗定额中，除本身在运转时所消耗的以外，还包括电动机械与施工现场最后一级降压变压器之间的线路损耗及辅助用电、机动机械起动时所用燃料和附加用的燃料、油过滤损耗等。

$$动力燃料消耗费 = 每台班耗用的燃料数量 \times 燃料的单价 \quad (3-54)$$

3）牌照税（或购置税）。牌照税是税务部门按照规定征收的车辆牌照税。

2. 租赁机械台班单价的计算

租赁机械台班费，是指施工单位根据需要向租赁公司或其他企业租用施工机械而支付的费用。若使用租赁机械，则应该调查市场上可供选择的施工机械种类、规格、型号、数量和价格水平等内容。如果租赁费用中不含机上人工费，则投标报价时应考虑机上人工费，此时机械台班费用可用下式计算：

$$机械台班费用 = 租赁费 + 机上人工费 + 燃料动力费 + 一定的保养费 \quad (3-55)$$

3.3.5　建筑安装工程其他费用的确定

建筑安装工程其他费用包括：人工、材料、机械费调整，零星用工，现场签证费用，换算、补充定额单价取定，措施项目费、间接费、其他项目费调整等。

1. 人工、材料、机械费调整

结算时人工、材料、机械费用均按合同约定的内容和范围进行调整；国家相关费用政策发生变化时，要按照政策规定进行调整；个别省市出台调整办法的，可以参照执行。

2. 零星用工

零星用工是指与建筑物或构筑物施工无关（承包工程范围外）的用工。经甲方签证后，根据建筑安装工程人工费计算，列入定额直接费中。

施工过程中发生停水、停电等各种费用，按签证计算。

3. 现场签证费用

在承包工程范围内，凡属下列情况可办理现场签证费用。

1) 在非正常施工条件下新采取的特殊技术措施费。
2) 工程直接费中未包括，且规定允许计算的各项费用。
3) 设计变更、材料改变造成的工程量变化而调整的费用。
4) 因工程停建、缓建造成的损失费用。
5) 不可预见的地下障碍物的拆除与处理费用。
6) 由设计或建设单位原因造成的各项损失费用。
7) 受建设单位委托，在承包工程范围内发生的零星用工。

发生以上现场签证时，要参考有关定额制定人工、材料、机械的消耗量，或拟编一次性补充定额，或按当地有关规定计取，办理现场签证。签证包括：工程数量签证、单价签证、费用签证等几种形式。工程甲、乙双方签字后生效，列入定额直接费。属于其他直接费中施工因素增加费范围内的，不允许办理现场签证。甲乙双方在合同中或协议中包干支付的，不能再办理现场签证，也不允许计取其他费用。

4. 换算、补充定额单价取定

投标报价时，施工单位对换算、补充定额自主报价，结算时由建设单位认可。

编制补充定额时，应分建筑分册补充定额（简称建补）和装饰分册补充定额（简称装补），并分别执行各自的费用标准和预（结）算程序。

5. 措施项目费、间接费、其他项目费调整等

以国家和地方的定额权威部门发布的规定为准则进行调整。

3.4 企业定额的应用

企业定额是施工企业完成工程实体消耗的各种人工、材料、机械和其他费用的标准，消耗量体现在定额消耗水平上，而价则反映在实现工程报价的过程中。依据企业定额报价，能够较为准确地体现施工企业的实际管理水平和施工水平。企业定额对加强成本管理、挖掘企业降低成本潜力、提高经济效益具有重大意义。

3.4.1 企业定额在成本控制中的应用

1. 施工项目成本控制的意义和目的

施工项目的成本控制，通常是指在项目成本的形成过程中，对生产经营所消耗的人力资源、物质资源和费用开支，进行指导、监督、调节和限制，及时纠正将要发生和已经发生的偏差，把各项生产费用控制在计划成本的范围之内，以保证成本目标的实现。

施工项目成本控制的目的，在于降低项目成本，增加工程预算收入，提高经济效益。

2. 施工项目成本控制的对象和内容

（1）以施工项目成本形成的过程作为控制对象　根据对项目成本实行全面、全过程控制的要求，具体的控制内容包括：

1）在工程投标阶段，应根据工程概况、招标文件、企业定额进行项目成本的预测，提出投标决策意见。

2）在施工准备阶段，应结合设计图的自审、会审和其他资料（如地质勘探资料等），编制实施性施工组织设计，通过多方案的技术经济比较，从中选择经济合理、先进可行的施工方案，编制明细而具体的成本计划，对项目成本进行事前控制。

3）在施工阶段，以施工图预算、施工预算、劳动定额、材料消耗定额和费用开支标准等，对实际发生的成本费用进行控制。

4）在竣工交付使用及保修期阶段，应对竣工验收过程发生的费用和保修费用进行控制。

（2）以分部分项工程作为项目成本的控制对象　为了把成本控制工作做得扎实、细致，落到实处，还应以分部分项工程作为项目成本的控制对象。在正常情况下，项目应该根据分部分项工程的实物量，按照施工定额，结合项目管理的技术素质、业务素质和技术组织措施的节约计划，编制包括工、料、机消耗数量、单价、金额在内的施工预算，作为对分部分项工程成本进行控制的依据。工程施工预算的格式见表3-12。

3. 施工项目成本控制的实施

（1）施工前期的成本控制

1）工程投标阶段。企业根据工程概况、招标文件以及企业定额，结合建筑市场和竞争对手的情况，进行成本预测，提出投标决策意见；中标以后，根据项目的建设规模，组建与之相适应的项目经理部，同时以标书为依据确定项目的成本目标，并下达给项目经理部。

2）施工准备阶段。根据设计图和有关技术资料，制订出科学先进、经济合理的施工方案；根据企业下达的成本目标，编制明细而具体的成本计划，作为部门、施工队和班组的责任成本落实下去，为今后的成本控制做好准备。

3）间接费用预算的编制及落实。根据项目建设时间的长短和参加建设人数的多少，编制间接费用预算，并对上述预算进行明细分解，以项目经理部有关部门（或业务人员）责任成本的形式落实下去，为今后的成本控制和绩效考核提供依据。

（2）施工期间的成本控制

1）加强施工任务单和限额领料单的管理（施工任务单的格式见表3-13，限额领料单的格式见表3-14）。

2）将施工任务单和限额领料单的结算资料与施工预算进行核对，计算分部分项工程的成本差异，分析差异产生的原因，并采取有效的纠偏措施。

3）做好月度成本原始资料的收集和整理，正确计算月度成本，分析月度预算成本与实际成本的差异，并采取措施加以纠正。

4）在月度成本核算的基础上，实行责任成本核算。

表 3-12　分部分项工程施工预算

工程名称＿＿＿＿＿＿　施工面积＿＿＿＿＿＿m²　工程造价＿＿＿＿＿＿元　开工日期＿＿＿＿＿年＿＿月＿＿日　工程地点＿＿＿＿＿＿

分项工程编号	分项工程工序名称	工程量													
		单位	定额数量 金额	名称 规格 单位 单价											
				定额	数量	金额	定额	数量	金额	定额	数量	金额	定额	数量	金额
		本页小计													

表 3-13 施工任务单

项目名称　　　　　　　　　　　　编号　　　　　　　　　　　　开工日期
部位名称　　　　　　　　　　　　签发人　　　　　　　　　　　交底日期
施工班组　　　　　　　　　　　　签发日期　　　　　　　　　　回收日

定额编号	分项工程名称	单位	工程量	定额工数			实际完成情况			考勤记录		
				时间定额	定额系数	定额工数	工程量	实需工数	实耗工数	工效(%)	姓名	日期
小计												

材料名称	单位	定额数量	实需数量	实耗数量	施工要求及注意事项
					验收内容
					质量分
					安全分
					文明施工分
					签证人

计划施工日期　　　　年　　月　　日——　　年　　月　　日　　　拖天
实际施工日期　　　　年　　月　　日——　　年　　月　　日　　　工期超天

表 3-14A　限额领料单

___年___月___日

单位工程		施工预算工程量			任务单编号						
分项工程		实际工程量			执行班组						
材料名称	规格	单位	施工定额	计划用量	实际用量	计划单价	金额	级配	节约	超用	

表 3-14B　限额领料发放记录

月/日	名称、规格	单位	数量	领用人	月/日	名称、规格	单位	数量	领用人	月/日	名称、规格	单位	数量	领用人

5) 定期检查各责任部门和责任者的成本控制情况，检查成本控制责、权、利的落实情况（一般为每月一次）。

(3) 竣工验收阶段的成本控制

1) 精心安排，干净利落地完成工程竣工扫尾工作。

2) 重视竣工验收工作，顺利交付使用。在验收以前，要准备好验收所需要的各种书面资料（包括竣工图）送甲方备查；对验收中甲方提出的意见，应依据设计要求和合同内容认真处理。

3) 及时办理工程结算。一般来说：工程结算造价＝原施工图预算±增减账。但在施工过程中，有些按实结算的经济业务，是由财务部门直接支付的，项目造价员不掌握资料，往往在工程结算时遗漏。因此，在办理工程结算以前，要求项目造价员和成本员进行一次认真全面的核对。

4) 在工程保修期间，应由项目经理指定保修工作的责任者，并责令保修责任者根据实际情况提出保修计划，以此作为控制保修费用的依据。

4. 企业成本控制方法

(1) 以施工图预算控制成本支出　在施工项目的成本控制中，可按施工图预算，实行以收定支，或者称为量入为出，具体处理方法如下：

1）人工费的控制。项目经理部与施工队签订劳务合同时，人工单价应定在企业人工预算单价以下，其余部分考虑用于定额外人工费和关键工序的奖励费。如此安排，人工费就不会超支，而且还留有余地，以备关键工序的不时之需。

2）材料费的控制。材料进场过程中，应改进材料采购、运输、保管等方面的工作，减少各个环节的损耗，节约采购费用，合理堆置现场材料，避免和减少二次搬运，使材料进场价格降到最低，达到节约成本的目的。至于材料消耗量的控制，则应通过限额领料单去落实。

3）钢管脚手架、钢模板等周转材料使用费的控制。施工图预算中的周转材料使用费=耗用数×市场价格。而实际发生的周转材料使用费=使用数×企业内部的租赁单价或摊销率。由于两者的计量基础和计价方法不同，只能以周转材料预算收费的总量来控制实际发生的周转材料使用费的总量。

4）施工机械使用费的控制。施工图预算中的机械使用费=工程量×定额台班单价。由于项目施工的特殊性，实际的机械利用率不可能达到预算定额的取定水平，再加上预算定额所设定的施工机械原值和折旧率又有较大的滞后性，因而使施工图预算的机械使用费往往小于实际发生的机械使用费，形成机械使用费超支。

由于上述原因，有些施工项目在取得甲方的谅解后，在工程合同中明确规定一定数额的机械费补贴，在这种情况下，就可以用施工图预算的机械使用费和增加的机械费补贴来控制机械使用费支出。

5）构件加工费和分包工程费的控制。在市场经济体制下，金属门窗、木制成品、混凝土构件、金属构件和成型钢筋的加工，以及打桩、土方、吊装、安装、装饰和其他专项工程（如屋面防水等）的分包，都要通过经济合同来明确双方的权利和义务。在签订这些经济合同时，特别要坚持以施工图预算控制合同金额的原则，绝不允许合同金额超过施工图预算。根据部分工程的历史资料综合测算，上述各种合同金额的总和约占全部工程造价的55%~70%。由此可见，要将构件加工和分包工程的合同金额控制在施工图预算以内，才能实现预期的成本目标。

（2）以施工预算控制人力资源和物质资源的消耗

1）项目开工以前，应根据设计图计算工程量，并按照企业定额或上级统一规定的施工定额编制整个工程项目的施工预算，作为指导和管理施工的依据。如果是边设计边施工的项目，则编制分阶段的施工预算。

在施工过程中，如遇工程变更或改变施工方法，应由造价人员对施工预算做统一调整和补充，其他人不得任意修改施工预算，或故意不执行施工预算。

施工预算对分部分项工程的划分，原则上应与施工工序相吻合，或直接使用施工作业计划的"分项工程工序名称"，以便与生产班组的任务安排和施工任务单的签发取得一致。

2）对生产班组的任务安排，必须签发施工任务单和限额领料单，并向生产班组进行技术交底。施工任务单和限额领料单的内容，应与施工预算完全相符，不允许篡改施工预算，也不允许有定额不用而另行估工。

3）在施工任务单和限额领料单的执行过程中，要求生产班组根据实际完成的工程量和实耗人工、实耗材料做好原始记录，作为施工任务单和限额领料单结算的依据。

4）任务完成后，根据回收的施工任务单和限额领料单进行结算，并按照结算内容支付报酬（包括奖金）。

为了保证施工任务单和限额领料单结算的正确性，要求对施工任务单和限额领料单的执行情况进行认真的验收和核查。

为了便于任务完成后进行施工任务单和限额领料单与施工预算的逐项对比，要求在编制施工预算时对每一个分项工程工序名称统一编号，在签发施工任务单和限额领料单时也要按照施工预算的统一编号对每一个分项工程工序名称进行编号，以便对号检索对比，分析节超。由于施工任务单和限额领料单的数量比较多，对比分析的工作量也很大，可以应用计算机来代替人工操作（对分项工程工序名称统一编号，可为应用计算机创造条件）。分部分项工程实际消耗与施工预算对比表的格式见表3-15。

表 3-15 分部分项工程实际消耗与施工预算对比表

分项工程编号	分项工程工序名称	单位	名称	工程量	人工	水泥	水泥	水泥	黄砂	
			规格			32.5级	42.5级	52.5级		
			单位		工日	t	t	t	t	
			预算							
			实际							
			节超							
			预算							
			实际							
			节超							
			预算							
			实际							
			节超							

（3）建立资源消耗台账，实行资源消耗的中间控制　资源消耗台账，属于成本核算的辅助记录，这里仅以材料消耗台账为例，说明资源消耗台账在成本控制中的应用。

1）材料消耗台账的格式和举例见表3-16。

表 3-16 材料消耗台账

时间		摘要	水泥 32.5级 /t	水泥 42.5级 /t	水泥 52.5级 /t	黄砂 /t	碎石 5~25mm /t	碎石 5~40mm /t	标准砖 甲级 /千块
年	月								
		施工图预算	280	500	150	1400	300	1500	235.5
		施工预算	270	480	130	1350	290	1400	220.0
2016	8	本月耗用	30	50		120		220	—
2016	9	本月耗用	15	60		110		250	3.2
		本月累计	45	110		230		470	3.2
2016	10	本月耗用	10	50	40	150	60	220	20.5
		本月累计	55	160	40	380	60	690	23.7

从材料消耗台账的账面数字看：第一、第二两项分别为施工图预算数和施工预算数，也是整个项目用料的控制依据；第三项为第一个月的材料消耗数；第四、第五两项为第二个月的材料消耗数和到第二个月为止的累计耗用数；第五项以下，以此类推，直至项目竣工为止。

2）材料消耗情况的信息反馈。项目财务成本员应于每月初根据材料消耗台账的记录，填制材料消耗情况信息表，向项目经理和材料部门反馈。材料消耗情况信息表的格式见表3-17。

表 3-17　材料消耗情况信息表

2016 年 10 月

材料名称	规格	单位	施工图预算数	施工预算数	本月耗用数	累计耗用量	尚可使用数	备注
水泥	32.5级	t	280	270	10	55	215	
水泥	42.5级	t	500	480	50	160	320	
水泥	52.5级	t	150	140	40	40	100	
黄砂		t	1400	1350	150	380	970	
碎石	5~25mm	t	300	290	60	60	240	
碎石	5~40mm	t	1500	1400	220	690	810	
⋮	⋮	⋮	⋮	⋮	⋮	⋮	⋮	
标准砖	甲级	千块	235.5	220.0	20.5	23.7	211.8	

注：尚可使用数=施工预算数−累计耗用数。

3）材料消耗的中间控制。按照以上要求，项目经理和材料部门收到"材料消耗情况信息表"后，应该做好以下两件事：

① 根据本月材料消耗数和本月实际完成的工程量，分析材料消耗水平和节超原因，制定材料节约使用的措施，分别落实到有关人员和生产班组。

② 根据尚可使用数和项目施工的形象进度，从总量上控制今后的材料消耗，而且要保证有所节约。这是降低材料成本的重要环节，也是实现施工项目成本目标的关键。

3.4.2　企业定额在计划管理中的应用

1. 企业定额是编制施工组织设计和施工作业计划的依据

（1）施工组织设计　施工组织设计是指导拟建工程进行施工准备和施工生产的技术经济文件，其基本任务是根据招标文件及合同协议的规定，确定经济合理的施工方案，在人力和物力、时间和空间、技术和组织上对拟建工程做出最佳安排。

各类施工组织设计的编制在三部分内容要用到定额，即所建工程的资源需要量、使用这些资源的最佳时间安排和施工现场平面规划。确定所建工程的资源需要量，要依据现行的企业定额；施工中实物工程量的计算，要以企业定额的分项和计量单位为依据；排列施工进度计划也要根据企业定额对施工力量（劳动力和施工机械）进行计算。施工组织设计的编制只有以企业定额为依据，才能保证其编制的科学性和计划的合理性。

（2）施工作业计划　施工作业计划是根据企业的施工计划、拟建工程施工组织设计和现场实际情况编制的，它是以实现企业施工计划为目的的具体执行计划，也是队、组进行施工的依据。

施工作业计划一般包括三部分内容，即本月（旬）应完成的施工任务、完成施工计划任务的资源需要量、提高劳动生产率和节约措施计划。编制施工作业计划要用企业施工定额进行劳动力、施工机械和运输力量的平衡，材料构件等分期需用量和供应时间及施工进度安排。所以编制施工作业计划要用企业定额提供的数据作为依据。

2. 企业定额是组织和指挥施工生产的有效工具

项目队在组织和指挥施工班组进行施工时，是按照作业计划通过下达施工任务单和限额领料单来实现的。

施工任务单中列明应完成的施工任务，也记录班组实际完成任务的情况，并且进行班组工人的工资结算。施工任务单上的工程计量单位、产量定额和计件单位，均需取自企业的劳动定额，工资结算也要根据劳动定额的完成情况计算。

限额领料单是施工队随施工任务单同时签发的领取材料的凭证，根据施工任务和材料定额填写。其中，领料的数量是班组为完成规定的工程任务消耗材料的最高限额。

3.4.3　企业定额在投标报价中的应用

在传统定额计价方式下，施工企业根据国家或地方颁布的统一消耗量定额、计算规则、计算依据，计算出定额直接工程费、各种相关费用以及利润和税金，最后形成建筑产品的造价。在这种模式下，招标人编制标底与投标人编制报价都是按相同定额、相同施工图、相同技术经济规程进行计算与套价，不能真正体现投标单位的施工、技术、管理水平。

市场经济条件下，企业定额被赋予了新的含义，它是参与市场竞争、自主报价的依据。企业内部人员素质、企业的经营管理水平、技术生产力水平、劳动生产率水平、机械化施工水平等方面均集中反映在企业定额里。因此，在市场经济条件下，建筑施工企业对企业定额应有新的认识和足够的重视。必须要测定、分析、研究、积累，编制一套适应本企业管理水平的企业定额。在现行清单计价模式下，所有的投标人均在清单所列的统一工程量的基础上，结合工程具体情况和企业实力，依据自己的企业定额，充分考虑各种市场风险因素，自主进行报价，最终以不低于成本价的合理低价中标。

在我国现行的招投标方式下，如果一个企业的定额水平高，它的报价就具有较强的竞争力，在竞争中就占有较大的优势，相反，如果一个企业的定额水平低，它的报价就缺乏竞争力，在竞争中取胜的机会就少。企业定额是企业走向市场参与竞争，进行投标报价的主要依据，与国家颁布的概预算定额相比，具有更大的灵活性和动态管理的特征。

企业定额是企业内部承包和班组核算的依据，是内部工程结算的统一尺度。

本章小结及关键概念

本章小结：企业定额是指企业根据自身的技术水平和管理水平，编制的完成单位合格产品所必须消耗的人工、材料和施工机械台班等的数量标准。企业定额反映企业的施工生产与生产消费之间的数量关系，是施工企业生产力水平的体现。企业定额的建立和运用可以提高企业管理水平，是企业科学地进行经营决策的依据。企业定额的水平一般应高于国家现行定额，才能满足生产技术发展、企业管理和市场竞争的需要。

施工定额是以同一性质的施工过程或工序为测算对象,确定建筑安装工人在正常的施工条件下,为完成某种单位合格产品的人工、材料和机械台班消耗的数量标准。施工定额由劳动定额、材料消耗定额、机械台班消耗定额组成,是最基本的定额。施工定额是企业定额的一种。

企业计价定额是施工企业确定生产建筑产品价格的依据,也是施工企业确定生产建筑工程某一计量单位的分部分项工程或构件的人工、材料和机械台班费用的标准。

企业定额是企业成本管理与控制的基础,是计划管理和投标报价及内部承包的依据。

关键概念:企业定额、施工定额、人工消耗定额、材料消耗定额、机械台班消耗定额、建筑安装工程费用、成本控制、施工组织设计。

习 题

1. 企业定额反映企业的施工生产与生产消费之间的_____,是施工企业_____的体现。
2. 企业定额的编制原则是:平均先进性原则、_____原则、_____原则、_____原则、_____原则、保密原则。
3. 建筑安装工程费由_____、_____、_____和_____构成。
4. 简述企业定额的种类、编制原则、依据和步骤。
5. 简述施工定额的内容和作用。
6. 如何确定施工定额中的人工、材料、机械台班消耗数量?
7. 生产预制钢筋混凝土平板(定额计算单位为$10m^3$)时,每$10m^3$混凝土平板对应的不同品种模板的接触面积,木模板为$43m^2$,地模为$152m^2$,地模面积利用系数按0.5计算,每$10m^2$接触面积需木材量为$0.84m^3$,木模周转次数按40次计算。试计算生产$10m^3$预制钢筋混凝土平板的木模一次使用量、摊销量及地模摊销费(地模每$1m^2$为0.80元)。
8. 设有一台3~8t塔式起重机,吊装某混凝土构件,由1名司机、10名起重工、3名电焊工和2名其他工的综合小组共同完成。已知机械台班产量定额为$50m^3$/台班,试求吊装$10m^3$(定额计量单位)该混凝土构件的人工时间定额。
9. 企业成本控制的主要方法有哪些?

二维码形式客观题

微信扫描二维码,可在线做题,提交后可查看答案。

第 4 章
消耗量定额和单位估价表的编制

学习要点

本章介绍了建筑工程消耗量定额和单位估价表的概念、内容，编制原则、步骤以及应用，人工消耗指标的概念、作用以及制定原则和方法，材料消耗指标与机械台班消耗指标的编制原则和确定方法。通过本章的学习，应了解建筑工程消耗量定额和单位估价表的概念、内容，人工消耗指标的概念和作用；掌握人工消耗指标的制定原则、步骤及方法，材料消耗指标与机械台班消耗指标的编制原则、确定方法以及它们之间的区别与联系；重点掌握消耗量定额的编制方法。

学习导读

小明："小刚，咱们上一章学习的企业定额和施工定额，感觉只能用在企业内部，对吧？"

小刚："主要用在企业内部，也用于投标报价呀！咱们从这节课开始，要学习消耗量定额和单位估价表了，它们是用于社会生产平均消耗、建筑产品交易计价和造价控制的标准。"

小明："哦，看来这章的内容非常重要啊！"

4.1 概述

4.1.1 消耗量定额概述

1. 消耗量定额的概念

消耗量定额又称基础定额，是由建设行政主管部门根据合理的施工组织和正常施工条件制定的，生产一定计量单位合格工程产品所需人工、材料、机械台班的社会平均消耗量标准。它是国家或地区编制和颁发的一种基础性和指导性指标，是确定单位分项工程单价的基础。如住房和城乡建设部组织制定的《房屋建筑与装饰工程消耗量定额》（TY 01-31-2015）、《通用安装工程消耗量定额》（TY 02-31-2015）、《市政工程消耗量定额》（ZY A1-31-2015）。

2. 消耗量定额的特点

1) 消耗量定额是编制概预算定额和单位估价表的依据。全国消耗量定额是编制全国统一、专业统一、地区统一、通用的概预算定额、投资估算指标的基础，适用于全国范围，是统一全国定额项目划分、计量单位、工程量计算规则的国家定额。

2) 消耗量定额只反映完成规定计量单位的合格分项工程所需人工、材料、机械台班的消耗量，不直接反映货币数量。由于不同地区的经济条件差别很大，无法统一价格，因此在应用全国消耗量定额时，需要结合当地的人工、材料、机械的价格具体计算费用。

3) 消耗量定额的换算范围更为扩大。与常用的预算定额相比，换算范围更大。应用消耗量定额时要注意到这一点，能换算的要进行换算，这样才能准确地套用定额项目。

3. 消耗量定额与预算定额的区别

计划经济体制下，我国通用的是"量价合一"的预算定额，其中既规定了工、料、机的定额实物消耗量标准，又规定了定额直接费单价。然而随着市场经济的建立，价格放开后，量价之间的矛盾日趋尖锐。因为实物消耗量标准相对稳定，而直接费单价经常变动，于是实行了"量价分离"的改革方案。消耗量定额就是把预算定额进行量价分离的产物。预算定额与消耗量定额的区别主要有：

1) 两种定额产生的时代不同。前者是计划经济的产物，后者是市场经济的产物。

2) 两种定额对价格的控制方式不同。前者采用"量价合一"，后者采用"量价分离"。预算定额是"控制量、控制价"，而消耗量定额是"控制量、指导价、竞争费"。

3) 所适应的经济管理方式不同。前者是指令性的、静态的、计划的管理，不能适合市场经济的发展需要；后者则在一定程度上是指导性、灵活机动、可变的，是一定程度上的动态管理。

4) 从"施工企业造价自主权"这个角度讲，两个定额所给的企业自主造价权限不同。前者对施工企业来讲自主权是0，而后者对施工企业来讲则有5%~15%的自主权。

4.1.2 消耗量定额的内容和表现形式

1. 消耗量定额的内容

（1）建筑工程消耗量定额的组成　建筑工程消耗量定额一般按照工程种类不同，如土方工程、砌筑工程等，以分部工程分章编制。《房屋建筑与装饰工程消耗量定额》（TY 01-31-2015）由总说明、17章定额内容组成，见表4-1。

表4-1　房屋建筑与装饰工程消耗量定额章、节、项目一览表

章号	各章名称	节	项	详细构成
1	土、石方工程	3	34	土方工程17项；石方工程12项；回填及其他5项
2	地基处理与基坑支护工程	2	32	地基处理19项；基坑与边坡支护13项
3	桩基工程	2	29	打桩13项；灌注桩16项
4	砌筑工程	5	26	砖砌体10项；砌块砌体4项；轻质隔墙1项；石砌体7项；垫层4项
5	混凝土及钢筋混凝土工程	4	112	混凝土28项；钢筋22项；模板37项；混凝土构件运输与安装25项

(续)

章号	各章名称	节	项	详细构成
6	金属结构工程	4	32	金属结构制作14项;金属结构运输1项;金属结构安装10项;金属结构楼(墙)面板及其他7项
7	木结构工程	3	11	木屋架3项;木构件4项;屋面木基层4项
8	门窗工程	10	39	木门2项;金属门4项;金属卷帘(闸)2项;厂库房大门及特种门8项;其他门2项;金属窗7项;门钢架及门窗套5项;窗台板1项;窗帘盒、轨2项;门五金6项
9	屋面及防水工程	2	43	屋面工程9项;防水及其他34项
10	防腐、保温、隔热工程	3	100	保温、隔热36项;防腐面层44项;其他防腐20项
11	楼地面装饰工程	10	29	找平层及整体面层5项;块料面层7项;橡塑面层1项;其他材料面层4项;踢脚线2项;楼梯面层3项;台阶装饰2项;零星装饰项目2项;分格嵌条、防滑条2项;酸洗打蜡1项
12	墙、柱面装饰与隔断、幕墙工程	10	68	墙面抹灰8项;柱(梁)面抹灰2项;零星抹灰2项;墙面块料面层14项;柱(梁)面镶贴块料7项;镶贴零星块料6项;墙饰面14项;柱(梁)饰面9项;幕墙工程2项;隔断4项
13	天棚工程	3	73	天棚抹灰2项;天棚吊顶68项;天棚及其他装饰3项
14	油漆、涂料、裱糊工程	7	85	木门油漆8项;木扶手及其他板条、线条油漆19项;其他木材油漆13项;金属面油漆20项;抹灰面油漆8项;喷刷涂料14项;裱糊3项
15	其他装饰工程	9	63	
16	拆迁工程	16	27	
17	措施项目	5	41	
	合　　计	98	844	

整个消耗量定额手册由总说明、各章定额(含章说明、工程量计算规则、定额项目表)和有关附录等组成。定额的每一章又按产品技术规格不同、施工对象不同、施工方案不同等分为若干节,每节又由若干定额项目组成。而建筑面积计算规则单列成册。

1) 总说明。总说明主要明确了消耗量定额的适用范围、编制依据,人工、材料、机械台班消耗量的确定及消耗量定额的作用等。

2) 各章定额。《房屋建筑与装饰工程消耗量定额》(TY 01-31-2015)共分17章,见表4-1。每章一般由本章说明、工程量计算规则、定额项目表等组成。

① 本章说明。主要明确本章所包含的各分项工程内容以及使用本章定额的有关规定等。

② 工程量计算规则。规定了本章中各定额项目工程数量的计量单位、计算界限和计算方法。

③ 定额项目表。主要由项目内容、工作内容、计量单位、人工(分技工、普工)消耗指标、材料消耗指标、施工机械台班消耗指标等组成。参见表4-2混水砖墙的项目表。

3) 定额附录。包括:各种混凝土、砂浆配合比表。各种配合比表是确定定额消耗量的基础,当实际工程与定额不同时,可据此进行换算。

第4章 消耗量定额和单位估价表的编制

表 4-2 《房屋建筑与装饰工程消耗量定额》混水砖墙的项目表

工作内容：调、运、铺砂浆，运砖、砌砖、安放木砖、垫块。

计量单位：10m³

定额编号				4-7	4-8	4-9	4-10	4-11	4-12
项目				混水砖墙					
				1/4砖	1/2砖	3/4砖	1砖	1砖半	2砖及2砖以上
名称			单位	消耗量					
人工	合计工日		工日	24.332	15.425	14.846	11.251	10.825	10.218
	其中	普工	工日	6.979	4.098	3.876	2.756	2.595	2.399
		一般技工	工日	14.874	9.708	9.403	7.281	7.054	6.702
		高级技工	工日	2.479	1.619	1.567	1.214	1.176	1.117
材料	烧结煤矸石普通砖 240mm×115mm×53mm		千块	6.100	5.585	5.456	5.337	5.290	5.254
	干混砌筑砂浆 DM M10		m³	1.199	1.987	2.163	2.313	2.440	2.491
	水		m³	1.123	1.130	1.100	1.060	1.070	1.060
	其他材料费		%	0.180	0.180	0.180	0.180	0.180	0.180
	干混砂浆罐式搅拌机		台班	0.120	0.198	0.217	0.228	0.244	0.249

（2）消耗量定额的作用

1) 消耗量定额是编制施工图预算，确定和控制工程造价的主要依据。
2) 消耗量定额是对设计方案和施工方案进行技术经济比较和技术经济分析的依据。
3) 消耗量定额是编制招标控制价、投标报价的重要依据。
4) 消耗量定额是建设单位和银行拨付建设资金、工程进度款和编制竣工结算的依据。
5) 消耗量定额是施工企业进行经济活动分析的依据，编制施工定额的控制依据。
6) 消耗量定额是编制概算定额和概算指标的基础。

2. 消耗量定额的价格表现形式

建筑工程消耗量定额在各地区的价格表现形式是单位估价表。

单位估价表又称为地区基价表或价目表，是根据全国统一定额或地区消耗量定额中的人工工日、材料耗用（或摊销）量、施工机械台班的消耗数量，结合本地区的人工单价、材料价格和施工机械台班价格，计算出完成单位分项工程或结构构件的合格产品的单位价格。

单位估价表地区性强，也称为"地区单位估价表"。某省单位估价表见表 4-3。不同地区分别使用各自的单位估价表，不能互通互用。

表 4-3 某省单位估价表

定额号	项目名称	单位	基价/元	其中/元		
				人工费	材料费	机械费
3-1	砖基础	10m³	2036.50	495.18	1513.46	27.86
3-2	混水砖墙 1/2砖	10m³	2382.93	845.88	1514.01	23.04
3-3	混水砖墙 3/4砖	10m³	2353.03	824.88	1502.98	25.17
3-4	混水砖墙 1砖	10m³	2328.59	675.36	1626.65	26.58

3. 消耗量定额与施工定额的关系

（1）相互联系　消耗量定额一般以施工定额为基础进行编制；施工定额编制时往往以消耗量定额作为控制的参考依据。

（2）不同点

1）编制目的和作用不同。消耗量定额由政府部门颁布，目的是使全国或地区的工程建设有一个统一的计价核算尺度，用以比较、考核各地区各部门工程建设经济效果和施工管理水平，具有指导性，可以指导编制施工定额。施工定额是施工企业内部管理的依据，直接用于施工管理，是编制施工组织设计、施工作业计划及劳动力、材料、机械台班使用计划的依据，是编制单位工程施工预算、加强企业成本管理和经济核算的依据，是编制消耗量定额的基础。

2）定额水平不同。施工定额的编制目的在于提高施工企业的管理水平，进而推动社会生产力向更高水平发展，因而编制时应以企业内部的平均先进水平为标准。消耗量定额是确定和控制某一地区建筑安装工程造价的基本依据，体现的是地区平均水平。

3）项目划分的粗细程度不同。施工定额的编制主要以工序或工作过程为研究对象，所以定额项目划分详细，定额工作内容具体；消耗量定额按照工程施工的实际组成编制，项目划分比施工定额更加综合。

4）内容组成不同。施工定额的内容主要是施工工序和施工过程，项目内容详细；消耗量定额的项目按照工程施工的实际组成编制，材料、机械的项目齐全。

4.1.3　消耗量定额的编制原则和步骤

1. 消耗量定额的编制原则

（1）社会平均水平的原则　在正常施工条件下，以平均的劳动强度、平均的技术熟练程度，在平均的技术装备条件下，完成单位合格产品所需的消耗量水平。这种以社会必要劳动时间来确定的定额水平，就是通常所说的平均水平。

（2）简明适用的原则　定额的结构合理，步距大小适当，文字通俗易懂，计算方法简便，易于掌握运用，且适应性广，能在较大范围内满足不同情况、不同用途的需要。

（3）技术先进、经济合理的原则　技术先进是指定额项目的确定、施工方法和材料的选择等，能够正确反映建筑技术水平，尽量采用已成熟并得到普遍推广的新技术、新材料、新工艺，以促进生产效率的提高和建筑技术的发展。

经济合理是指纳入定额的材料规格、质量、数量，劳动效率和施工机械的配备等，既要遵循国家和地方主管部门的统一规定，又要考虑是在正常条件下大多数企业都能够达到和超过的平均水平。

（4）专家编审责任制原则　定额编制要以经验丰富、技术与管理知识全面、有一定政策水平的专家为主。

2. 消耗量定额的编制依据

1）现行的劳动定额、材料消耗定额、机械台班定额和施工定额。

2）现行的设计规范、施工验收规范、质量评定标准和安全操作规程。

3）常用的标准图和已选定的典型工程施工图。

4）成熟推广的新技术、新结构、新材料、新工艺。

5）施工现场的测定资料、试验资料和统计资料。

6）过去颁布的消耗量定额及有关消耗量定额编制的基础资料。

3. 消耗量定额的编制步骤

编制工作有以下三个阶段，即准备工作、定额编制、修改定稿和报批阶段。但各阶段工作互有交叉，有些工作还有多次反复，如图4-1所示。

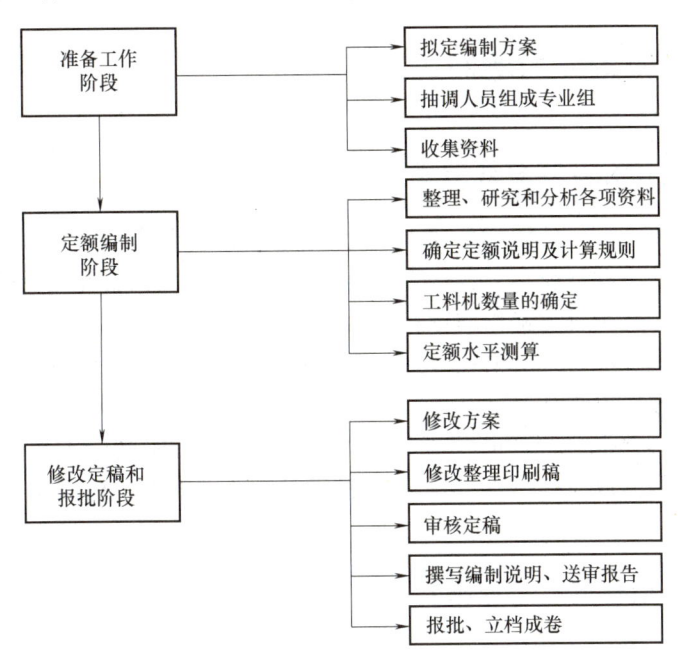

图4-1 消耗量定额编制程序

（1）准备工作阶段　准备工作阶段包括拟订编制方案（如编制要求、编制原则、适用范围、项目划分、表格形式等）；抽调人员并划分编制小组（如土建定额组、设备定额组、混凝土及木构件组、混凝土及砌筑砂浆配合比测算组）；调查研究、收集各种编制依据和资料等。

（2）定额编制阶段

1）拟定编制细则。

① 统一编制表格及编制方法。

② 统一计算口径、计量单位和小数点位数的要求。

③ 有关统一性的规定：名称统一、用字统一、专业用语统一、符号代码统一、简化字要规范化、文字要简练明确。

2）确定定额的项目划分和工程量计算规则。

3）定额人工、材料、机械台班耗用量的计算、复核和测算。

4）定额水平测算。在新定额编制成稿后，必须与原定额进行对比测算，分析水平升降原因。测算方法如下：

① 按工程类别比重测算。首先在定额执行范围内，选择有代表性的各类工程，分别以新旧定额对比测算，并按测算的年限，以工程所占比例加权，以考查宏观影响。

② 单项工程比较测算法。以典型工程分别用新旧定额对比测算，以考察定额水平的升

降及其原因。

（3）修改订稿和报批阶段　初稿完成以后，需要组织征求各有关方面的意见，通过分析研究反馈意见，在统一意见的基础上整理分类并制定修改方案。根据修改方案，将消耗量定额初稿按照定额的顺序进行修改，无误后形成报批稿，同时写出定额编制说明和送审报告，连同消耗量定额报批稿报送主管机关审批后颁发执行。

4.2　人工消耗指标的编制

4.2.1　人工消耗指标及其表现形式

人工消耗指标是指在正常的施工技术、合理的劳动组织和合理使用材料的条件下，完成单位合格产品所必须消耗的技工、普工工日数的标准。人工消耗指标是反映产品生产中活劳动消耗的数量标准，是消耗量定额的重要组成部分。

为了便于综合和核算，人工消耗指标一般用劳动消耗量表达，所以人工消耗指标的主要表现形式是时间定额，以工日计。

时间定额以工日/m^3、工日/m^2、工日/t 等为单位，完成不同的工作内容都具有相同的时间单位，便于计算完成某一分部（项）工程所需的总工日数、核算工资、编制施工进度计划和计算分项工期。

4.2.2　人工消耗指标的制定原则和方法

1. 人工消耗指标的制定原则

（1）平均合理的原则　平均合理的原则是指在定额制定区域现阶段社会正常的生产条件及社会平均劳动熟练程度和劳动强度下，确定人工消耗指标。

（2）劳动组织合理的原则　劳动组织合理的原则是指根据施工过程的技术复杂程度和工艺要求，合理地组织劳动力。

（3）保证质量的原则　保证质量的原则是指施工过程完成的产品要符合国家颁发的现行有关工种工程的质量验收规范。

（4）明确劳动手段与对象的原则　明确劳动手段与对象的原则是指不同的劳动手段（设备、工具）和劳动对象（材料、构件）有不同的生产率，因此必须规定设备、工具，明确材料与构件的规格、型号。

（5）简明适用的原则　简明适用的原则是指人工消耗指标的制定要便于使用，能在较大范围内满足不同情况、不同用途的需要，如计件工资计算、签发任务单、制订计划等。

2. 人工消耗指标的制定方法

消耗量定额的人工消耗指标中，人工类别应按照普工、一般技工、高级技工三个等级设置，一律以工日表示。内容包括基本用工、超运距用工、辅助用工以及人工幅度差等。人工消耗指标的确定可以有两种方法。

（1）以施工定额为基础确定　在施工定额的基础上，将消耗量定额标定对象所包含的若干个工作过程所对应的施工定额，按施工作业的逻辑关系进行综合，从而得到消耗量定额的人工消耗指标。

1)基本用工。基本用工是指完成一定计量单位的分项工程或结构构件的各项工作过程的施工任务必须消耗的技术工种的用工。它以综合取定的工程量和现行《全国建筑安装工程统一劳动定额》中的时间定额为基础并参考当地企业施工定额进行计算,缺项部分可参考地区现行定额及实际调查资料计算,包括:

① 完成定额计量单位的主要用工,由于该工时消耗所对应的工作均发生在分项工程的工序作业过程中,各工作过程的生产率受施工组织的影响大,其工时消耗的大小应根据具体的施工组织方案进行综合计算。

例如,实际工程中的砖基础随着墙身厚度不同人工消耗也不同,在编制消耗量定额时如果不区分厚度,统一按立方米砌体计算,则需要按统计的比例,加权平均得出综合的人工消耗。

② 按施工定额规定应增(减)计算的人工消耗量,例如在砖墙项目中,分项工程的工作内容包括了附墙烟囱孔、垃圾道、壁橱等零星组合部分的内容,其人工消耗量要相应增加附加人工消耗。

2)超运距用工。超运距用工是指消耗量定额取定的材料、成品、半成品等的运距超过劳动定额规定的运距而应增加的用工量。计算时,先求每种材料的超运距,然后在此基础上根据劳动定额计算超运距用工。计算公式如下:

$$超运距 = 消耗量定额规定的运距 - 劳动定额规定的运距 \tag{4-1}$$

$$超运距用工 = \sum(超运距材料数量 \times 时间定额) \tag{4-2}$$

3)辅助用工。辅助用工是指劳动定额中未包括的各种辅助工序用工,如材料加工等的用工。可根据材料加工数量和时间定额进行计算。计算公式如下:

$$辅助用工数量 = \sum(加工材料数量 \times 时间定额) \tag{4-3}$$

4)人工幅度差。人工幅度差是指在劳动定额中未包括,而在一般正常施工条件下不可避免的,但又无法计量的用工。一般包括以下几方面内容:

① 在正常施工条件下,土建各工种工程之间的工序衔接以及土建工程与水电安装工程之间的交叉配合所需停歇时间。

② 施工过程中,移动临时水电线路而造成的影响工人操作的时间。

③ 同一现场内单位工程之间因操作地点转移而影响工人操作的时间。

④ 工程质量检查及隐蔽工程验收而影响工人操作的时间。

⑤ 施工中不可避免的少量零星用工等。

确定消耗量定额用工量时,人工幅度差按基本用工、超运距用工、辅助用工之和的一定百分率计算。计算公式如下:

$$人工幅度差 = (基本用工 + 超运距用工 + 辅助用工) \times 人工幅度差系数 \tag{4-4}$$

国家现行规定人工幅度差系数为 10% ~ 15%。

当分别确定了为完成一定计量单位的分项工程的施工任务所必需的基本用工、辅助用工、超运距用工以及人工幅度差后,将这四项用工量相加即为该分项工程总的人工消耗量。计算公式如下:

$$消耗量定额人工消耗指标 = 基本用工 + 超运距用工 + 辅助用工 + 人工幅度差 \tag{4-5}$$

【例4-1】 以《房屋建筑与装饰工程消耗量定额》有梁板混凝土定额(5-30)为例,人工消耗指标计算如下:

【解】 本定额综合取定板厚在10cm以内者60%，板厚在15cm以内者为40%，每10m³混凝土按9m³石子计算。如果采用接水管冲洗，则按加工系数乘以0.52，混凝土养护按每10m³ 0.12个工日计算，混凝土损耗率1.5‰。材料超运距：混凝土100m，砂石50m，草袋子50m，按每100m² 0.2个工日计算。人工幅度差：现浇15%，预制10%。具体计算过程见表4-4。

表4-4 有梁板混凝土人工计算

项目名称	计算量	单位	劳动定额编号	时间定额	工日/10m³
捣制有梁板10cm内	6	m³	10-7-73（一）	0.840	5.040
捣制有梁板15cm内	4	m³	10-7-74	0.787	3.148
冲洗石子	9×1.015	m³	1-3-97×0.52	0.286×0.52	1.359
混凝土养护	1	10m³	取定	0.12	0.120
混凝土超运100m	10.15	m³	10-23-407（四）	0.091	0.924
砂、石超运50m	10.15	m³	10-23-406（一）（二）	0.074	0.751
草袋子运输50m	0.1099	100m²	取定	0.200	0.022
小　　计					11.364
定额工日			（人工幅度差15%）11.364×1.15		13.069

（2）以现场观察测定资料为基础计算　当遇到施工定额缺项时，应首先采用这种方法。即通过对施工作业过程进行观察，测定作业地区的数据，并在此基础上编制施工定额，从而确定相应的人工消耗量标准。

【例4-2】 《全国统一建筑工程基础定额》现浇构件钢筋定额（5-297）人工计算。ϕ10外施工损耗加搭接计4.5%，即钢筋耗用量1.045t。ϕ10外钢筋接头按搭接焊60%、对焊30%、绑扎10%，综合换算后为电焊0.648工日/t，对焊0.255工日/t，绑扎3.39工日/t。用于浇筑混凝土时护理及纠正钢筋布置的看钢筋工，综合取定为0.51工日/t。

【解】 定额人工耗用量计算见表4-5。

表4-5 现浇构件ϕ10外钢筋人工计算

项目名称	计算量	单位	劳动定额编号	时间定额	系　数	工日/t
钢筋平直用工	1.045	t	取定	0.143	1.33	0.199
钢筋切断工	1.045	t	表10.1.10	0.262	1.33	0.364
钢筋弯曲工	1.045	t	表10.1.10	0.539	1.33	0.749
钢筋绑扎工	1.045	t	表10.1.11	3.39		3.543
钢筋电焊工	1.045	t	表10.1.12	0.648		0.677
钢筋对焊工	1.045	t	表10.1.12	0.255		0.266
看钢筋工	1		取定	0.51		0.510
钢筋除锈工	1.045		取定	2.089	0.75	1.637
取料-加工 50m	1.045	t	1-2-65（二）	0.161		0.168
制作-堆放 50m	1.045	t	1-2-66（二）	0.221		0.231
堆放-安装 100m	1.045	t	1-2-67（四）	0.315		0.329
小　　计						8.673
定额工日			（人工幅度差10%）8.673×1.1			9.540

4.3 材料消耗指标的确定

4.3.1 材料消耗指标概述

1. 材料消耗指标的作用

在建筑安装工程成本中,材料费占70%左右。正确确定材料消耗指标,对于合理使用材料、减少浪费、降低工程成本,以及保证正常施工等具有十分重要的意义。

材料消耗指标是施工企业组织施工、加强经济核算的重要依据,它的作用主要如下:

1)材料消耗指标是施工企业确定工程材料需要量和储备量的依据。

2)材料消耗指标是施工企业编制材料需要量计划的基础。

3)材料消耗指标是施工项目经理部对工人班组签发限额领料单、考核和分析材料利用情况的依据。

4)材料消耗指标是实行材料核算,推行经济责任制,促进材料合理使用的重要手段。

2. 施工定额与消耗量定额中材料消耗指标的差异

消耗量定额材料消耗指标的确定方法与施工定额相应内容基本相同,但由于消耗量定额中分项子目内容已经在施工定额基础上做了某些综合,有些工程量计算规则也做了调整,因此,材料消耗指标也有了变化。二者的差异主要有以下几个方面:

1)施工定额中材料消耗量指标反映的是平均先进水平,消耗量定额中材料消耗量指标反映的是平均水平,二者水平差对主要材料通过不同的损耗率来体现,对周转材料可通过周转补损率和周转次数来体现。消耗量定额采用比施工定额更大的损耗率,周转材料周转次数按平均水平确定。

2)消耗量定额的某些分项内容比施工定额的内容具有较大的综合性。例如,某些地区消耗量定额的一砖内墙砌体就综合了施工定额中的双面清水墙、单面清水墙和混水墙的用料,以及附属于内墙中的烟囱、孔洞等结构的加工材料。

4.3.2 材料消耗指标的确定方法

1. 直接性材料消耗指标的确定

(1)直接性材料消耗指标的计算公式 材料消耗指标是指在正常的施工条件和合理使用材料的条件下,生产单位合格产品所必需消耗的一定品种规格的原材料、半成品、配件等的数量标准,其中包括材料的净用量和必要的工艺损耗数量。

各地区、各部门都在合理测定和积累资料的基础上编制了材料的损耗率表。材料的消耗量、净用量、损耗率之间关系式如下:

$$材料消耗量 = 材料净用量 + 损耗量 = 材料净用量 \times (1 + 损耗率) \tag{4-6}$$

材料的损耗率通过观测和统计而确定,部分建筑材料、成品、半成品损耗率见表4-6。

(2)直接性材料消耗指标的确定方法举例

1)砌筑类材料。砌筑类材料主要是指砌筑工程中的砌块、砂浆和水。

表 4-6　部分建筑材料、成品、半成品损耗率

材料名称	工程项目	损耗率（%）	材料名称	工程项目	损耗率（%）
普通黏土砖	地面、屋面、空花(斗)墙	1.5	水泥砂浆	抹墙及墙裙	2
普通黏土砖	基础	0.5	水泥砂浆	地面、屋面、构筑物	1
普通黏土砖	实砖墙	2	素水泥浆		1
普通黏土砖	方砖柱	3	混凝土(预制)	柱、基础梁	1
普通黏土砖	圆砖柱	7	混凝土(预制)	其他	1.5
普通黏土砖	烟囱	4	混凝土(现浇)	二次灌浆	3
普通黏土砖	水塔	3	混凝土(现浇)	地面	1
白瓷砖		3.5	混凝土(现浇)	其余部分	1.5
陶瓷锦砖		1.5	细石混凝土		1
面砖、缸砖		2.5	轻质混凝土		2
水磨石板		1.5	钢筋(预应力)	后张吊车梁	13
大理石板		1.5	钢筋(预应力)	先张高强钢丝	9
混凝土板		1.5	钢材	其他部分	6
水泥瓦、黏土瓦	(包括脊瓦)	3.5	铁件	成品	1
石棉垄瓦(板瓦)		4	镀锌薄钢板	屋面	2
砂	混凝土、砂浆	3	镀锌薄钢板	排水管、沟	6
白石子		4	铁钉		2
砾(碎)石		3	电焊条		12
乱毛石	砌墙	2	小五金	成品	1
乱毛石	其他	1	木材	窗扇、框(包括配料)	6
方整石	砌体	3.5	木材	镶板门芯板制作	13.1
方整石	其他	1	木材	镶板门企口板制作	22
碎砖、炉(矿)渣		1.5	木材	木屋架、檩、椽圆木	5
珍珠岩粉		4	木材	木屋架、檩、椽方木	6
生石膏		2	木材	屋面板平口制作	4.4
滑石粉	油漆工程用	5	木材	屋面板平口安装	3.3
滑石粉	其他	1	木材	木栏杆及扶手	4.7
水泥		2	木材	封檐板	2.5
砌筑砂浆	砖、毛方石砌体	1	模板制作	各种混凝土结构	5
砌筑砂浆	空斗墙	5	模板安装	工具式钢模板	1
砌筑砂浆	泡沫混凝土砌块墙	2	模板安装	支撑系统	1
砌筑砂浆	多孔砖墙	10	模板制作	圆形储仓	3
砌筑砂浆	加气混凝土块	2	胶合板、纤维板吸声板	天棚、间壁	5
混合砂浆	抹天棚	3.0	石油沥青		1
混合砂浆	抹墙及墙裙	2	玻璃	配制	15
石灰砂浆	抹天棚	1.5	清漆		3
石灰砂浆	抹墙及墙裙	1	环氧树脂		2.5
水泥砂浆	抹天棚、梁柱腰线、挑檐	2.5			

① 砌块耗用量计算公式：

$$1m^3 \text{ 基础砌块净用量} = \frac{\text{按基础规格计算 1m 长的砌块数}}{\text{按基础规格计算 1m 长的砌体体积}} \quad (4-7)$$

$$1m^3 \text{ 墙体砌块净用量} = \frac{2k}{\text{墙厚} \times (\text{砖长} + \text{灰缝}) \times (\text{砖厚} + \text{灰缝})} \quad (4-8)$$

式中 k——以砖长为模数的墙厚度，如一砖墙厚，k 为 1；一砖半墙厚，k 为 1.5。

$$1m^3 \text{ 砌体砌块耗用量} = [\sum(\text{各砌块净用量} \times \text{权数}) \times (1 \pm \text{附件占有率})] \times (1 + \text{损耗率}) \quad (4-9)$$

② 砂浆耗用量计算公式：

$$1m^3 \text{ 砌体砌筑砂浆净用量} = 1 - \text{单个砌块的体积} \times \text{净用砌块量} \quad (4-10)$$

$$1m^3 \text{ 砌体砌筑砂浆耗用量} = [\sum(\text{各砂浆净用量} \times \text{权数}) \times (1 \pm \text{附件占有率})] \times (1 + \text{损耗率}) \quad (4-11)$$

砌筑工程中的砖砌体，在制定定额时，综合考虑了外墙和内墙所占的比例，扣减梁头垫块和增加凸出砖线体积等因素，因此在确定消耗量定额的材料消耗量时，对这些部分应加以综合。经测算，砖砌体取定比例权数见表 4-7。

表 4-7 砖砌体取定比例权数

项目	墙类比例	附件占有率
砖基础	一砖基二层等高 70% 一砖半基四层等高 20% 二砖四层等高 10%	T 形接头重叠占 0.785%，垛基凸出部分占 0.2575%
半砖墙	外墙按 47.7%	外墙凸出砖线条占 0.36%
	内墙按 52.3%	无
3/4 砖墙	外墙按 50%	外墙梁头垫块占 0.4893%
		外墙凸出砖线条占 0.9425%
	内墙 50%	内墙梁头垫块占 0.104%
一砖墙	外墙按 50%	外墙梁头垫块占 0.058%、0.3m³ 内孔洞占 0.01%
		外墙凸出砖线条占 0.336%
	内墙按 50%	内墙梁头垫块占 0.376%
一砖半及二砖墙	外墙按 47.7%	外墙梁头垫块占 0.115%
		外墙凸出砖线条占 1.25%
	内墙按 52.3%	内墙梁头垫块占 0.332%
空斗墙	空斗按 73%	凸出砖线条占 0.32%
	实砌按 27%	无

【例 4-3】 《房屋建筑与装饰工程消耗量定额》砖基础（4-1）材料消耗用量的计算。

【解】 ① 砖基础（10m³）规格取定。一砖墙基础二层等高 70%，一砖半墙基础四层等高 20%，二砖墙基础四层等高 10%。

② 直墙基础高 1m 包括砖皮数为

$$\frac{1m}{0.053m(厚)+0.010m(灰缝)} = 15.87 皮$$

③ 各种墙厚在 1m 长的砖块数见表 4-8。

表 4-8 砖墙 1m 长的砖块数

墙厚/m	每层砖块数/块	墙厚/m	每层砖块数/块
半砖（0.115）	4	二砖半（0.615）	20
一砖（0.24）	8	三砖（0.74）	24
一砖半（0.365）	12	三砖半（0.865）	28
二砖（0.49）	16	四砖（0.999）	32

④ 定额标准砖用量计算。

$$每1m^3 砖基础净用砖量 = \frac{按基础规格计算1m长的砖块数}{按基础规格计算1m长的砌体体积}$$

每 $1m^3$ 砖基础总用砖量 = [∑（各墙厚净用砖量×权数）×(1±附件占有率)]×(1+损耗率)

式中，附件占有率 = 0.785% - 0.2575% = 0.5275%，查表 4-6 得损耗率为 0.5%。

则

$$一砖墙基础净用砖量 = \frac{\overset{1m高墙基}{15.87×8} + \overset{一阶放脚}{2×12} + \overset{二阶放脚}{2×16}}{0.24×1+(0.365+0.49)×0.126} 块/m^3$$

$$= 526.2 块/m^3$$

同理，

$$一砖半墙基础净用砖量 = \frac{\overset{1m高墙基}{15.87×12} + \overset{一阶放脚}{2×16} + \overset{二阶放脚}{2×20} + \overset{三阶放脚}{2×24} + \overset{四阶放脚}{2×28}}{0.365×1+(0.49+0.615+0.74+0.865)×0.126} 块/m^3$$

$$= 518.67 块/m^3$$

$$二砖墙基础净用砖量 = \frac{\overset{1m高墙基}{15.87×16} + \overset{一阶放脚}{2×20} + \overset{二阶放脚}{2×24} + \overset{三阶放脚}{2×28} + \overset{四阶放脚}{2×32}}{0.49×1+(0.615+0.74+0.865+0.99)×0.126} 块/m^3$$

$$= 516.4 块/m^3$$

标准砖耗用量 = (526.2×70% + 518.67×20% + 516.4×10%)×(1-0.5275%)×(1+5%) 块/m^3

$$= 523.6 块/m^3$$
$$= 5236 块/10m^3$$

⑤ 定额砂浆耗用量计算。

每 $1m^3$ 砖基础砂浆净用量 = 1 - 0.240×0.115×0.053×净用砖量
$$= 1 - 0.0014628×净用砖量$$

则 一砖基础砂浆净用量 = (1 - 0.0014628×526.2) m^3/m^3 = 0.2303 m^3/m^3
一砖半基础砂浆净用量 = (1 - 0.0014628×518.67) m^3/m^3 = 0.2413 m^3/m^3
二砖基础砂浆净用量 = (1 - 0.0014628×516.4) m^3/m^3 = 0.2446 m^3/m^3

每 $1m^3$ 砖基础砂浆耗用量 = ∑[各砂浆净用量×权数±附件占有量]×(1+损耗率)

$$= (0.2303 \times 70\% + 0.2413 \times 20\% + 0.2446 \times 10\%) \text{m}^3/\text{m}^3 \times (1+1\%)$$
$$= 0.236 \text{m}^3/\text{m}^3 = 2.36 \text{m}^3/10\text{m}^3$$

查表 4-6 砂浆损耗率为 1%。附件占有率 0.5275%忽略不计。

⑥ 定额用水量（用于湿砖）。综合取每千块需水 0.2m^3，则

$$\text{耗水量} = 5.236 \times 0.2 \text{m}^3/\text{千块} = 1.047 \text{m}^3/10\text{m}^3$$

【例 4-4】 一砖半混水墙定额（4-11）材料耗用量的计算。

【解】 每 1m^3 一砖半墙砖净用量 $= \dfrac{2k}{\text{墙厚} \times (\text{砖长}+\text{灰缝}) \times (\text{砖厚}+\text{灰缝})}$

$$= \dfrac{2 \times 1.5}{0.365 \times (0.24+0.01) \times (0.053+0.01)} \text{块}/\text{m}^3$$
$$= 521.85 \text{块}/\text{m}^3$$

每 1m^3 一砖半墙砖定额耗用量 $= \sum$［墙类比例×（1±附件占有率）］×砖净用量×（1+损耗率）

$$= [47.7\% \times (1+1.25\% - 0.115\%) + 52.3\% \times (1-0.332\%)] \times 521.85 \text{块}/\text{m}^3 \times (1+2\%)$$
$$= 1.0037 \times 521.85 \times 1.02 \text{块}/\text{m}^3$$
$$= 1.004 \times 522 \times 1.02 \text{块}/\text{m}^3$$
$$= 534.6 \text{块}/\text{m}^3 = 5350 \text{块}/10\text{m}^3$$

砂浆净用量 $= 1 - 0.0014628 \times 521.85 \text{m}^3/\text{m}^3 = 0.2366 \text{m}^3/\text{m}^3$

砂浆定额耗用量 $= \sum$［墙类比例×（1±附件占有率）］×砂浆净用量×（1+损耗率）

$$= [47.7\% \times (1+1.25\% - 0.115\%) + 52.3\% \times (1-0.332\%)] \times 0.2366 \text{m}^3/\text{m}^3 \times (1+1\%)$$
$$= 0.24 \text{m}^3/\text{m}^3$$
$$= 2.4 \text{m}^3/10\text{m}^3$$

定额用水量 $= 5.35$ 千块$/10\text{m}^3 \times 0.2\text{m}^3/$千块 $= 1.07 \text{m}^3/10\text{m}^3$

式中，每千块用水湿砖需水按 0.2m^3 取定。砖和砂浆损耗率均查自表 4-6。

2）抹灰类材料。抹灰类材料主要是指抹灰工程中的砂浆。抹灰工程分为普通抹灰和装饰抹灰。

普通抹灰主要有：石灰砂浆、水泥石灰砂浆（混合砂浆）、水泥砂浆、聚合物水泥砂浆、膨胀珍珠岩水泥砂浆、纸筋石灰砂浆等。

装饰抹灰主要有水刷石、干粘石、斩假石和水磨石等。

计算公式：

砂浆量=计量单位×抹灰厚度×（1+洞口侧面积系数-护角砂浆面积系数）×

（1+压实偏差系数+砂浆损耗率） (4-12)

护角砂浆量=计量单位×抹灰厚度×护角面积系数×（1+压实偏差系数+砂浆损耗率）

(4-13)

【例 4-5】 砖墙抹石灰砂浆两遍定额（12-1）材料消耗量的确定。

【解】 1）抹石灰砂浆定额综合了以下内容：

① 内墙面抹石灰砂浆，门窗洞口侧面积增加 4%，对石灰砂浆门洞阳角用 1:2 水泥砂浆护角，其护角面积系数取 1.56%，损耗率为 2%。

② 砖墙面先洒水湿润，用水量每 $100m^2$ 墙面按 $0.4m^3$ 取定。

③ 底层抹 1:3 石灰砂浆 16mm 厚，损耗率为 1%，并考虑 9% 压实偏差系数。

④ 面层用纸筋石灰浆罩面 2mm 厚，其损耗率为 1%，压实偏差系数为 5%。

2）计算公式：

石灰砂浆量＝计量单位×抹灰厚度×(1+洞口侧壁面积系数−护角砂浆面积系数)×(1+压实偏差系数+砂浆损耗率)

护角砂浆量＝计量单位×抹灰厚度×护角面积系数×(1+压实偏差系数+砂浆损耗率)

具体计算过程见表 4-9。

表 4-9 砖墙抹灰材料消耗量

材料名称	单位	计 算 式	定额用量/$100m^2$
1:3 石灰砂浆	m^3	$100m^2×0.016m×(1+4\%−1.56\%)×(1+9\%+1\%)$	1.803
1:2 混合砂浆	m^3	$100m^2×0.016m×1.56\%×(1+9\%+2\%)$	0.028
纸筋石灰浆	m^3	$100m^2×0.002m×(1+4\%)×(1+5\%+1\%)$	0.220
水	m^3	湿润砖墙面 $0.4m^3$+冲洗搅拌机 $0.3m^3$	0.700
松厚板	m^3	用于 3.6m 以下脚手架摊销量综合取定 $0.005m^3$	0.005

3）镶贴类材料。镶贴类材料主要包括预制水磨石、大理石、瓷板、陶瓷锦砖、面砖等。镶贴类材料主要应用于楼地面工程、墙面工程、天棚工程、隔热板工程等。

计算公式：

镶贴块料面层耗用量＝定额扩大单位数量×(1+损耗率)

【例 4-6】 陶瓷锦砖不分规格，损耗率为 2%，求其每 $200m^2$ 耗用量。

【解】 陶瓷锦砖耗用量＝$200×(1+2\%)m^2/100m^2=204m^2/100m^2$

4）搭接类材料。搭接类材料主要包括瓦屋面工程中的瓦和防水工程中的卷材。

瓦屋面工程中瓦主要包括水泥瓦、黏土瓦、小青瓦、小波石棉瓦和大波石棉瓦。

防水工程中的卷材按所用原材料的不同，分为普通卷材和特种卷材两类。普通卷材按照沥青原料不同，可分为石油沥青卷材和煤沥青卷材两种。特种卷材品种有沥青玻璃布油毡、再生卷材、三元乙丙丁基橡胶卷材等。

瓦材消耗量：

$$\text{定额用瓦量}=\frac{100m^2}{\text{瓦有效长×瓦有效宽}}×(1+\text{损耗率}) \tag{4-14}$$

$$\text{定额脊瓦用量} = \frac{\text{脊长}}{\text{脊瓦有效长}} \times (1+\text{损耗率}) \qquad (4-15)$$

瓦材规格可以查表 4-10。

表 4-10 定额用瓦规格   （单位：mm）

瓦材名称	瓦材规格		搭接尺寸		脊 瓦			
	长	宽	长向	宽向	长	宽	搭接	每100m² 计算脊长
水泥瓦	385	235	85	33	455	195	55	11000
黏土瓦	380	240	80	33	455	195	55	11000
小青瓦	200	145	133					11000，梢头 9600
小波石棉瓦	1820	720	200	94.5	780	180	70	11000
大波石棉瓦	2800	994	200	249	850	460	70	11000

瓦材损耗率取值为：水泥瓦、黏土瓦、小青瓦为 2.5%，石棉瓦为 4%，脊瓦为 3.5%。

【例 4-7】 水泥瓦规格为 385mm×235mm，长向搭接长度为 85mm，宽向搭接长度为 33mm，损耗率为 2.5%；脊瓦规格为 455mm×195mm，搭接长度为 55mm，每 100m² 屋面取定计算脊长 11m，综合损耗率为 3.5%；则每 100m² 屋面实铺用水泥瓦和脊瓦消耗量为多少？

【解】
$$\text{定额用瓦量} = \frac{100}{(0.385-0.085) \times (0.235-0.033)} \times (1+2.5\%) \text{ 块}/100\text{m}^2$$
$$= 1691.42 \text{ 块}/100\text{m}^2$$

取定为 1692 块/100m²

$$\text{定额脊瓦用量} = \frac{11}{(0.455-0.055)} \times (1+3.5\%) \text{ 块}/100\text{m}^2$$
$$= 28.46 \text{ 块}/100\text{m}^2$$

取定为 29 块/100m²

卷材消耗量：

$$\text{卷材定额用量} = \left(\frac{100\text{m}^2 \times \text{层数}}{\text{卷材有效长} \times \text{卷材有效宽}} \times \text{每卷卷材的面积} + \text{附加层} \right) \times (1+\text{损耗率})$$
$$(4-16)$$

【例 4-8】 改性沥青卷材规格为 1m×10m，长向搭接按 100mm，短向搭接按 70mm。附加层取定为 4.3m²/100m²，损耗率为 1%。计算每 100m² 屋面铺此种卷材一层的需用量。

【解】
$$\text{改性沥青卷材耗用量} = \left[\frac{100 \times 1}{(10.0-0.10) \times (1.0-0.07)} \times 10 + 4.3 \right] \times (1+1\%) \text{ m}^2/100\text{m}^2$$
$$= 114.04 \text{ m}^2/100\text{m}^2$$

2. 周转性材料消耗量的确定

（1）周转性材料的相关概念　周转性材料消耗指标，一般均按多次使用、分次摊销的方法计算。周转性材料使用一次，应分摊在单位产品上的消耗数量，称为摊销量。摊销量与下列因素有关：

1) 一次使用量，是指周转性材料在不重复使用的条件下的一次用量指标。

2) 损耗率，也称补损率，是指周转性材料使用一次后为了修补难以避免的损耗所需要的材料量占一次使用量的百分数。计算摊销量时，一般采用平均损耗率。

3) 周转次数，指周转性材料可以重复使用的次数，一般可用统计法或观测法拟定。

4) 回收折价率等。

编制消耗量定额时，对于周转性材料的消耗指标，与施工定额一样，也是按多次使用、分次摊销的方法计算。通常有两个指标：一个是一次使用量，一个是摊销量。

一次使用量和摊销量的计算方法与施工定额基本相同，只是编制消耗量定额时，材料损耗率（补损率）和周转次数应按平均水平确定，采用比施工定额更高的损耗率和更少的周转次数。

(2) 举例说明周转性材料消耗指标的确定

1) 模板工程材料消耗量确定方法如下：

① 计算公式。

a. 组合式钢模板摊销量：

$$\text{组合式钢模板摊销量} = \frac{\text{一次使用量}}{\text{周转次数}} \quad (4\text{-}17)$$

一次使用量＝每计量单位构件模板接触面积×每平方米接触面积需模板量×(1+施工损耗率)

$$(4\text{-}18)$$

钢模板周转次数和施工损耗率综合取定见表 4-11。

表 4-11　钢模板周转次数和施工损耗率

现浇构件			预制构件		
名称	周转次数/次	损耗率（%）	名称	周转次数/次	损耗率（%）
钢模板	50	1	钢模板	150	1
复合木模	50	1	零星卡具	40	2
零星卡具	20	2	梁卡具	50	2
钢支撑	120	1	木支撑	10	5
木模板	5	5	木模板	5	5
木支撑	10	5	木楔	2	5
钢钉	1	2			
木楔	2	5			
尼龙帽	1	5			
草板纸	1	—			

b. 木模板摊销量：

$$\text{木模板摊销量} = \text{一次使用量} \times \text{摊销系数} K \quad (4\text{-}19)$$

一次使用量=每计量单位构件模板接触面积×每平方米接触面积需模板量×(1+施工损耗率) (4-20)

$$摊销系数 K = 周转使用量系数 - \frac{(1-补损率)\times回收价值率}{周转次数}\times 100\% \quad (4\text{-}21)$$

$$= \frac{1+(周转次数-1)\times补损率-(1-补损率)\times 50\%}{周转次数}$$

其中

$$周转使用量系数 = \frac{1+补损率\times(周转次数-1)}{周转次数}\times 100\% \quad (4\text{-}22)$$

其周转次数、补损率、施工损耗率计算值已列入表4-12中，可直接查用。

表 4-12 木模板周转次数、补损率和损耗率

名 称	周转次数/次	补损率(%)	摊销系数 K	施工损耗率(%)
圆柱	3	15	0.2917	5
异形梁	5	15	0.2350	5
整体楼梯、阳台	4	15	0.2563	5
小型构件	3	15	0.2917	5
支撑、垫板	15	10	0.1300	5
木楔	2	—	0.5000	5

② 模板摊销量计算示例。

【例 4-9】 现以房屋建筑与装饰工程消耗量定额现浇有梁板组合钢模板定额（5-255）为例，其摊销量计算过程见表4-13。

【解】 一次使用量 = 3567×(1+1%) kg/10m³ = 3602.67 kg/10m³

$$摊销量 = \frac{3602.67}{50} \text{kg}/10\text{m}^3 = 72.05 \text{kg}/10\text{m}^3$$

依次计算填入表4-13。

表 4-13 现浇有梁板组合钢模板材料摊销量（100m²）

材料名称		100m² 接触面积		周转次数/次	损耗率(%)	定额摊销量
		一次使用量	单位			
工具式钢模板		3602.67	kg	50	1	72.05
木模板		0.289	m³	5	5	0.058
留洞增加木模板		0.008	m³	—	—	0.008
木支撑	使用钢支撑时	1.34	m³	10	5	0.134
	使用木支撑时	8.285	m³	10	5	0.828
木楔	使用钢支撑时	0.116	m³	2	—	0.058
	使用木支撑时	0.166	m³	2	—	0.083
零星卡具		705.02	kg	20	2	35.25
铁钉	使用钢支撑时	1.70	kg	—	2	1.70
	使用木支撑时	30.25	kg	—	2	30.25

（续）

材料名称		100m² 接触面积		周转次数 /次	损耗率 （%）	定额摊销量
		一次使用量	单位			
8号钢丝	使用钢支撑时	22.14	kg	—	2	22.14
	使用木支撑时	32.48	kg	—	2	32.48
草板纸80号		取定	张	每1m² 0.3张×100		30.00
脱模隔离剂		取定		每1m² 0.1kg×100		10.00
1:2水泥砂浆块		取定	m²	板用30mm×30mm×10mm×3块+梁40mm×40mm×25mm		0.007
22号钢丝		取定	kg	—	—	0.18
支撑钢管及扣件		6965.36	kg	120	1	58.04
梁卡具		272.85	kg	50	2	5.46

【例4-10】 现以房屋建筑与装饰工程消耗量定额预制实心方桩的模板材料摊销量的计算为例。

【解】 模板方材 $= \dfrac{0.238}{5} \times (1+5\%) \, m^3/10m^3 = 0.05 \, m^3/10m^3$

支撑方材 $= \dfrac{0.096}{10} \times (1+5\%) \, m^3/10m^3 = 0.01 \, m^3/10m^3$

组合钢模板 $= \dfrac{1912.90}{150} \times (1+1\%) \, kg/10m^3 = 12.88 \, kg/10m^3$

零星卡具 $= \dfrac{196.47}{40} \times (1+2\%) \, kg/10m^3 = 5.01 \, kg/10m^3$

梁卡具 $= \dfrac{742.65}{50} \times (1+2\%) \, kg/10m^3 = 15.15 \, kg/10m^3$

钢丝、隔离剂、1:2水泥砂浆块按实用取定：

隔离剂 = 模板及地模接触面积×0.1kg/m²
　　　 = (53.22+25.77)×0.1kg/m²
　　　 = 7.90kg/m²

草板纸 = 模板接触面积×0.3张/m²
　　　 = 53.22×0.3张/m²
　　　 = 15.97张/m²

依次计算见表4-14。

表4-14 预制混凝土实心方桩组合钢模板材料摊销量（100m²）

材料名称	100m² 接触面积		周转次数 /次	损耗率 （%）	定额摊销量
	一次使用量	单位			
模板方材	0.238	m³	5	5	0.05
支撑方木	0.096	m³	10	5	0.01

（续）

材料名称	100m² 接触面积		周转次数/次	损耗率（%）	定额摊销量
	一次使用量	单位			
组合钢模板	1912.9	kg	150	1	12.88
零星卡具	196.47	kg	40	2	5.01
梁卡具	742.65	kg	50	2	15.15
铁钉	取定	kg	—	—	1.12
22号钢丝	取定	kg			0.16
草板纸80号	—	张	每1m²0.3张×53.22		15.97
脱模隔离剂	—	kg	每1m²0.1kg×(53.22+25.77)		7.90
1:2水泥砂浆块	取定	m²			0.01

2）脚手架材料消耗指标。

$$定额摊销量 = 净摊销量 \times (1+损耗率) \tag{4-23}$$

$$脚手架摊销量 = \frac{单位一次使用量 \times (1-残值率) \times 一次使用期}{耐用期} \tag{4-24}$$

$$一次使用量 = \frac{取定材料计算量}{取定墙面面积} \times 100 \tag{4-25}$$

【例4-11】 已知某工程工期400天，其中80%的施工时间需使用自有脚手架，一次使用量为1000 t，脚手架残值率为5%，耐用期为2000天，求该工程的脚手架摊销量。

【解】 $脚手架摊销量 = \dfrac{单位一次使用量 \times (1-残值率) \times 一次使用期}{耐用期}$

$$= \frac{1000 \times (1-5\%) \times 400 \times 80\%}{2000} \text{t} = 152\text{t}$$

4.4 机械台班消耗指标的确定

1. 机械台班消耗指标的确定方法

消耗量定额施工机械台班消耗指标的计算具体分以下两种情况：

（1）配合劳动班组使用的机械台班消耗数量的确定 配合使用机械是指以人工操作为主，配备给施工班组使用的机械为辅的机械。中小型施工机械是按小组配备，其台班产量受小组产量制约，故应以小组产量计算台班产量，不另增加机械幅度差。如垂直运输用塔式起重机、卷扬机，以及砂浆、混凝土搅拌机等。其计算公式为

$$分项定额机械台班使用量 = \frac{分项定额计算单位值（或加工量）}{小组总产量} \tag{4-26}$$

式中 $小组总产量 = 产量定额 \times 小组人数 \tag{4-27}$

或

$$\text{分项定额机械台班使用量} = \frac{\text{分项定额计量单位}}{\text{台班总产量}} \quad (4\text{-}28)$$

（2）独立使用机械台班消耗数量的确定　独立使用机械，就是指在施工过程中，以机械作业为主、人工为辅的大型机械（如土石方工程施工中的推土机、挖掘机，桩基工程施工中的打桩机，安装工程施工中构件吊装的起重机等）或专用机械（如地基夯实施工过程中的蛙式打夯机、楼地面水磨石施工过程中的水磨石机械等）。独立使用机械在消耗量定额中的台班消耗指标，应在劳动定额相应的机械台班定额基础上增加机械幅度差，其计算公式为

$$\text{分项定额机械台班使用量} = \frac{\text{分项定额计算单位值}}{\text{机械台班产量定额}} \times \text{机械幅度差系数} \quad (4\text{-}29)$$

$$\text{机械幅度差系数} = 1 + \text{机械幅度差} \quad (4\text{-}30)$$

2. 机械幅度差

机械幅度差是指在劳动定额或施工定额中所规定的范围内没有包括，而在实际施工中又不可避免产生的影响机械效率或使机械停歇的时间。其内容包括：

1）施工中机械转移工作面及配套机械互相影响而损失的时间。
2）在正常施工条件下，机械在施工中不可避免的工序间歇。
3）工程开工或收尾时工程量不饱满所损失的时间。
4）检查工程质量影响机械操作的时间。
5）临时停机、停电影响机械操作的时间。
6）机械维修引起的停歇时间等。

在计算消耗量定额机械台班消耗指标时，机械幅度差以系数表示。大型机械的机械幅度差系数为：土方机械 1.25，打桩机械 1.33，吊装机械 1.3，其他分部工程专用机械，如蛙式打夯机、水磨石机等均为 1.1。

3. 机械台班消耗指标计算示例

【例 4-12】 以《房屋建筑与装饰工程消耗量定额》第十一章楼地面工程中水磨石楼地面（11—11）为例，计算其机械台班消耗量。

【解】 （1）定额取定　水泥白石子浆面层厚 15mm，铺筑时加 2mm 的磨损厚度，损耗率 1.5%，定额计算单位 100m^2，则

水泥白石子浆用量 = 展开面积 × 抹灰厚度 ×（1+损耗率）

$$= 100 \times (0.015 + 0.002) \times (1 + 1.5\%) \text{m}^3/100\text{m}^2 = 1.73 \text{m}^3/100\text{m}^2$$

灰浆搅拌机不考虑机械幅度差，台班产量综合取定 6m^3，水磨石机的机械幅度差 10%，小组人数 20 人，每工日的产量定额为 0.51m^2。

（2）台班消耗量计算

$$\text{灰浆搅拌机台班量} = \frac{\text{灰浆用量}}{\text{台班用量}} = \frac{1.73}{6} \text{台班}/100\text{m}^2 = 0.29 \text{台班}/100\text{m}^2$$

$$\text{水磨石机台班量} = \frac{\text{定额计量单位}}{\text{每工产量} \times \text{小组成员}} \times \text{机械幅度差系数}$$

$$= \frac{100 \times 1.1}{0.51 \times 20} \text{台班}/100\text{m}^2 = 10.78 \text{台班}/100\text{m}^2$$

【例4-13】 试编制液压正铲挖掘机（1m³）挖三类土、自卸汽车（8t）运5km的消耗量。

其中：每台挖掘机配备辅助用工2人，主要工作为工作面排水、现场行驶道路维护、清除铲斗内积土、配合洒水车等。

行驶道路配备洒水车（4000L），按挖掘机台班的25%配备，每台班上水4次。按挖掘机台班的60%配备推土机（75kW）台班，用于清理机下余土、卸土区平整及道路维修等。

挖土机根据劳动定额，台班产量为571m³，取定机械幅度差20%。根据劳动定额8t自卸汽车运5km的台班产量52.8m³，取定机械幅度差20%。

【解】 每1000m³三类土人工、材料、施工机械台班消耗量计算如下：

挖掘机（1m³）：$\frac{1000}{571} \times (1+20\%)$ 台班 = 2.10 台班

自卸汽车（8t）：$\frac{1000}{52.8} \times (1+20\%)$ 台班 = 22.73 台班

推土机（75kW）：2.10×60% 台班 = 1.26 台班

洒水车（4000L）：2.1×25% 台班 = 0.53 台班

人工：根据挖掘机台班配备2人，即 2.1 工日×2 = 4.2 工日

水：$0.53 \times 4.0 m^3 \times 4 = 8.48 m^3$

4.5 单位估价表的编制

4.5.1 单位估价表的概念

单位估价表又称为地区基价表或价目表，它是消耗量定额的价格表现形式。单位估价表是根据消耗量定额中的人工工日、材料耗用（或摊销）量、施工机械台班的消耗数量，结合本地区的人工单价、材料价格和施工机械台班单价，计算出完成单位分项工程或结构构件的合格产品的单位价格。单位估价表是现行建筑工程消耗量定额在某一地区的具体价格表现和运用。

4.5.2 单位估价表的编制依据和作用

1. 单位估价表的编制依据

1) 现行消耗量定额。
2) 本地区现行人工工日单价。
3) 本地区现行（一般取定省会城市）建筑工程材料信息价格。
4) 现行的施工机械台班单价。
5) 省（直辖市、自治区）近期编制的补充定额。
6) 国家或地区有关规定。

2. 单位估价表的作用

1) 单位估价表是编制和审查建筑安装工程施工图预算，清单计价，确定工程造价的依据。

2) 在招投标阶段，单位估价表是编制招标控制价的依据。

3) 单位估价表是设计单位对设计方案进行技术经济分析比较的依据。

4) 单位估价表是施工单位实行经济核算，考核工程成本的依据。

5) 单位估价表是制定概算定额、概算指标的依据。

4.5.3 消耗量定额中人工、材料、机械台班单价的确定

1. 人工单价的组成与确定

（1）人工单价的概念与组成　人工单价是指一个建筑安装工人在一个工作日应计入的全部人工费用，内容包括：基本工资、工资性补贴、辅助工资、职工福利费、劳动保护费。

消耗量定额中确定人工单价的方法，与第3章"3.3.2 人工单价的组成与确定"基本相同。二者的区别在于：①消耗量定额按社会平均水平确定人工单价，施工定额按平均先进水平确定人工单价，即理论上消耗量定额中某工种的人工单价比施工定额中该工种的人工单价要高一些；②消耗量定额按员工全部是企业正式员工确定人工单价，而施工定额既要确定本企业正式员工的人工单价，还要确定企业从市场外聘的各类员工的人工单价。

（2）人工单价确定时应考虑的因素　生产工人工资标准的确定，应根据有关文件的精神，结合本部门、本地区的具体情况，经反复测算取定。在制定时一般应考虑以下因素：

1) 社会平均工资水平。社会平均工资水平取决于社会经济的发展水平。几十年来，我国经济持续迅速增长，社会平均工资水平大幅增长，建筑行业从业人员的工资也持续提高，相应地，人工单价也逐步提高。

2) 生活消费指数。随着我国社会经济的发展，人们的生活水平逐步提高，生活消费指数也日益增长。由于基本生活消费品的物价总体上呈现逐年走高的趋势，因此人工单价也需要根据生活消费指数做出及时的调整。

3) 劳动力市场供需变化。市场对劳动力的需求如果大于供给，人工单价就会提高；反之，人工单价就会降低。

4) 国家政策的影响。如果政府推行社会保障和福利政策等，一般会提高人工单价。

2. 材料预算单价的组成与确定

材料的预算价格是指材料从其来源地到达施工工地仓库后的出库价格，一般由材料供应价、包装费、运输费、采购及保管费、检验试验费等组成。

消耗量定额中确定材料预算价格的方法，与第3章"3.3.3 材料预算单价的组成与确定"基本相同，但是消耗量定额中确定材料预算价格时，材料的损耗率一般比施工定额取得高一些，而回收率、回收价值率等一般比施工定额取得低一些。

对于在某地区使用的某种建筑材料来说，其生产厂家或供货商往往有多个，材料品质、运输距离、运输方式等也各不相同，所以在当地市场会存在多个价格。此时，这种材料的预算单价由当地的工程造价管理部门综合考虑以上各因素，采用加权平均法加以确定（参见例3-4）。建筑工程材料信息价格确定以后，工程造价管理部门还要根据市场实际情况定期进行调整并公布。

3. 机械台班单价的组成与确定

一台施工机械工作 8h 为一个台班，每个台班必须消耗的人工、物料和应分摊的费用即一个机械台班单价。

消耗量定额中确定机械的台班单价时，按所有机械均为企业自有机械考虑，不考虑企业从外部租赁的机械。机械台班单价的确定方法参见第 3 章"3.3.4 机械台班单价的组成与确定"中的"1. 自有机械台班单价的计算"。但在消耗量定额中，机械台班的折旧费、大修理费、机械经常修理费、安拆费及场外运输费、人工费等一般要比施工定额定得高一些。

4.5.4 单位估价表的编制方法

编制单位估价表就是分别将消耗量定额子目中的"三量"与对应的"三价"相乘，得出各分项工程人工费、材料费和施工机械使用费，最后汇总起来得到工程预算单价，即基价。

$$分项工程基价 = 人工费 + 材料费 + 施工机械使用费 \tag{4-31}$$

$$人工费 = \sum(分项工程的工日数 \times 人工工日单价) \tag{4-32}$$

$$材料费 = \sum(分项工程的材料消耗量 \times 相应的材料价格) \tag{4-33}$$

$$施工机械使用费 = \sum(分项工程的机械台班消耗量 \times 相应的机械台班价格) \tag{4-34}$$

地区统一单位估价表编制出来以后，就形成了地区统一的工程预算单价。这种单价是根据现行定额和当地的价格水平编制的，具有相对的稳定性。但是为了适应市场价格的变动，在编制预算时，必须根据工程造价管理部门发布的调价文件对固定的工程预算单价进行修正。修正后的工程单价乘以根据施工图计算出来的工程量，就可以获得符合市场实际情况的工程的直接工程费。

【例 4-14】 某省单位估价表的计算，过程见表 4-15。

【解】 表 4-15 中定额子目 3-1 的定额基价计算过程为

定额人工费 = 42.0 元 × 11.790 = 495.18 元

定额材料费 = (230×5.236+0.32×649.0+37.15×2.407+3.85×3.137)元 = 1513.46 元

定额机械台班费 = 70.89 元 × 0.393 = 27.86 元

定额基价 = (495.18+1513.46+27.86)元 = 2036.50 元

表 4-15 某省单位估价表 （单位：10m³）

定额编号			3-1	3-2	3-3
项 目			砖基础	混水砖墙	
	单位	单价	标准砖	½砖	¾砖
基价	元		2036.50	2382.93	2353.03
其中	人工费	元	495.18	845.88	824.88
	材料费	元	1513.46	1514.01	1502.98
	机械费	元	27.86	23.04	25.17

(续)

名称		单位	单价	数量		
人工	综合工日	工日	42.00	11.790	20.140	19.640
材料	水泥砂浆 M5	m³	—	—	(1.950)	(2.130)
	水泥砂浆 M10	m³	—	(2.360)	—	—
	标准砖	千块	230.00	5.236	5.641	5.510
	水泥 32.5 级	kg	0.32	649.000	409.500	447.300
	中砂	m³	37.15	2.407	1.989	2.173
	水	m³	3.85	3.137	3.027	3.075
机械	灰浆搅拌机 200L	台班	70.89	0.393	0.325	0.355

注：黑体字部分为单位估价表的内容。

本章小结及关键概念

本章小结：消耗量定额是由建设行政主管部门根据合理的施工组织和正常施工条件制定的，生产一个规定计量单位的合格产品所需人工、材料、机械台班的社会平均消耗量标准。消耗量定额与传统的预算定额不同，消耗量定额反映的是人工、材料和机械台班的消耗量标准，适用于市场经济条件下建筑安装工程计价，体现了工程计价"量价分离"的原则。

消耗量定额中的人工消耗包括基本用工、超运距用工、辅助用工以及人工幅度差等。

单位估价表又称地区价目表，它是根据消耗量定额中的人工工日、材料耗用（或摊销）量、施工机械台班的消耗数量，结合本地区的人工单价、材料价格和施工机械台班单价，计算出完成单位分项工程或结构构件的合格产品的单位价格。它是消耗量定额的价格表现形式。

关键概念：消耗量定额、单位估价表、机械幅度差。

习 题

1. 消耗量定额的概念及内容是什么？
2. 消耗量定额与施工定额的区别有哪些？
3. 消耗量定额的编制原则有哪些？
4. 简述消耗量定额的编制步骤有哪些。
5. 人工消耗指标的制定方法是什么？制定人工消耗指标的步骤是什么？
6. 材料消耗指标的制定步骤是什么？
7. 简述机械台班消耗指标的确定方法。
8. 消耗量定额和单位估价表的应用主要有哪些？
9. 请按给定条件计算现浇构件Φ10 以外钢筋每吨定额综合人工消耗量（综合工日数）。Φ10 以外施工损耗加搭接计 4.5%，即施工图中每 1t 钢筋，对应实际钢筋耗用量 1.045t。各规格钢筋各工序人工消耗见表 4-16（其中，Φ12 占 40%，Φ14 占 30%，Φ16 占 30%）。

表 4-16 现浇构件钢筋工人工消耗

工种	钢筋规格		
	Φ12 /(工日/t)	Φ14 /(工日/t)	Φ16 /(工日/t)
钢筋平直工	0.143	—	—
钢筋切断工	0.262	0.272	0.281
钢筋弯曲工	0.539	0.623	0.707
钢筋绑扎工	3.39	2.49	1.91
钢筋电焊工	0.648	0.648	0.648
钢筋对焊工	0.255	0.234	0.210
看钢筋工	0.51	0.50	0.50
钢筋除锈工	2.089	2.009	1.989
取料—加工 50m	0.161	0.151	0.141
制作—堆放 50m	0.221	0.211	0.201
堆放—安装 100m	0.315	0.305	0.295

10. 试计算 3/4 砖墙厚，每 $10m^3$ 砖墙的标准砖和砂浆的消耗量（损耗率见表 4-6）。

11. 混凝土墙面抹三遍石灰砂浆的工作内容为：先在基层墙面上洒水湿润后，涂刷 108 胶素水泥浆一道（用量为素水泥用量的 1.5%），涂刷厚度为 1mm，损耗率为 1%；底层抹 1:3 水泥砂浆 9mm 厚，损耗率为 2%，偏差压实系数为 9%，不再考虑护角系数；中层抹 1:3:9 混合砂浆 9mm 厚，损耗率为 2%，偏差压实系数 9%；面层为 2mm 厚纸筋石灰浆罩面，损耗率为 1%，偏差压实系数为 5%。其中，门窗洞口侧面积增加 4%。湿润混凝土墙面用水 $0.4m^3$，冲洗搅拌机用水 $0.3m^3$，松厚板用于 3.6m 以下脚手架，摊销量综合定取 $0.005m^3$。试计算粉抹 $100m^2$ 墙面各种材料的消耗量。

12. 小波石棉瓦规格为 1820mm×720mm，长向搭接长度为 200mm，宽向搭接长度为 94.5mm，损耗率为 4%；脊瓦规格为 780mm×180mm，搭接长度为 70mm，每 $100m^2$ 屋面取定计算脊长为 11m，综合损耗率为 3.5%；则每铺 $100m^2$ 屋面需要小波石棉瓦和脊瓦的消耗量为多少？

13. 高分子卷材的规格均按 20m×1m，满铺粘贴长向搭接按 95mm，短向搭接按 80mm。附加层按 $14.4m^2/100m^2$，均为高分子卷材，损耗率为 1%。试求 $100m^2$ 屋面满铺时，卷材的消耗量。

14. 正铲挖掘机斗容量按 $0.75m^3$，挖深 2m 外台班产量定额按 $464m^3$ 取定，而反铲挖掘机挖深 3.5m 内的台班产量定额按 $381m^3$ 取定。试求正铲挖掘机、反铲挖掘机的台班消耗量指标（单位：台班/$1000m^3$）。

15. 用水磨石机械磨制水磨石面，每台磨石机配备 2 人，查劳动定额可知工人的产量定额为 $4.76m^2$/工日，考虑机械幅度差为 10%，计算磨制 $150m^2$ 水磨石面所需的机械台班用量。

16. 已知 $10m^3$ C20 混凝土矩形柱的基价为 2684.3 元，C20 混凝土的单价为 163.39 元/m^3，C30 混凝土的单价为 186.64 元/m^3。其中，混凝土矩形柱人工、材料、机械消耗组成见表 4-17。试求 $10m^3$ C30 混凝土矩形柱的基价。

表 4-17 混凝土矩形柱人工、材料、机械消耗组成

人工	材料				机械		
综合工日	现浇混凝土 C20/m^3	草袋子 /m^2	水 /m^3	水泥砂浆 1:2/m^3	混凝土搅拌机 400L/台班	混凝土振捣器（插入式）/台班	灰浆搅拌机 200L/台班
22.64	9.96	1.02	9.19	0.31	0.62	1.24	0.04

二维码形式客观题

微信扫描二维码，可在线做题，提交后可查看答案。

第4章 客观题

第 5 章
概算定额和概算指标

学习要点

本章主要介绍了概算定额的概念、作用、编制依据、原则、编制步骤、内容、划分方法、以及概算指标的编制和应用。通过本章的学习，应了解概算定额的产生及意义，理解概算定额和概算指标的作用、编制依据和原则，掌握其内容及编制方法，能熟练利用概算定额和概算指标准确编制工程概算。

学习导读

小明："小刚，早上好！咱们上一章学习的消耗量定额和单位估价表内容挺多，受益匪浅。"

小刚："嗯，是的，今天咱们要学的东西又扩展了，要学习概算定额和概算指标的编制与应用了。"

小明："是呀，咱们快点吧，不然要迟到了。"

5.1 概算定额

5.1.1 概算定额的概念和作用

1. 概念

概算定额是在消耗量定额的基础上，根据有代表性的通用设计图和标准图等资料，以主要分项工程为准，综合相关工序，经过适当综合扩大、合并编制而成的定额。概算定额子目比消耗量定额具有更大的综合性，概算定额往往以所要完成的主要分项工程产品的长度（m）、面积（m^2）、体积（m^3）及每座小型独立构筑物等为计量单位进行计算。

自 1957 年我国开始在全国试行了统一的《建筑工程扩大结构定额》以后，各省、市和自治区，结合本地区的特点均编制了建筑工程概算定额，如陕西省在 2015 年编制的《陕西省建筑安装工程概算定额》。

由于是在初步设计或扩大初步设计阶段采用概算定额编制设计概算，设计内容较浅，不够细致，概算的精确程度必然低于施工图预算，且概算额要高于预算额。又由于概算定额的子目按其内容综合了若干个消耗量定额子目，因而概算定额的子目数要比消耗量定额子目数少得多。因此，建筑工程概算定额又称为扩大结构定额。当然，设计概算要比施工图预算简化多了。

2. 作用

概算定额的作用主要体现在以下几个方面：
1) 概算定额是编制设计概算和概算指标的主要依据。
2) 概算定额是项目设计方案选择的重要依据。
3) 概算定额是控制消耗量定额的依据。
4) 概算定额是招投标工程编制标底和投标报价的依据。
5) 概算定额是工程结束后进行竣工决算的依据。

因此，概算定额对于合理使用建设资金和充分发挥投资效益具有极其重要的作用。

5.1.2 概算定额的编制依据和原则

1. 编制依据

1) 相关的国家和地区文件。
2) 现行的建筑安装工程消耗量定额、施工定额。
3) 有关的施工图预算及有代表性的工程决算资料。
4) 近期具有代表性的标准设计图、标准图集、通用图集和相关的设计资料。
5) 近期的设计标准、规范、施工标准和验收规范。
6) 现行的人工工资标准、材料单价、机械台班使用单价。

2. 编制原则

1) 概算定额应做到简明适用，便于计算。
2) 概算定额应在消耗量定额的基础上，进行适当综合扩大和简化计算。
3) 必须把定额水平控制在一定的幅度之内，使消耗量定额与概算定额之间的幅度差控制在5%以内，一般控制在3%左右，从而保证概算定额的质量。
4) 为了方便工程的管理工作，定额应尽可能适应设计、计划、统计和拨款的要求。
5) 细算粗编。

5.1.3 概算定额的编制步骤

（1）准备阶段　确定编制机构和人员组成，并进行调查研究，明确编制范围和编制内容等，拟定编制方案。

（2）编制阶段　根据已制定的编制规划，调查研究，对收集到的设计图、资料进行细致的整理和分析，编出概算定额初稿。

（3）测算阶段　测算新编概算定额与现行消耗量定额、原概算定额水平的差值，编制定额水平测算报告。根据需要对概算定额水平进行必要的调整。

（4）审批阶段　在征求有关部门、基本建设单位和施工企业的意见并且修改之后形成审批稿，交国家主管部门审批并经批准之后立档成卷，并印刷发行。

5.1.4 概算定额的内容及项目划分方法

建筑工程概算定额一般由总说明、章说明、概算定额表、工程内容以及有关附录等部分组成。

（1）总说明 总说明包括以下内容：
1）概算定额的性质和作用。
2）概算定额编纂形式和应注意的事项。
3）概算定额编制目的和适用范围。
4）有关定额项目使用方法的统一规定。

（2）章说明 概算定额一般是按施工顺序，以建筑结构的扩大结构构件和形象部位等划分章节的。定额每章前面列有说明和工程量计算规则。

《陕西省建筑工程概算定额》（2015）的内容如下：

第一章为土方工程；第二章为桩基工程；第三章为砌筑工程；第四章为混凝土及钢筋混凝土工程；第五章为金属构件及门窗工程；第六章为木门窗工程；第七章为楼地面工程；第八章为屋面防水及保温隔热；第九章为装饰工程；第十章为总体工程；第十一章为构筑物；第十二章为垂直运输；第十三章为超高降效；第十四章为大型机械场外运输、安装、拆卸；第十五章为附录。

5.1.5 概算定额编制案例

概算定额往往是在消耗量定额或预算定额的基础上进行综合扩大而成的。下面以采用×××省2004年消耗量定额综合砖基础的概算定额为例，说明概算定额的编制方法。

根据概算定额砖基础子目所综合的内容，确定砖基础概算定额子目所综合消耗量定额的子目为：砖基础（3-1）、人工挖沟槽（1-5）、回填夯实素土（1-26）、单（双）轮车运土（1-32）以及水泥砂浆防潮层（8-15）五个子目。对各子目的单价及数量综合；人工、材料、机械费综合见表5-1；工日及主要消耗材料综合见表5-2。

综合表5-1、表5-2的内容可计算出砖基础概算定额各项指标，见表5-3。

表 5-1 人工、材料、机械费综合表 （单位：$10m^3$）

消耗量定额编号	工程名称	单位	数量	人工费单价/元	材料费单价/元	机械费单价/元	合计/元			
							人工费	材料费	机械费	合价
3-1	砖基础	m³	10	49.52	151.35	2.79	495.2	1513.5	27.9	2036.6
1-5	人工挖沟槽	m³	21.5	16.96	无	无	364.64	无	无	364.64
1-26	回填夯实素土	m³	12.2	16.91	0.28	1.08	206.3	3.42	13.18	222.9
1-32	单（双）轮车运土	m³	30.5	6.9	无	无	210.45	无	无	210.45
8-15	水泥砂浆防潮层	m²	4.7	3.87	4.72	0.24	18.19	22.18	1.13	41.5
共计							1294.78	1539.1	42.21	2876.09

表 5-2 工日、材料综合表　　　　　　　　　　　（单位：10m³）

消耗量定额编号	工程名称	单位	数量	砖/千块	水泥/kg	中砂/m³	净砂/m³	防水粉/kg	水/m³	工日	合计 砖/千块	水泥/kg	中砂/m³	净砂/m³	防水粉/kg	水/m³	工日
3-1	砖基础	m³	10	0.5236	64.9	0.2407	无	无	0.3138	1.179	5.236	649	2.407	无	无	3.318	11.79
1-5	人工挖沟槽	m³	21.5	无	无	无	无	无	无	0.4038	无	无	无	无	无	无	8.682
1-26	回填夯实素土	m³	12.2	无	无	无	无	无	无	0.4025	无	无	无	无	无	无	4.911
1-32	单(双)轮车运土	m³	30.5	无	无	无	无	无	无	0.1644	无	无	无	无	无	无	5.014
8-15	水泥砂浆防潮层	m²	4.7	无	11.2404	无	0.0192	0.562	0.0441	0.0922	无	52.830	无	0.090	2.641	0.207	0.433
共计											5.236	701.830	2.407	0.090	2.641	3.525	30.83

表 5-3 砖基础概算定额各项综合指标　　　　　　（单位：10m³）

编号			3-1	
名称			砖基础	
基价/元			2876.09	
其中	人工费		1294.78	
	材料费		1539.1	
	机械费		42.21	
预算定额编号	工程名称	单价/元	单位	数量	合价/元
3-1	砖基础	203.66	m³	10	2036.6
1-5	人工挖沟槽	16.96	m³	21.5	364.64
1-26	回填夯实素土	18.27	m³	12.2	222.9
1-32	单(双)轮车运土	6.9	m³	30.5	210.45
8-15	水泥砂浆防潮层	8.83	m²	4.7	41.5
人工	合计		工日		30.83
材料	砖		千块		5.236
	水泥		kg		701.830
	中砂		m³		2.407
	净砂		m³		0.090
	防水粉		kg		2.641
	水		m³		4.221

根据表 5-3 各项指标，可以简化出砖基础概算定额，见表 5-4。

表 5-4 砖基础概算定额

工程内容包括挖沟槽、回填土、单（双）轮车运土等。　　　　　　　　（单位：10m³）

定额编号			3-1
项　目			砖基础
			10m³
基价/元			2876.09
其中	人工费		1294.78
	材料费		1539.1
	机械费		42.21
名　称	单位	单价/元	数　量
人工工日	工日	42.00	30.83
砖	千块	230.00	5.236
水泥	kg	0.32	701.830
中砂	m³	37.15	2.407
净砂	m³	40.37	0.090
防水粉	kg	0.32	2.641
水	m³	3.85	4.221

5.2　概算指标

5.2.1　概算指标的概念和作用

1. 概念

建筑工程概算指标，是以建筑物和构筑物为对象，以建筑面积、体积或成套设备装置的台或组为计量单位而规定人工、材料和机械台班的消耗指标和造价指标。

如一幢公寓，或一幢办公楼，当其结构选型和主要构造已知时，它的消耗指标是多少？如果是公寓，1m² 的造价是多少？如果是工业厂房，1000m³ 的造价和消耗指标是多少？20m 宽的高速公路，1km 的造价和消耗指标是多少？

故概算指标又比概算定额进一步综合和扩大了。由此可知，用概算指标可以更为简便地编制概算。但它的准确性就更低了。

在内容的表达上，概算指标可分为综合形式和单项形式。综合形式的概算指标，概括性比较大，一般以民用与工业的不同而分类；或以建筑物的结构体系类型（如装配式或框架式等）而分类。单项形式的概算指标，是以一幢建筑物或构筑物为对象，列出其各种内容和数据，见表 5-5~表 5-10。

2. 作用

概算指标的主要作用如下：

1）概算指标是编制固定资产投资计划，确定投资额的依据。

2）概算指标是编制投资估算的依据。

3）概算指标是进行设计技术经济分析，衡量设计水平，考核工程建设成本的一个标准。

4）概算指标是建筑企业编制劳动力、材料计划，实行经济核算的依据。

5.2.2 概算指标的内容

（1）编制说明　说明概算指标的作用、编制依据和使用方法。

（2）工程示意图　表明工程结构的形式，工业项目还表示出起重机及起重能力等。必要时，画出工程剖面图，或再加平面简图，借以表明结构形式和使用特点（有起重设备的，需要表明）。

（3）结构特征和构造内容　结构特征和构造内容说明每 $1m^2$ 或每 $100m^2$ 建筑面积的扩大分项工程量及其人工和主要材料的消耗指标。

（4）经济指标

【例 5-1】　×××地区装配车间概算参考指标。

1）工程示意图（略）。

2）建筑物特征，见表 5-5。

表 5-5　建筑物特征

结构类型	混　合
层数	单层
跨度	12m
跨数	单跨
平均高度	11.388m
建筑面积	605.03m²
占地面积	605.03m²

3）主要构造，见表 5-6。

表 5-6　主要构造

内　容	说　明
基础	钢筋混凝土杯形基础、圈梁
外墙	1 砖半
内墙	
柱及其间距	工字形钢筋混凝土柱，间距 6m
梁	钢筋混凝土吊车梁
门窗	塑钢门窗
地面	灰土垫层，水泥砂浆抹面
屋架	钢筋混凝土薄腹梁，12m 梁
屋面	大型钢筋混凝土屋面板,蛭石混凝土,二毡三油卷材防水
外墙抹灰	水泥砂浆勾缝
内墙抹灰	原浆勾缝,抹白灰砂浆
顶棚	抹白灰砂浆

4) ×××地区装配车间每100m^{2}建筑面积材料的概算参考指标,见表5-7。

表 5-7　×××地区装配车间每100m^{2}建筑面积材料的概算参考指标

材料名称	单位	消耗量
钢材	t	3.75
水泥	t	16.15
塑钢	m^2	3.93
砖	千块	22.12
玻璃	m^2	35.02
生石灰	t	4.15
砂	m^3	31.12
碎石	m^3	32.89
油毡	m^2	235.72
沥青	t	0.62
圆钉	kg	11.80
钢丝	kg	110.89

如表5-7所示,×××地区装配车间的概算参考指标,主要表示了材料消耗指标。应注意,材料消耗指标是概算指标中的基本指标。由于市场上的材料价格有地区差价和时间差价,所以通常是根据材料消耗指标,按当时和当地的材料价格进行计算。

表5-8为×××地区工业建筑工程用单项形式表达的概算指标,它是以货币价值为指标的表达形式,适用于投标报价。

表5-9为×××市住宅建筑工程的单项形式概算指标。

表5-10为×××省民用建筑工程综合形式概算指标参考示例。

5.2.3　概算指标编制的主要依据

1) 标准设计图和各类典型工程的图纸。
2) 现行的概算指标和消耗量定额、补充定额资料和补充单位估价表。
3) 近期相应地区的人工工资标准、材料价格、机械台班使用单价等。
4) 国家颁发的建筑标准,设计和施工规范及其他有关规范。
5) 积累的工程造价资料。
6) 国家、省、自治区、直辖市批准颁发的有关提高建筑经济效果和降低造价方面的文件。

5.2.4　概算指标的编制步骤

(1) 准备阶段　主要是成立编制小组,拟定编制方案。包括收集图纸资料,确定编制内容和表现形式,制定概算指标的有关方针、政策和技术性问题。

(2) 编制阶段　主要是选定图纸,并根据图纸资料和已完成的工程造价资料,计算工程量和编制单位工程预算书,以及按着编制方案确定的指标内容中的人工及主要材料消耗指标,填写概算指标的表格。

表 5-8 ×××地区工业建筑工程单项形式概算指标参考示例

工程结构内容：单层混合结构，条形毛石基础，深度 2.2m，建筑物高度 8～8.5m，水泥砂浆外墙，外墙厚 370～490mm，内墙厚为 240mm，水泥地面，大型屋面板，珍珠岩保温，SBS 改性沥青卷材防水，木门窗。

定额编号	工程名称			工作量		占各分部（%）		直接费含量（%）			间接费含量（%）		规费	单位造价/元
				计量单位		各分部占总价	人工	材料	机械	企业管理费				
						1	2	3	4	5		6	7
1-1-004	化工车间	综合价		m²	2000	100	7.16	60.02	5.64	10.37		16.81	1208.23
		土建/水电暖卫		m²		91.68/8.32	6.54/0.62	54.57/5.45	5.38/0.26	9.57/0.80		15.62/1.19	1107.71/100.52
一		土建		m²	2000	100	7.13	59.52	5.87	10.44		17.04	1107.71
1	扩大分部	土石方		m³		100/0.33	70.18/0.23			11.72/0.04		18.1/0.06	3.66
2		砖砌体		m³		100/12.27	7.16/0.84	64.23/7.88	2.79/0.34	11.72/1.32		15.1/1.83	135.92
3		脚手架		m³		100/2.89	9.57/0.28	54.77/1.58	5.84/0.17	11.72/0.34		18.1/0.52	32.01
4		钢筋混凝土		m³		100/29.58	5.12/1.51	67.23/19.87	2.85/0.84	9.72/2.88		15.08/4.46	327.66
5		金属构件运输安装		t		100/6.94	5.59/0.39	35.05/2.43	29.54/2.05	11.72/0.81		18.1/1.26	71.89
6		塑钢		m³		100/14.39	5.76/0.83	60.45/8.70	3.97/0.57	11.72/1.69		18.1/2.60	159.40
7		楼地面		m³		100/1.16	3.80/0.05	81.96/0.72	4.42/0.05	11.72/0.14		18.1/0.20	12.85
8		屋面		m³		100/16.21	3.53/1.14	65.52/9.43	1.13/0.22	11.72/2.13		18.1/3.29	179.56
9		装饰		m³		100/15.56	12.93/1.75	55.59/9.54	1.66/0.23	11.72/1.59		18.1/2.45	172.36
10		金属		m³		100/0.67	3.86/0.03	61.38/0.41	4.94/0.03	11.72/0.08		18.1/0.12	7.42
二		暖卫电		m²	2000	100	68.85	2.89	9.06	8.86		10.34	100.52
1	扩大分部	采暖		m²		100/63.50	68.64/42.96	2.33/1.46	9.22/6.04	9.50/6.22		10.31/6.82	63.83
2		给排水		m²		100/16.16	67.64/10.58	0.58/0.48	10.30/1.76	9.08/1.39		12.40/1.75	16.24
3		电气照明		m²		100/20.34	77.91/15.84	0.61/0.12	5.98/1.22	6.77/1.38		8.73/1.78	20.45

表 5-9 ××××市住宅建筑工程单项形式概算指标参考示例

建筑工程特点		造价/(元/m²)		工料用量/m²		
		级别	造价	项目	单位	数量
结构	砖混结构	施工企业	1359.80	人工费	元	36.48
地耐力	0.159MPa	土建	1183.03	用工	工日	4.75
层数	6层	水暖	142.10	钢筋	kg	15.95
层高	3.3m	电气照明	34.47	水泥	kg	155.00
梯户数	一梯二户	其中:		木材	m³	0.033
基础	条形板式钢筋混凝土基础	土方	94.08	红砖	块	310
地下室	占建筑面积的4.2%	基础	140.34	净砂	m³	0.44
墙壁	外墙2砖厚；内墙1.5~1砖厚	门窗	99.54	砾石	m³	0.23
门窗	木制	地面	33.0	白灰	kg	32
地面	水泥抹面	屋面	28.68	白石子	kg	1.5
楼板	预制钢筋混凝土空心板	外装修	15.3	沥青	m²	2.05
屋面保温	散铺珍珠岩12cm	暖气片	31.28	油毡	kg	0.80
屋面防水	三毡四油一砂	大便器	20.3	铁钉	kg	0.20
内装修	中级抹灰，刷台	洗手盆	13.3	8#线	m²	0.40
外装修	阳台、雨蓬、檐头水刷石，其余墙面勾缝	灯具	3.7	珍珠岩	m³	0.025
楼梯	现浇钢筋混凝土内楼梯			玻璃	m²	0.28
给排水	集中供热，N132暖气片					
电气照明	塑料管暗配，普通灯具，木制电表箱					

注：造价中包括了取费。

表 5-10 ×××省民用建筑工程综合形式概算指标参考示例

编号	工程名称	结构特征	适用范围/m²	造价/(元/m²)	其中				主要材料消耗量/100m²				
					土建/(元/m²)	采暖/(元/m²)	给排水/(元/m²)	电气照明/(元/m²)	水泥/t	钢材/t	木材/m²	红砖/千块	玻璃/m²
民-1	五层住宅	混合	4000	1005.82	890.37	70.93	35.63	8.89	8.42	0.885	3.49	26.00	25.00
民-2	六层住宅	混合	4000	1245.74	1065.41	120.39	50.67	9.27	10.78	1.114	3.85	32.26	24.90
民-3	四层独身宿舍	混合	3000	853.25	758.52	64.43	22.48	8.82	17.39	1.110	3.93	26.37	20.00
民-4	三层办公楼	混合	700	1080.35	959.38	72.06	39.73	9.18	7.67	0.670	6.16	28.76	33.52
民-5	四层办公楼	混合	3000	1001.76	887.74	69.79	34.98	8.25	8.42	0.910	14.38	28.00	26.00
民-6	四层中学教学楼	混合	3200	847.82	752.99	64.22	21.84	8.77	9.04	1.430	4.61	22.70	26.52
民-7	五层中学教学楼	混合	3800	1060.08	941.58	71.31	38.02	9.17	9.77	1.390	3.45	23.26	29.00
民-8	三层招待所	混合	1000	993.55	885.84	65.97	32.94	8.80	8.78	0.720	2.98	19.43	24.24
民-9	二、三层综合商场	混合	2000	1101.53	975.42	74.57	40.25	11.29	13.08	1.41	5.35	15.68	33.50
民-10	三层百货超市	混合	3000	1175.48	1042.87	77.53	41.29	13.79	12.67	1.53	4.85	24.30	25.00

注：本指标均为定额直接费。

每100m² 建筑面积造价指标编制方法如下：

1）编写资料审查意见及填写设计资料名称、设计单位、设计日期、建筑面积及构造情况，提出审查和修改意见。

2）在计算工程量的基础上，编制单位工程预算书，据以确定每百平方米建筑面积及构造情况以及人工、材料、机械消耗指标和单位造价的经济指标。

① 计算工程量，就是根据审定的图纸和消耗量定额计算出建筑面积及各分部分项工程量，然后按编制方案规定的项目进行归并，并以每百平方米建筑面积为计算单位，换算出所对应的工程量指标。

例如：计算某民用住宅的典型设计的工程量，知道其中条形毛石基础的工程量为 128.3m³，该建筑物为980m²，则100m² 的该建筑物的条形毛石基础工程量指标为

$$\frac{128.3}{980} \times 100 m^3 / 100 m^2 = 13.09 m^3 / 100 m^2$$

其他各结构工程量指标的计算，依此类推。

② 根据计算出的工程量和消耗量定额等资料，编制预算书，求出每百平方米建筑面积的预算造价及工、料、施工机械费用和材料消耗量指标。

构筑物是以座为单位编制概算指标，因此，在计算完工程量，编出预算书后，不必进行换算，预算书确定的价值就是每座构筑物概算指标的经济指标。

（3）审核定案及审批　概算指标初步确定后要进行审查、平衡分析，并作必要的修整后，审查定稿。

5.2.5　概算指标的应用

1. 直接应用概算指标编制概算

（1）主要材料消耗量的计算　计算公式：

$$材料消耗量 = 拟建建筑面积 \times 概算指标中 100 m^2 材料消耗量 / 100 \tag{5-1}$$

【例5-2】 拟建操作车间，建筑面积为1000m²。如拟建建筑物的特征和主要结构条件，与表5-7所依据的建筑物的条件基本相同，则可以直接利用该表的概算指标，来计算拟建建筑物的主要材料的消耗量。

根据公式：

$$钢材消耗量 = (1000 \times 3.75/100) t = 37.5 t$$
$$水泥消耗量 = (1000 \times 16.15/100) t = 161.5 t$$
$$塑钢消耗量 = (1000 \times 3.93/100) m^3 = 39.3 m^3$$
$$砖消耗量 = (1000 \times 22.12/100) 千块 = 221.2 千块$$
$$玻璃消耗量 = (1000 \times 35.02/100) m^2 = 350.2 m^2$$

（2）建筑物的造价计算　计算公式：

$$综合单价 = 拟建建筑面积 \times 概算指标中每1 m^2 单位综合造价 \tag{5-2}$$
$$土建造价 = 拟建建筑面积 \times 概算指标中每1 m^2 单位土建造价 \tag{5-3}$$
$$暖卫电造价 = 拟建建筑面积 \times 概算指标中每1 m^2 单位暖卫电造价 \tag{5-4}$$

式(5-3)+式(5-4)=式(5-2)。

$$采暖造价 = 拟建建筑面积 \times 概算指标中每 1m^2 单位采暖造价 \quad (5\text{-}5)$$
$$给水排水造价 = 拟建建筑面积 \times 概算指标中每 1m^2 单位给排水造价 \quad (5\text{-}6)$$
$$电气照明造价 = 拟建建筑面积 \times 概算指标中每 1m^2 单位电气照明造价 \quad (5\text{-}7)$$

式(5-5)+式(5-6)+式(5-7)=式(5-4)。

【例 5-3】 拟建一个化工车间，建筑面积为 $6500m^2$，如果工程内容与表 5-8 概算指标中的内容基本相同，可以直接套用表 5-8 的概算指标，计算拟建化工车间的造价。

根据公式：

综合造价 = 6500×1208.23 元 = 7853495 元
土建造价 = 6500×1107.71 元 = 7200115 元
暖卫电造价 = 6500×100.52 元 = 653380 元
采暖造价 = 6500×63.83 元 = 414895 元
给排水造价 = 6500×16.24 元 = 105560 元
电气照明造价 = 6500×20.45 元 = 132925 元

2. 修正概算指标编制概算

由于局部工程内容在套用现成的概算指标时常常会出现不一致的情况，故此时得把不同的局部工程内容的单位造价，从单位综合造价中减去，然后把顶替它的工程内容的单位造价加入到单位综合造价中。

计算公式：

$$\begin{aligned}建筑物的造价 = 拟建建筑面积 \times (&概算指标中的建筑物单方造价 - \\ &概算指标中不同工程内容的单方造价 + \\ &拟改用的工程内容单方造价)\end{aligned} \quad (5\text{-}8)$$

【例 5-4】 拟建一幢六层住宅楼，建筑面积为 $1500m^2$，与表 5-9 概算指标的工程内容对照，仅地面不同。拟建住宅楼为水磨石地面，造价为 45.98 元/m^2，而概算指标中的水泥地面造价为 16.5 元/m^2，求拟建建筑物的造价。

根据公式：

拟建六层住宅楼的造价 = 1500×(1359.80 − 16.5 + 45.98) 元 = 1500×1297.32 元 = 1945980 元

本章小结及关键概念

本章小结： 概算定额是在消耗量定额的基础上，根据有代表性的通用设计图和标准图等资料，以主要工序为准，综合相关工序，经过适当综合扩大和合并而成的定额。概算定额是编制扩大初步设计概算时计算和确定扩大分项工程的人工、材料、机械台班耗用量（或货币量）的数量标准，它是消耗量定额的综合扩大。

概算指标是在概算定额的基础上进一步综合扩大，以 100m² 建筑面积为单位，构筑物以座为单位，规定所需人工、材料及机械台班消耗数量及资金的定额指标。

概算定额和概算指标是编制初步设计概算、确定概算造价的依据，是设计单位进行设计方案技术经济分析的依据。

关键概念：概算定额、概算指标、设计概算、修正概算指标。

习　　题

1. 概算定额的编制步骤为_____、_____、_____、_____。
2. 建筑工程概算指标，是以建筑物和构筑物为对象，以建筑面积、体积或成套设备装置的台或组为计量单位而规定_____、_____和_____的消耗指标和造价指标。
3. 什么是概算定额？它有哪些作用？
4. 简述编制概算定额的方法及编制原则。
5. 简述概算指标及其作用。
6. 简述概算指标的主要编制依据和步骤。
7. 简述概算定额与概算指标的异同。
8. 若拟建一个工业厂车间，建筑面积 10000m²，如果其工程内容与表 5-8 概算指标内容基本相同，试确定其概算造价。
9. 拟建一栋六层住宅楼，建筑面积 4000m²，与概算指标的工程内容对照，仅门窗制作与表 5-9 不同，拟建住宅门窗为塑钢门窗，造价为 190.00 元/m²，施工企业为某市建筑公司，试确定拟建建筑的造价。
10. 参照相关预算定额，以 10m³ 为单位，编制一砖内墙墙体（双面抹灰）概算定额，其中墙体抹灰应综合石灰砂浆、水泥砂浆、混合砂浆等抹子目，各自所占比例分别为 10%、20%、70%。
11. 某工业厂房建筑面积 1500m²，主要结构特征与构造与表 5-5、表 5-6 基本类似，其主要材料消耗量如下：钢材 52.3t，水泥 310t，木材 70.2m³，红砖 315.56 千块，玻璃 402m²，生石灰 61.4t，砂 457m³，碎石 466m³，油毡 3221m²，沥青 10.2t；试确定该厂房的材料概算指标。

二维码形式客观题

微信扫描二维码，可在线做题，提交后可查看答案。

第5章 客观题

第 6 章 工程费用定额

学习要点

本章主要介绍了建设项目投资费用的组成及其计算程序,费用定额的编制依据和原则,工程建设其他费用定额的编制方法,建筑安装工程费用定额的组成和分类,措施项目费用定额和间接费定额的编制以及利润税金的确定;通过本章的学习,应理解建设项目投资费用的组成、编制依据和原则,掌握建筑安装工程费用定额组成、分类,能熟练地掌握建设项目费用定额的编制方法、间接费用定额编制以及利润税金的确定。

学习导读

小明:"小刚,你好!你是否搞清上一章概算定额和概算指标的编制原理和用途?"

小刚:"概算定额是在消耗量定额的基础上综合扩大而成的,概算指标则是在概算定额和造价文件基础上编制而成的。它们都是编制设计概算的依据。"

小明:"噢,明白了。这一章要讲工程费用定额啦!搞清这一章内容,整个造价才能算清呢!"

6.1 概述

6.1.1 建设项目投资费用组成及计算程序

建设项目投资费用组成及计算程序见表 6-1。

表 6-1 建设项目投资费用组成及计算程序

序号		项目	计算方法
一		建筑安装工程费用	1+2+3+4
其中	1	直接费	直接工程费+措施项目费
	2	间接费	1×间接费率或人工费(或人+机)×间接费率
	3	利润	(1+2)×利润率或人工费×利润率
	4	税金(含增值税、城市维护建设税、教育费附加以及地方教育附加)	(1+2+3)×规定费率

(续)

序 号	项 目	计 算 方 法
二	设备购置费(包括备品备件)	设备购置费=设备原价+设备运杂费 (包括设备成套公司的成套服务费)
三	工器具等购置费	工器具等购置费=设备购置费× 费率(或按规定的金额计算)
四	单项工程费用	一+二+三
五	工程建设其他费用	按各项费用的有关规定计算
六	预备费(包括基本预备费和涨价预备费)	按规定计算
七	建设项目总费用	四+五+六
八	固定资产投资方向税	按规定计算(目前暂停)
九	建设期贷款利息	(七+八)×分年度贷款额×按规定的利息率
十	建设项目总造价	七+八+九
十一	铺底流动资金	

建筑安装工程费用组成及一般计算程序见表6-2和表6-3。

表6-2 建筑安装工程费用组成及一般计算程序（定额计价法）

序 号			费用名称	计算公式
一			直接费	(一)+(二)+(三)
其中	(一)		直接工程费	Σ(分项工程量×定额单价),或Σ{工程量×Σ[(定额工日消耗数量×人工单价)+(定额材料消耗数量×材料单价)+(定额机械台班消耗量×机械台班单价)]}
	(二)		措施项目费	Σ(分项工程量×定额单价),或(一)×相应费率
	(三)		人、材、机价差调整	1+2+3
	其中	1	人工价差	Σ人工消耗数量×(现行人工单价－预算人工单价)
		2	单调材料价差	Σ单调材料消耗数量×(信息单价－预算单价),或按规定调整系数计算
		3	材料、机械综合调整价差	(一)×规定费率
二			间接费	(四)+(五)
	(四)		企业管理费	[(一)+(二)]×规定费率
三			利润	[(一)+(二)+(四)]×利润率
	(五)		规费	[一+(四)+三]×规定费率
四			不含税工程造价	一+二+三
五			税金(包括增值税、城市维护建设税、教育费附加以及地方教育附加)	四×规定税率
六			含税工程造价	四+五

表6-3 建筑安装工程费用组成及一般计算程序（清单计价法）

序 号		费用名称	计算公式
一		分部分项工程费合价	Σ(i清单项目工程量×i分项工程综合单价)
其中		i分项工程综合单价	1+2+3+4+5+6
	1	人工费	Σ(清单项目每计量单位工日消耗量×人工单价)
	2	材料费	Σ(清单项目每计量单位j材料消耗量×j材料单价)
	3	机械使用费	Σ(清单项目每计量单位k机械台班消耗量×k机械台班单价)
	4	企业管理费	(1+2+3)×管理费费率或1×管理费费率
	5	利润	(1+2+3+4)×利润费率或1×利润费率
	6	风险	考虑施工期的差价因素

(续)

序　号		费用名称	计算公式
二		措施项目费	7+8+9
其中	7	模板、脚手架等措施项目	$\sum(p$措施项目工程量$\times p$措施项目综合单价$)$
	8	安全文明施工费	（一+不含安全文明施工费的措施费+三）×规定费率
	9	其他措施项目费	$\sum(一\times$某措施项目费率$)$或$\sum(1\times$某措施项目费率$)$
三		其他项目费	（一）+（二）
其中	（一）	招标人部分	10+11+12
	10	暂列金额	由招标人根据拟建工程实际计列
	11	暂估价	由招标人根据拟建工程实际计列
	12	其他	由招标人根据拟建工程实际计列
	（二）	投标人部分	13+14+15
	13	总承包服务费	由投标人根据拟建工程或参照政府有关部门发布费率计列
	14	计日工	$\sum(q$零星项目工程量$\times q$零星项目综合单价$)$
	15	其他	由投标人根据拟建工程实际计列
四		规费	（一+二+三）×规定费率
五		不含税工程造价	一+二+三+四
六		税金（含增值税、城市维护建设税、教育费附加以及地方教育附加）	（一+二+三+四）×规定费率
七		含税工程造价	五+六

6.1.2 费用定额的分类、编制依据和原则

1. 费用定额的分类

按照建设项目投资费用的组成分类，费用定额有：建筑安装工程定额、设备安装工程定额、工器具定额和工程建设其他费用定额等。

按照建筑安装工程费用的性质分类，费用定额有：直接费定额（包括施工定额和消耗量定额）、措施项目费用定额、间接费用定额、利润、税金定额等。

2. 费用定额的编制依据

1）国家相关法律、法规、条例的规定。如住房和城乡建设部、财政部《关于印发〈建筑安装工程费用项目组成〉的通知》（建标〔2013〕44号）、建设部办公厅《建筑工程安全防护、文明施工措施费用及使用管理规定》（建办〔2005〕89号）、《关于做好建筑业营改增建设工程计价依据调整准备工作的通知》（建办标〔2016〕4号）、《关于重新调整建设工程计价依据增值税税率的通知》（建办标函〔2019〕193号）。

2）企业内部有关费用支出情况。

3）项目相关费用支出情况。

3. 费用定额的编制原则与方法

1）以住房和城乡建设部、财政部颁发的建标〔2013〕44号等文件规定为基础，结合企业和市场实际情况编制。

2）以工程项目及企业发生的实际管理费、规费、措施项目费开支，作为测定费用的基础。

3）以企业近几年的竣工工程统计资料作为基础，测定各类工程权数，以加权平均方式按工程类别分摊公司、分公司管理费、措施项目费。

4）区分工业建筑、民用建筑、构筑物等不同工程，并按工程面积、层高、跨度等划分工程类型，形成建筑、安装、装饰等配套的费用定额体系。

费用定额综合反映该地区该类工程所发生的平均费用水平，由于各个企业管理水平、企业体制不同，其在施工中发生的费用也是不同的。因此，只有编制出反映企业实际费用的费用定额，才能准确计算工程造价。

5）细算粗编。在编制费用定额时，收集相关资料要细、内容要全、计算要仔细、认真；编制成册时，要粗放，以保证费用定额的涵盖性广。

6）社会平均水平原则。建设工程费用定额水平应按照社会必要劳动量确定，反映社会平均水平。费用定额的编制是一项政策性很强的技术经济工作，并且与国家和企业的利益密切相关。各项费用应符合国务院、财政部、劳动和社会保障部以及省人民政府有关规定。

7）简明适用原则。制定费用定额时，要结合工程建设的经济技术特点，在认真分析各项费用属性的基础上，理顺费用项目的划分，制定相应的费率，计取各项费用的方法应力求简单。

8）定性分析与定量分析相结合原则。费用定额的编制，要充分考虑可能对工程造价造成影响的各种因素。

6.2 建筑安装工程费用定额

建筑安装工程费用定额包括措施项目费用定额、间接费用定额（包括企业管理费用定额和规费定额）、利润和税金定额。

6.2.1 措施项目费用定额的编制

1. 概念

措施项目费用定额是指直接工程费以外的、为完成工程项目施工发生的施工准备、组织施工过程中的技术、生活、安全、环境保护等方面的费用开支标准。按照国家有关规定，措施项目费用定额包括总价措施项目（即国家计量规范规定不宜计量的措施项目，又称通用措施项目）费用定额和单价措施项目（即国家计量规范规定应予计量的措施项目，又称专业措施项目）费用定额及其他措施项目费用定额。

2. 总价措施项目费用定额

总价措施项目就是国家计量规范规定不宜计量，而以总价计价的措施项目，也就是用规定的计费基数乘费率计算。内容包括：安全文明施工费，夜间施工增加费，二次搬运费，冬雨季施工增加费，地上、地下设施及建筑物临时保护设施费，已完工程设备保护费等费用。计算方法如下：

（1）安全文明施工费　安全文明施工费是指在合同履行过程中，承包人按照国家法律、法规、标准等规定，为保证安全施工、文明施工、保护现场内外环境和搭拆临时设施等所采用的措施而发生的费用。安全文明施工费包括环境保护费（含扬尘污染治理费）、文明施工费、安全施工费及临时设施费等。

$$安全文明施工费 = 计费基数 \times 安全文明施工费费率$$

国家规定计费基数应为定额基价（或定额分部分项工程费+定额中可以计量的措施项目费）、定额人工费（或定额人工费+定额机械费），其费率由工程造价管理机构根据各专业工程的特点综合确定。陕西省计费基数＝分部分项工程费+不含安全文明施工费的措施项目费+其他项目费。建设单位和施工企业均应按照省、自治区、直辖市或行业建设主管部门发布标准计算，不得作为竞争性费用。

1）环境保护费：为保护施工现场周围环境，防止对自然环境造成不应有的破坏，防止和减轻粉尘、扬尘、噪声、振动对周围环境的污染和危害，竣工后修整和恢复在工程施工中受到破坏的环境等所需的费用。

$$环境保护费＝计费基数×环境保护费费率$$

2）文明施工费：为保证施工生产文明施工而发生的费用。包括"五牌一图"、安全警示标志牌、现场围挡美化、生活卫生设施、场容场貌装饰美化、材料堆放及操作场地硬化、场地绿化、治安综合治理、企业标志等措施所发生的费用。

$$文明施工费＝计费基数×文明施工费费率$$

3）安全施工费：为保证施工生产安全而发生的费用。包括安全施工所有项目及按安全技术操作规程规定所发生的安全措施费用。

$$安全施工费＝计费基数×安全施工费费率$$

4）临时设施费：施工企业为进行建筑工程施工所必须搭设的生产和生活用的临时建筑物、构筑物和其他临时设施的搭建、维修、拆除费用。

临时设施包括临时生活设施、办公室、文化娱乐用房、构筑物、仓库、加工棚及规定范围内的临时供水、供电（用电设施除外）、排水管道等。

临时设施费总额为周转性临建费、一次性临建费、其他费用3项之和。其中：

$$周转性临建费＝\sum（拟临建工程数量×相应单价）/周转次数+一次性拆除费$$

$$一次性临建费＝\sum[拟临建工程数量×相应单价×（1-残值率）]+一次性拆除费$$

$$其他费用＝（周转使用临建费+一次性使用临建费）×（1+其他临时设施所占比例）$$

其所占比例可由各地区造价管理部门依据典型施工企业的成本资料分析后综合测定。

或
$$临时设施费总额＝计费基数×临时设施费费率$$

（2）夜间施工增加费 夜间施工增加费指因工程结构及施工工艺要求，必须进行夜间施工所发生的夜班补助费、夜间施工降效、夜间施工照明设施摊销及照明用电等费用。

$$夜间施工增加费＝（1-合同工期/定额工期）×（直接工程费中的人工费合计/平均日工资单价）×每工日夜间施工费开支$$

或
$$夜间施工增加费＝计费基数×夜间施工增加费费率$$

（3）二次搬运费 二次搬运费是指因施工场地条件限制而发生的材料、成品、半成品等一次运输不能到达堆放地点，必须进行的二次或多次搬运费用。

$$二次搬运费＝计费基数×二次搬运费费率$$

（4）冬雨季施工增加费 冬雨季施工增加费是指按照施工及验收规范所规定的冬雨季施工要求，为保证冬雨季施工期间的工程质量和安全生产所需要增加的费用。冬季施工增加费不包括冬季采用暖棚法、蒸汽养护法、蓄热法施工增加的费用，实际发生时可另行计算，但应扣除费用定额中的相应费用。

$$冬雨季施工增加费＝计费基数×冬雨季施工增加费费率$$

(5) 地上、地下设施及建筑物的临时保护设施费　地上、地下设施及建筑物的临时保护设施费是指为了保证后续工程的顺利进行，对已建成的地上、地下设施和建筑物做出临时保护的费用。

$$临时保护设施费用 = 临时保护所需机械费 + 材料费 + 人工费$$

或

$$临时保护设施费用 = 计费基数 \times 临时保护设施费费率$$

(6) 已完工程及设备保护费

$$已完工程及设备保护费 = 计费基数 \times 已完工程及设备保护费费率$$

上述（2）~（6）项措施项目的计费基数应为定额人工费（或定额人工费+定额机械费），其费率由工程造价管理机构根据各专业工程特点和调查资料综合分析后确定。

3. 单价措施项目费用定额

单价措施项目就是国家计量规范规定应予计量的措施项目，内容包括：脚手架费、混凝土及钢筋混凝土模板及支架费，垂直运输机械费及超高增加费，大型机械设备进出场及安拆费，施工降水、排水费等，计算公式为

$$措施项目费 = \sum (措施项目工程量 \times 综合单价)$$

1）脚手架费：施工需要的各种脚手架搭拆、运输费用及摊销（或租赁）费用。

2）混凝土及钢筋混凝土模板及支架费：混凝土、钢筋混凝土工程施工中所用模板和支架的搭拆费用及摊销（或租赁）费用。

3）垂直运输机械费及超高增加费：工程施工需要的垂直运输机械使用费和建筑物高度超过20m时，人工、机械降效等所增加的费用。

4）大型机械设备进出场及安拆费：机械整体或分体自停放场地运至施工现场或由一个施工地点运至另一个施工地点所发生的机械进出场运输及转移费用和机械在施工现场进行安装、拆卸所需的人工费、材料费、机械费、试运转费及安装所需辅助设施的费用。

5）施工降水、排水费：为了保证工程的正常施工，采取各种排水、降水措施所发生的费用。

4. 其他措施项目费用定额

其他措施项目费用定额是指上述未包括的费用项目定额，如装饰装修工程中的室内空气污染测试等专业措施项目费用。

6.2.2　间接费用定额的编制

建筑安装工程间接费是指虽然不直接由施工的工艺过程所引起，但却与工程的总体条件有关的，建筑安装企业为组织施工和进行经营管理以及间接为建筑安装生产服务的各项费用。间接费用由规费、企业管理费组成。

1. 规费

规费是指按国家法律、法规规定，由省级政府和省级有关权力部门规定必须缴纳或计取的费用。规费包括：

（1）社会保险费　社会保险费包括：

1）养老保险费：企业按照规定标准为职工缴纳的基本养老保险费。

2）失业保险费：企业按照规定标准为职工缴纳的失业保险费。

3）医疗保险费：企业按照规定标准为职工缴纳的基本医疗保险费。

4）生育保险费：企业按照规定标准为职工缴纳的生育保险费。

5）工伤保险费：企业按照规定标准为职工缴纳的工伤保险费。

（2）住房公积金　住房公积金是指企业按规定标准为职工缴纳的住房公积金。

（3）工程排污费　工程排污费是指按规定缴纳的施工现场工程排污费。

其他应列而未列入的规费，按实际发生计取。

社会保险费和住房公积金应以定额人工费为计算基础，根据工程所在地省、自治区、直辖市或行业建设主管部门规定费率计算。计算公式：

$$社会保险费和住房公积金 = \sum (工程定额人工费 \times 社会保险费和住房公积金费率)$$

式中，社会保险费和住房公积金费率可以每万元发承包价的生产工人人工费和管理人员工资含量与工程所在地规定的缴纳标准综合分析取定。

工程排污费等其他应列而未列入的规费应按工程所在地环境保护等部门规定的标准缴纳，按实计取列入。

或

$$规费 = 计费基数 \times 规费费率$$

根据工程所在地省、自治区、直辖市或行业建设主管部门规定的计费基数和费率计算。例如，陕西省计费基数=分部分项工程费+措施项目费+其他项目费。建设单位和施工企业均应按照省、自治区、直辖市或行业建设主管部门发布的标准计算规费，不得作为竞争性费用。

2. 企业管理费

企业管理费是指建筑安装企业组织施工生产和经营管理所需的费用。内容包括：

1）管理人员工资：按规定支付给管理人员的计时工资、奖金、津贴补贴、加班加点工资及特殊情况下支付的工资等。

2）办公费：企业管理办公用的文具、纸张、账表、印刷、邮电、书报、办公软件、现场监控、会议、水电、烧水和集体取暖降温（包括现场临时宿舍取暖降温）等费用。

3）差旅交通费：职工因公出差、调动工作的差旅费、住勤补助费，市内交通费和误餐补助费，职工探亲路费，劳动力招募费，职工退休、退职一次性路费，工伤人员就医路费，工地转移费以及管理部门使用的交通工具的油料、燃料等费用。

4）固定资产使用费：管理和试验部门及附属生产单位使用的属于固定资产的房屋、设备、仪器等的折旧、大修、维修或租赁费。

5）工具用具使用费：企业施工生产和管理使用的不属于固定资产的工具、器具、家具、交通工具和检验、试验、测绘、消防用具等的购置、维修和摊销费。

6）劳动保险和职工福利费：由企业支付的职工退职金、按规定支付给离休干部的经费，集体福利费、夏季防暑降温、冬季取暖补贴、上下班交通补贴等。

7）劳动保护费：企业按规定发放的劳动保护用品的支出，如工作服、手套、防暑降温饮料以及在有碍身体健康的环境中施工的保健费用等。

8）检验试验费：施工企业按照有关标准规定，对建筑以及材料、构件和建筑安装物进行一般鉴定、检查所发生的费用，包括自设实验室进行试验所耗用的材料等费用。不包括新结构、新材料的试验费，对构件做破坏性试验及其他特殊要求检验试验的费用和建设单位委托检测机构进行检测的费用，对此类检测发生的费用，由建设单位在工程建设其他费用中列支。但对施工企业提供的具有合格证明的材料进行检测不合格的，该检测费用由施工企业支付。

9）工会经费：企业按《中华人民共和国工会法》规定的全部职工工资总额比例计提的工会经费。

10）职工教育经费：按职工工资总额的规定比例计提，企业为职工进行专业技术和职业技能培训、专业技术人员继续教育、职工职业技能鉴定、职业资格认定以及根据需要对职工进行各类文化教育所发生的费用。

11）财产保险费：施工管理用财产、车辆等的保险费用。

12）财务费：企业为施工生产筹集资金或提供预付款担保、履约担保、职工工资支付担保等所发生的各种费用。

13）税金：企业按规定缴纳的房产税、车船使用税、土地使用税、印花税等。

14）其他，包括技术转让费、技术开发费、投标费、业务招待费、绿化费、广告费、公证费、法律顾问费、审计费、咨询费、保险费等。

计算公式：

$$企业管理费 = 计算基础 \times 企业管理费费率$$

（1）以分部分项工程费为计算基础

$$企业管理费费率 = \frac{生产工人年平均管理费}{年有效施工天数 \times 人工单价} \times 人工费占分部分项工程费比例$$

（2）以人工费和机械费合计为计算基础

$$企业管理费费率 = \frac{生产工人年平均管理费}{年有效施工天数 \times (人工单价 + 每一工日机械使用费)} \times 100\%$$

（3）以人工费为计算基础

$$企业管理费费率 = \frac{生产工人年平均管理费}{年有效施工天数 \times 人工单价} \times 100\%$$

注：上述公式适用于施工企业投标报价时自主确定管理费，是工程造价管理机构编制计价定额确定企业管理费的参考依据。

工程造价管理机构在确定计价定额中企业管理费时，应以定额人工费或（定额人工费+定额机械费）作为计算基数，其费率根据历年工程造价积累的资料，辅以调查数据确定。企业管理费一般应计入综合单价中。

6.2.3 利润、税金和风险及其他项目费用定额的编制

1. 利润定额

利润是指施工企业完成所承包工程获得的盈利。利润是施工企业和劳动者为社会和集体所创造的价值。施工企业可根据企业经营管理水平、项目特点和建筑市场供求情况，自行确定本企业的利润水平。计算公式：

$$利润 = (直接工程费 + 管理费) \times 利润率$$

或

$$利润 = 人工费 \times 利润率$$

1）施工企业根据企业自身需求并结合建筑市场实际自主确定，列入报价中。

2）工程造价管理机构在确定计价定额中利润时，应以定额人工费或（定额人工费+定

额机械费）作为计算基数，其费率根据历年工程造价积累的资料，并结合建筑市场实际确定，以单位（单项）工程测算，利润在税前建筑安装工程费的比重可按不低于5%且不高于7%的费率计算。利润应计入综合单价中，也即列入分部分项工程和措施项目费用中。

2. 税金定额

税金是指增值税、城市维护建设税、教育费附加以及地方教育附加。计算公式：

$$税金 = 不含税工程造价 \times 规定税率$$

建设单位和施工企业均应按照省、自治区、直辖市或行业建设主管部门发布标准计算税金，不得作为竞争性费用。

3. 风险

风险是一种客观存在的、会带来损失的、不确定的状态。它具有客观性、损失性、不确定性的特点，并且风险始终是与损失相联系的。工程施工发包是一种期货交易行为，工程建设本身又具有单件性和建设周期长的特点，在工程施工过程中影响工程施工及工程造价的风险因素很多，但并非所有的风险都是承包人能预测、能控制和应承担其造成损失的。基于市场交易的公平性和工程施工过程中发承包双方权、责的对等性要求，发承包双方应合理分摊风险，所以要求招标人在招标文件中或在合同中禁止采用无限风险、所有风险或类似语句规定投标人应承担的风险内容及其风险范围或风险幅度。

根据我国工程建设特点，投标人应完全承担的风险是技术风险和管理风险，如管理费和利润；应有限度承担的是市场风险，如材料价格、施工机械使用费等的风险；应完全不承担的是法律、法规、规章和政策变化的风险。

根据我国目前工程建设的实际情况，各省、自治区、直辖市建设行政主管部门均根据当地劳动行政主管部门的有关规定发布人工成本信息，对此关系职工切身利益的人工费不宜纳入风险，管理费和利润的风险由投标人全部承担。

发承包双方应按照合同的有关规定确定各自应承担风险费用，当发生争议时，按下列规定实施：

1）材料、工程设备的涨幅超过招标时基准价格 5%以上，由发包人承担。

2）施工机械使用费涨幅超过招标时的基准价格 10%以上，由发包人承担。

4. 其他项目费用定额

1）暂列金额：建设单位在工程量清单中暂定并包括在工程合同价款中的一笔款项。用于施工合同签订时尚未确定或者不可预见的所需材料、工程设备、服务的采购，施工中可能发生的工程变更、合同约定调整因素出现时的工程价款调整以及发生的索赔、现场签证确认等的费用。暂列金额由建设单位根据工程特点，按有关计价规定估算，施工过程中由建设单位掌握使用、扣除合同价款调整后如有余额，归建设单位。

2）计日工：在施工过程中，施工企业完成建设单位提出的施工图以外的零星项目或工作所需的费用。计日工由建设单位和施工企业按施工过程中的签证计价。

3）总承包服务费：总承包人为配合、协调建设单位进行的专业工程发包，对建设单位自行采购的材料、工程设备等进行保管以及施工现场管理、竣工资料汇总整理等服务所需的费用。总承包服务费由建设单位在招标控制价中根据总包服务范围和有关计价规定编制，施工企业投标时自主报价，施工过程中按签约合同价执行。

6.3 工程建设其他费用定额

工程建设其他费用是指根据有关规定,应在基本建设投资中支付并列入建设项目总概算或单项工程综合概算的,除建筑安装工程费用和设备、工器具购置费以外的一些费用。根据国家有关规定,包括土地使用费、建设管理费、可行性研究费、勘察设计费、研究试验费、建设单位场地准备费、临时设施费、工程保险费、引进技术和进口设备的其他费用、特殊设备安全监督检验费、市政公用设施建设及绿化费、劳动安全卫生评价费、环境影响评价费、联合试运转费、生产准备及开办费等。各项工程建设其他费用含义及定额的编制方法如下:

6.3.1 土地使用费

土地使用费是指通过划拨方式取得土地使用权而支付的土地征用及迁移补偿费,或者通过土地使用权出让方式取得土地使用权而支付的土地使用权出让金。

1. 土地征用及迁移补偿费

土地征用及迁移补偿费是指建设项目通过划拨方式取得无限期的土地使用权,依照《中华人民共和国土地管理法》等规定所支付的费用。它的总和一般不得超过被征土地年产值的 20 倍,土地年产值则按该地被征用前 3 年的平均产量和国家规定的价格计算。它的内容包括:土地补偿费,青苗补偿费和被征用土地上的房屋、水井、树木等附着物补偿费,安置补助费,缴纳的耕地占用税或城镇土地使用税、土地登记费及征地管理费,征地动迁费,水利水电工程水库淹没处理补偿费。

2. 土地使用权出让金

土地使用权出让金是指建设项目通过土地使用权出让方式,取得有限期的土地使用权,依照规定支付的土地使用权出让金。

1) 国家是城市土地的唯一所有者,并分层次、有偿、有限期地出让、转让城市土地。第一层次是城市政府将国有土地使用权出让给用地者,该层次由城市政府垄断经营。出让对象可以是有法人资格的企事业单位,也可以是外商。第二层次及以下层次的转让则发生在使用者之间。

2) 城市土地的出让和转让可采用协议、招标、公开拍卖等方式。

① 协议方式是由用地单位申请,经市政府批准同意后双方洽谈具体地块及地价。该方式适用于市政工程、公益事业用地以及需要减免地价的机关、部队用地和需要重点扶持、优先发展的产业用地。

② 招标方式是在规定的期限内,由用地单位以书面形式投标,市政府根据投标报价、所提供的规划方案以及企业信誉综合考虑,择优而取。该方式适用于一般工程建设用地。

③ 公开拍卖是指在指定的地点和时间,由申请用地者叫价应价,价高者得。这完全是由市场竞争决定,适用于赢利高的行业用地。

3) 关于政府有偿出让土地使用权的年限,根据 1990 年 5 月 19 日开始实行的《中华人民共和国城镇国有土地使用权出让和转让暂行条例》规定,土地使用权出让最高年限按下列用途确定:住宅用地年限为 70 年;工业用地年限为 50 年;教育、科技、文化、卫生、体育用地年限为50年；商业、旅游、娱乐用地年限为40年；综合或者其他用地年限为50年。2007年10月1日起施行的《物权法》中明确规定：住宅建设用地使用权期间届满的，自动续期。

4）土地有偿出让和转让。土地使用者和所有者要签约，明确使用者对土地享有的权利和对土地所有者应承担的义务。

① 有偿出让和转让使用权，要向土地受让者征收契税。

② 转让土地如有增值，要向转让者征收土地增值税。

③ 在土地转让期间，国家要区别不同地段、不同用途向土地使用者收取土地占用费。

6.3.2 与项目建设有关的其他费用

1. 建设管理费

建设管理费是指建设单位从项目筹建开始直至办理竣工决算为止发生的项目建设管理费用，内容包括建设单位管理费和工程监理费。

（1）建设单位管理费　建设单位管理费是指建设单位发生的管理性质的开支。包括：工作人员工资、工资性补贴、施工现场津贴、职工福利费、住房基金、基本养老保险费、基本医疗保险费、失业保险费、工伤保险费、办公费、差旅交通费、劳动保护费、工具用具使用费、固定资产使用费、必要的办公及生活用品购置费、必要的通信设备及交通工具购置费、零星固定资产购置费、招募生产工人费、技术图书资料费、业务招待费、设计审查费、工程招标费、合同契约公证费、法律顾问费、咨询费、工程质量监督检测费、审计费、完工清理费、竣工验收费、印花税和其他管理性质开支。

$$建设单位管理费=单项工程费用之和（包括设备工器具购置费和建筑安装工程费用）×建设单位管理费费率$$

建设单位管理费费率按照建设项目的不同性质、不同规模确定。有的建设项目按照建设工期和规定的金额计算建设单位管理费。

（2）工程监理费　工程监理费是指建设单位委托工程监理单位对工程实施监理工作所需费用。建设工程监理制是我国工程建设领域管理体制的重大改革，根据国家发展和改革委员会、建设部《建设工程监理与相关服务收费管理规定》等规定，选择下列方法之一计算：

1）一般情况应按工程建设监理收费标准计算，即按所监理工程概算或预算的百分比计算：

工程造价在500万元以下的，不得小于2.5%。

工程造价在500万元到1000万元的，收取1.9%至2.5%。

工程造价在1000万元到5000万元的，收取1.3%至1.9%。

工程造价在5000万元到1亿元的，收取1.1%至1.3%。

工程造价在1亿元到5亿元的，收取0.7%至1.1%。

工程造价在5亿元到10亿元的，收取0.5%至0.7%。

工程造价在10亿元以上的，不得大于0.5%。

上述计取监理费的标准包括自施工阶段到保修期阶段的监理取费，但不包括施工招标阶段的监理费。

2）对于单工种或临时性项目可根据参与监理的年度平均人数按 3.5~5 万元/(人·年)计算。

2. 可行性研究费

可行性研究费是指在建设项目前期工作中，编制和评估项目建议书（或预可行性研究报告）、可行性研究报告所需的费用。可行性研究费可依据前期研究委托合同计算，或按照国家计委《建设项目前期工作咨询收费暂行规定》(计价格〔1999〕1283 号）的规定计算。

3. 勘察设计费

勘察设计费是指为本建设项目提供项目建议书、可行性研究报告及设计文件等所需费用。内容包括：

1）编制项目建议书、可行性研究报告及投资估算、工程咨询、评价以及为编制上述文件进行勘察、设计、研究试验等所需费用。

2）委托勘察、设计单位进行初步设计、施工图设计及概预算编制等所需费用。

3）在规定范围内由建设单位自行完成的勘察、设计工作所需费用。

勘察设计费中，项目建议书、可行性研究报告按国家颁布的收费标准计算；设计费按国家颁布的工程设计收费标准计算；勘察费，一般民用建筑 6 层以下的按 $3~5$ 元/m^2 计算，高层建筑按 $8~10$ 元/m^2 计算，工业建筑按 $10~12$ 元/m^2 计算，计算公式为

$$勘察设计费 = 建筑面积 \times 收费标准$$

4. 研究试验费

研究试验费是指为建设项目提供和验证设计参数、数据、资料等进行的必要的研究试验以及设计规定在施工中必须进行试验、验证所需费用。研究试验费按照设计单位根据本工程项目的需要提出的研究试验内容和要求进行计算。

5. 建设单位场地准备及临时设施费

建设单位临时设施费是指建设期间建设单位所需临时设施的搭设、维修、推销费用或租赁费用。临时设施包括临时宿舍、文化福利及公用事业房屋与构筑物、仓库、办公室、加工厂以及规定范围内的道路、水、电、管线等临时设施。该项费用，一般按照建筑安装工程费用的 1% 计算；改扩建工程项目一般可按小于建筑安装工程费用的 0.6% 计算。

6. 工程保险费

工程保险费是指建设项目在建设期间根据需要实施工程保险所需的费用，包括以各种建筑工程及其在施工过程中的物料、机器设备为保险标的的建筑工程一切险，以安装工程中的各种机器、机械设备为保险标的的安装工程一切险，以及机器损坏保险等。

7. 引进技术和进口设备的其他费用

引进技术及专利技术使用费包括：

1）国外设计及技术资料费，引进有效专利、专有技术使用费和技术保密费；出国人员费用、国外工程技术人员来华费用、分期或延期付款利息、担保费以及进口设备检验鉴定费。

2）国内有效专利、专有技术使用费。

3）商标使用费、特许经营权费等。

8. 特殊设备安全监督检验费

特殊设备安全监督检验费是指在施工现场组装的锅炉及压力容器、消防设备、燃气设

备、电梯等特殊设备和设施,由安全监察部门按照有关安全监察条例和实施细则以及设计技术要求进行安全检验,应由建设项目支付的、向安全监察部门缴纳的费用。

9. 市政公用设施建设及绿化费

市政公用设施建设及绿化费是指项目建设单位按照项目所在地人民政府有关规定缴纳的市政公用设施建设费,以及绿化补偿费等。

10. 劳动安全卫生评价费

劳动安全卫生评价费是指按照劳动部《建设项目(工程)劳动安全卫生监察规定》和《建设项目(工程)劳动安全卫生预评价管理办法》的规定,为预测和分析建设项目存在的职业危险、危害因素的种类和危险危害程度,并提出先进、科学、合理可行的劳动安全卫生技术和管理对策所需的费用,包括编制建设项目劳动安全卫生预评价大纲和劳动安全卫生预评价报告书,以及为编制上述文件所进行的工程分析和环境现状调查等所需费用。

11. 环境影响评价费

环境影响评价费是指按照《环境保护法》等规定,为全面、详细评价建设项目对环境可能产生的污染或造成的重大影响所需的费用,包括编制环境影响报告书和评估环境影响报告书等所需的费用。

6.3.3 与企业未来生产经营有关的其他费用

1. 联合试运转费

联合试运转费是指新建项目或新增加生产能力的工程,在交付生产前按照批准的设计文件所规定的工程质量标准和技术要求,进行整个生产线或装置的负荷联合试运转或局部联动试车所发生的费用净支出(试运转支出大于收入的差额部分费用,以及必要的工业炉烘炉费)。试运转支出包括试运转所需原材料、燃料及动力消耗、低值易耗品、其他物料消耗、工具用具使用费、机械使用费、保险金、施工单位参加试运转人员工资,以及专家指导费等;试运转收入包括试运转期间的产品销售收入和其他收入。

联合试运转费不包括应由设备安装工程费用开支的调试及试车费用,以及在试运转中暴露出来的因施工原因或设备缺陷等发生的处理费用。

2. 生产准备及开办费

生产准备费及开办费是指建设项目为保证正常生产(或营业、使用)而发生的人员培训费、提前进厂费以及投产使用初期必备的生产生活用具、工器具等购置费用。费用内容包括:

1)人员培训费及提前进厂费:自行组织培训或委托其他单位培训的人员工资、工资性补贴、职工福利费、差旅交通费、劳动保护费、学习资料费等。

2)为保证初期正常生产、生活(或营业、使用)所必需的生产办公、生活家具用具购置费。改、扩建项目所需的办公和生活用具购置费应低于新建项目。其范围包括办公室、会议室、资料档案室、阅览室、文娱室、食堂、浴室、理发室、单身宿舍和设计规定必须建设的托儿所、卫生所、招待所、中小学校等家具用具购置费。这项费用按照设计定员人数乘以综合指标计算,一般为 600~800 元/人。

3)为保证初期正常生产(或营业、使用)必需的第一套不够固定资产标准的生产工具、器具、用具购置费(不包括备品备件费)。

本章小结及关键概念

本章小结：费用定额按照项目投资费用的组成分为建筑安装工程定额、设备安装工程定额、工器具定额以及工程建设其他费用定额等。

建筑安装工程费用定额包括措施项目费用定额、间接费用定额（包括企业管理费用定额和规费定额）、利润和税金定额。其中，措施项目费用定额包括总价措施项目费用定额、单价措施项目费用定额及其他措施项目费用定额。

工程建设其他费用分为三类：土地使用费、与项目建设有关的其他费用、与企业未来生产经营有关的其他费用等。

关键概念：建设项目投资费、建筑安装工程费用、工程建设其他费用。

习　题

1. 措施项目费用定额是指_____以外的，为完成工程项目施工发生的_____、_____等方面的费用开支标准。
2. 建设项目投资费用由哪些部分组成？
3. 安全文明施工费由哪些内容组成？
4. 何谓总价措施项目？何谓单价措施项目？
5. 工程建设其他费用包括哪些内容？
6. 利润、税金如何确定？

二维码形式客观题

微信扫描二维码，可在线做题，提交后可查看答案。

第 7 章
工程定额的运用

学习要点

本章重点讲解消耗量定额和单位估价表的套用与换算方法，分别以实例详细讲解定额及单位估价表、取费标准在定额计价法和清单计价法的运用方法。通过本章的学习，应掌握消耗量定额和单位估价表及取费标准在不同计价方法中的应用。

学习导读

小明："小刚好！前面学了消耗量定额和单位估价表，上一章又讲了费用定额，你知道它们干什么用、怎么用吗？"

小刚："今天这一章就要专门讲消耗量定额和单位估价表以及费用定额的应用了！"

小明："太好了！这章的内容挺实用的，也挺重要的，是为我们学习'工程计量与计价'打基础的。"

7.1 工程定额的套用与换算

在计算工程项目的人工、材料、机械台班消耗量和其费用时，最直接、快速的方法就是套用工程定额来确定。工程定额的套用一般分为定额的直接套用、换算后套用和补充定额三种情况。

7.1.1 消耗量定额和单位估价表的直接套用

1. 消耗量定额的套用原则

当分项工程的设计要求、施工内容与消耗量定额内容完全相符时，就可以直接套用定额。但要注意定额项目的选用规则：

（1）项目名称的确定　项目名称确定的原则是设计规定的做法和要求必须与定额的做法和工作内容完全符合才能直接套用，否则必须根据有关规定进行换算或补充。

（2）计量单位的变化　消耗量定额编制时，往往在满足精度要求的前提下，对某些价值较低的分项工程采用了扩大计量单位的办法。如抹灰工程的计量单位,一般采用100m^2;砌体工程的计量单位,一般采用10m^{3}等。在使用定额时必须注意计量单位的变化,以免算错。

(3) 定额项目划分的规定 消耗量定额的项目划分是根据各个项目的人工、材料、机械消耗水平的不同和材料品种、构造层次以及施工方法和使用的机械类型不同而划分的。此外还有以下几种划分方法:

1) 按工程的现场条件划分,例如挖土方按土壤的等级划分。

2) 按施工方法的不同划分,例如灌注混凝土桩分钻桩孔、打孔、打孔夯扩、人工挖孔等。

3) 按照具体尺寸或质量的大小划分,例如钢屋架制作定额分为每榀1.5t以内、5t以内、8t以内和8t以外;挖土方分为深2m以内、4m以内和6m以内等项目。

定额中凡注明××以内(或以下)者,均包括××本身在内;而××以外(或以上)者,均不包括××本身。

直接套用某(i)分项消耗量定额和单位估价表(价目表)时,其消耗量和费用可按以下公式计算:

$$i\text{分项人工工日数} = i\text{分项工程量} \times \text{相应}i\text{分项定额人工消耗量指标} \quad (7\text{-}1)$$

$$i\text{分项}j\text{材料消耗数量} = i\text{分项工程量} \times \text{相应}i\text{分项定额}j\text{材料消耗量指标} \quad (7\text{-}2)$$

$$i\text{分项}k\text{机械台班数量} = i\text{分项工程量} \times \text{相应}i\text{分项定额}k\text{机械台班消耗指标} \quad (7\text{-}3)$$

$$i\text{分项人工费} = i\text{分项工程量} \times \text{相应}i\text{分项定额人工费} \quad (7\text{-}4)$$

$$i\text{分项材料费} = i\text{分项工程量} \times \text{相应}i\text{分项定额材料费} \quad (7\text{-}5)$$

$$i\text{分项机械费} = i\text{分项工程量} \times \text{相应}i\text{分项定额机械费} \quad (7\text{-}6)$$

$$i\text{分项直接工程费} = i\text{分项工程量} \times \text{相应}i\text{分项定额预算单价(即定额人材机合价)}$$
$$= i\text{分项人工费} + i\text{分项材料费} + i\text{分项机械费} \quad (7\text{-}7)$$

$$\text{分部直接工程费} = \sum i\text{分项直接工程费} \quad (7\text{-}8)$$

2. 消耗量定额套用举例

【例7-1】 依据表4-15,计算8.83m^{3}砖基础的人工、材料、机械消耗量及其费用。

【解】 人工工日数 = 8.83m^3×11.79 工日/10m^3 = 10.41 工日

标准砖 = 8.83m^3×5.236 千块/10m^3 = 4.623 千块

水泥(32.5级) = 8.83m^3×649kg/10m^3 = 573.7kg

中砂 = 8.83m^3×2.407m^3/10m^3 = 2.125m^3

水 = 8.83m^3×3.137m^3/10m^3 = 2.77m^3

灰浆搅拌机(200L) = 8.83m^3×0.393 台班/10m^3 = 0.347 台班

人工费 = 8.83m^3×495.18 元/10m^3 = 437.24 元

材料费 = 8.83m^3×1513.46 元/10m^3 = 1336.39 元

机械台班 = 8.83m^3×27.86 元/10m^3 = 24.60 元

分项直接工程费 = (437.24+1336.39+24.60)元 = 1798.23 元

7.1.2 消耗量定额和单位估价表的换算

1. 消耗量定额的换算原则

如果某分项工程的实际内容与套用的相应定额子目个别内容不相符，并且定额规定允许换算者，则应先进行换算，而后套用，从而使施工的内容与定额中的要求一致，这个过程称为定额换算。经过换算后的定额项目，要在其定额编号后加注"换"字，以示区别。

为了保持定额的水平，在消耗量定额的说明中规定了有关的换算原则，一般包括：

1）定额的砂浆、混凝土强度等级，如果与定额不同时，允许按定额附录的砂浆、混凝土配合比表换算，但配合比中的各种材料用量不得调整。

2）定额中抹灰项目已考虑常用厚度，各层砂浆的厚度一般不进行调整。如果设计有特殊要求时，定额中人工、材料，可以按厚度比例换算。

3）必须按消耗量定额中的各项规定换算定额。

2. 消耗量定额的换算方法

（1）系数换算 在定额允许换算的项目中，当一些项目因作业条件或施工对象有所改变时，定额规定采用乘以一定系数的方法进行换算。

1）乘系数换算法：乘系数换算法是按定额规定，将原消耗量定额中人工、材料、机械中的一项或多项乘以规定系数的换算方法。换算公式为

$$\text{换算后定额人工工日数} = \text{原定额人工工日数} \times \text{人工换算系数} \quad (7\text{-}9)$$

$$\text{换算后定额某种材料消耗量} = \text{原定额某种材料消耗量} \times \text{材料换算系数} \quad (7\text{-}10)$$

$$\text{换算后定额某种机械台班量} = \text{原定额某种机械台班量} \times \text{机械换算系数} \quad (7\text{-}11)$$

或 换算后定额基价 = 原定额基价 × 换算系数

$$= \text{原定额人工费} \times \text{人工换算系数} + \text{原定额材料费} \times \text{材料换算系数} +$$

$$\text{原定额机械费} \times \text{机械换算系数} \quad (7\text{-}12)$$

2）消耗量定额规定允许乘系数换算的工程项目举例如下：

土石方工程中允许换算的项目：

① 人工土方定额是按干土编制的，如挖湿土时，人工需乘以系数 1.18 加以调整。

② 推土机推土、推石渣，铲运机铲运土重车上坡时，如果坡度大于 5% 时，其运距按坡度区段斜长乘以表 7-1 中的系数计算。

表 7-1 上坡运距调整系数

坡度（%）	5~10	15 以内	20 以内	25 以内
系数	1.75	2.0	2.25	2.5

【例 7-2】 现人工挖土 850m³ 二类湿土，其中挖深为 1.5m，问需要消耗的综合人工数？

【解】 查《房屋建筑与装饰工程消耗量定额》（1-1）知，原综合人工数为 2.096 工日/10m³。

调整后定额综合人工数 = （2.096×1.18）工日/10m³ = 2.473 工日/10m³

850m³ 二类湿土消耗综合人工数 = 850m³×2.473 工日/10m³ = 210.205 工日

【例 7-3】 现使用 105kW 履带式推土机对场地进行平整，三类土，运距为 100m，坡度

为12%，求推土2800m³的机械台班消耗量。

【解】 查《房屋建筑与装饰工程消耗量定额》(1-38)(推土机推运三类土运距≤20m，0.025台班/10m³) 和 (1-40)(每增运20m，0.019台班/10m³)，求得：

2800m³的机械台班消耗量＝2800m³×（0.025+0.019×4×2.0）台班/10m³＝49.56台班

(2) 材料换算 在消耗量定额允许换算的项目中，有许多项目是由于材料的种类、规格、数量、配合比等发生变化而引起的消耗量定额换算。换算方法如下：

1) 混凝土、砂浆强度等级或品种不同时的换算。当消耗量定额中混凝土或砂浆的强度等级或品种与施工图的设计要求不一致时，可按下式进行换算：

换算后的定额基价＝换算前的原定额基价+混凝土或砂浆的定额用量×

（换入混凝土或砂浆的单价−换出混凝土或砂浆的单价） (7-13)

【例7-4】 设计用M7.5水泥砂浆砌筑砖基础。已知M7.5水泥砂浆单价为117.33元/m³，M10水泥砂浆单价为126.93元/m³，而原砖基础消耗量定额和单位估价表（用M10水泥砂浆）见表4-15。试求10m³M7.5水泥砂浆砖基础的基价（水泥强度等级为32.5级）。

【解】 换算后定额基价＝[2036.50+2.360×(117.33−126.93)]元/10m³
　　　　　　　　　　＝2013.84元/10m³

2) 砂浆配合比不同时的换算。砂浆配合比不同时的换算与砂浆强度等级不同时的换算基本相同。

3) 木材断面积不同时的换算。根据《房屋建筑与装饰工程消耗量定额》第八章门窗工程中说明规定，木门窗框、扇断面如定额取定的与设计规定不同时，应按比例换算。框断面以边框断面为准（框裁口如为钉条者加贴条的断面）；扇料以主梃断面为准。根据设计的门窗框、扇的断面、定额断面和定额木材体积，计算所需木材体积。计算公式为

$$换算后的木材体积 = \frac{设计截面面积}{定额截面面积} \times 定额材积 \quad (7-14)$$

式中 设计截面面积——门窗设计框或梃断面面积；

定额截面面积——见表7-2，所加5mm为刨光损耗；

定额材积——相应定额子目中木材的耗用量（m³）。

表7-2 定额门窗取定框梃料断面表

名 称	门窗框框料	门窗取定框梃料	纱窗梃料
带纱门	(55+5)mm×(115+5)mm	(40+5)mm×(95+5)mm	(30+5)mm×(95+5)mm
无纱门	(55+5)mm×(95+5)mm	(40+5)mm×(95+5)mm	
带纱窗	(55+5)mm×(105+5)mm	(40+5)mm×(55+5)mm	(30+5)mm×(55+5)mm
无纱窗	(55+5)mm×(85+5)mm	(40+5)mm×(55+5)mm	
胶合板门		(33+5)mm×(55+5)mm	

换算前的定额材积可由定额中查出，则

换算后的定额基价＝换算前的定额基价±（换算后的材积−换算前的定额材积）×

相应的木材单价 (7-15)

【例 7-5】 单层玻璃窗双扇带亮窗框制作定额中每 100m² 定额基价为 10200 元，换算前规格料材积为 1.86m³，方木（规格料）单价为 1080 元/m³，设计截面面积为 (65+5)mm×(105+5)mm，定额截面面积为 (55+5)mm×(105+5)mm，试求换算后定额基价。

【解】 换算后的木材体积 $=\dfrac{(65+5)\times(105+5)}{(55+5)\times(105+5)}\times 1.86\mathrm{m}^3 = 2.17\mathrm{m}^3$

换算后的单层玻璃窗双扇带亮窗框制作定额基价 = [10200+(2.17−1.86)×1080] 元/100m²
= (10200+334.8) 元/100m²
= 10534.8 元/100m²

7.1.3 消耗量定额的补充

工程建设日新月异，新技术、新材料不断推出，编制的现行消耗量定额不可能将施工中遇到的所有施工项目内容和材料都纳入定额中。当工程项目施工内容在现行定额中有缺项，又不在调整换算范围之内时，就需编制补充定额，经批准备案，一次性使用。

1. 消耗量定额出现缺项的原因

1）设计中采用了定额中没有选用的新材料。
2）设计中采用了定额中没有的新的结构做法。
3）施工中采用了定额中未包括的施工工艺等。

2. 编制补充定额的原则

1）定额的组成内容应与现行定额中同类分项工程一致。
2）人工、材料、机械消耗量计算口径应与现行定额统一。
3）主要材料的损耗率应符合现行定额规定，施工中用的周转性材料计算应与现行定额保持一致。
4）施工中可能发生的互相关联的可变性因素，要考虑周全，数据统计必须真实。
5）各项数据必须是试验结果或实际施工情况的统计，数据的计算必须实事求是。

3. 编制补充定额的要求

1）编制补充定额，特别要注重收集和积累原始资料，原始资料的取定要有代表性，必须深入施工现场进行全过程测定，测定数据要准确。
2）注意做好补充定额使用的信息反馈工作，并在此基础上加以修改、补充、完善。
3）将经验指导与广泛听取意见相结合。
4）借鉴其他省市、企业或项目编制的有关补充定额，作为参考依据。

4. 编制补充定额消耗量的方法

编制补充定额，确定有关的人工、材料和机械台班消耗量计算方法同前所述的方法一致。

5. 编制补充定额实例

【例 7-6】 陕西省采用的锅锥成孔灌注混凝土桩施工工艺，在《房屋建筑与装饰工程消耗量定额》(TY01-31-2015) 中没有此项，为此就要进行补充。

【解】 采用统计法，经过现场的测定，采集了 8 组不同桩径和深度的锅锥成孔灌注桩数据，具体计算如下：

第一步，分别计算不同直径、深度每 1m³ 锅锥成孔灌注桩的消耗的人工、材料、机械消耗量，具体计算结果见表 7-3~表 7-10。

表 7-3 直径 600mm、深度 10m

项目名称	单位	实测数据	每 1m³
人工	工日	13.8	4.88
C20 混凝土	m³	4.012	1.418
硅酸盐水泥 42.5	kg	1298	458.657
砾石	m³	3.427	1.211
净砂	m³	1.472	0.52
规格料	m³	0.01495	0.0053
铁件	kg	2.599	0.918
水	m³	15.065	5.323
卷扬机	台班	1.33	0.47

表 7-4 直径 800mm、深度 10m

项目名称	单位	实测数据	每 1m³
人工	工日	23.6	4.69
C20 混凝土	m³	7.08	1.408
硅酸盐水泥 42.5	kg	2257.222	448.752
砾石	m³	6.0375	1.2
净砂	m³	2.5645	0.51
规格料	m³	0.02415	0.0048
铁件	kg	4.577	0.91
水	m³	26.542	5.277
卷扬机	台班	2.261	0.45

表 7-5 直径 1000mm、深度 10m

项目名称	单位	实测数据	每 1m³
人工	工日	36.8	4.68
C20 混凝土	m³	10.915	1.39
硅酸盐水泥 42.5	kg	3519.04	447.72
砾石	m³	9.43	1.2
净砂	m³	3.933	0.5
规格料	m³	0.036	0.0045
铁件	kg	7.0725	0.9
水	m³	41.4	5.267
卷扬机	台班	3.591	0.46

表 7-6 直径 1200mm、深度 10m

项目名称	单位	实测数据	每 1m³
人工	工日	52.325	4.63
C20 混凝土	m³	15.163	1.34
硅酸盐水泥 42.5	kg	5044.795	446.05
砾石	m³	13.4665	1.191
净砂	m³	5.658	0.5
规格料	m³	0.0506	0.0045
铁件	kg	10.0625	0.89
水	m³	58.8225	5.2
卷扬机	台班	5.054	0.45

表 7-7 直径 600mm、深度 15m

项目名称	单位	实测数据	每 1m³
人工	工日	19.6	4.61
C20 混凝土	m³	5.6404	1.33
硅酸盐水泥 42.5	kg	1887.563	445.18
砾石	m³	4.968	1.172
净砂	m³	2.0815	0.491
规格料	m³	0.01955	0.0044
铁件	kg	3.6455	0.86
水	m³	21.712	5.121
卷扬机	台班	1.995	0.47

表 7-8 直径 800mm、深度 15m

项目名称	单位	实测数据	每 1m³
人工	工日	33.4	4.42
C20 混凝土	m³	9.0506	1.2
硅酸盐水泥 42.5	kg	3325.493	441.05
砾石	m³	7.9235	1.05
净砂	m³	3.473	0.461
规格料	m³	0.0322	0.0043
铁件	kg	6.256	0.83
水	m³	38.456	5.1
卷扬机	台班	3.325	0.44

表 7-9 直径 1000mm、深度 15m

项目名称	单位	实测数据	每 1m³
人工	工日	49.5	4.2
C20 混凝土	m³	13.5464	1.15
硅酸盐水泥 42.5	kg	5125.389	435.09
砾石	m³	11.7875	1
净砂	m³	4.715	0.4
规格料	m³	0.05175	0.0042
铁件	kg	9.545	0.81
水	m³	59.7425	5.07
卷扬机	台班	5.054	0.43

表 7-10 直径 1200mm、深度 15m

项目名称	单位	实测数据	每 1m³
人工	工日	70	4.13
C20 混凝土	m³	18.668	1.1
硅酸盐水泥 42.5	kg	7295.728	429.92
砾石	m³	16.8015	0.9901
净砂	m³	7.13	0.42
规格料	m³	0.069	0.0041
铁件	kg	13.57	0.8
水	m³	81.443	4.8
卷扬机	台班	6.65	0.4

第二步，加权平均计算每1m³锅锥成孔灌注桩消耗的人工、材料、机械消耗量。

人工：$\dfrac{4.88+4.69+4.68+4.63+4.61+4.42+4.20+4.13}{8}$ 工日 $= \dfrac{36.24}{8}$ 工日 $= 4.53$ 工日

C20混凝土：$\dfrac{1.418+1.408+1.39+1.34+1.33+1.2+1.15+1.1}{8}$ m³ $= \dfrac{10.336}{8}$ m³ $= 1.292$ m³

硅酸盐水泥42.5：$\dfrac{458.657+448.752+447.72+446.05+445.18+441.05+435.09+429.92}{8}$ kg $= \dfrac{3552.419}{8}$ kg $= 444.05$ kg

砾石：$\dfrac{1.211+1.2+1.2+1.191+1.172+1.05+1+0.9901}{8}$ m³ $= \dfrac{9.0141}{8}$ m³ $= 1.127$ m³

净砂：$\dfrac{0.52+0.51+0.5+0.5+0.491+0.461+0.4+0.42}{8}$ m³ $= \dfrac{3.802}{8}$ m³ $= 0.48$ m³

规格料：$\dfrac{0.0053+0.0048+0.0045+0.0045+0.0044+0.0043+0.0042+0.0041}{8}$ m³ $= \dfrac{0.0361}{8}$ m³ $= 0.0045$ m³

铁件：$\dfrac{0.918+0.91+0.9+0.89+0.86+0.83+0.81+0.8}{8}$ kg $= \dfrac{6.918}{8}$ kg $= 0.865$ kg

水：$\dfrac{5.323+5.277+5.267+5.2+5.121+5.1+5.07+4.8}{8}$ m³ $= \dfrac{41.158}{8}$ m³ $= 5.14$ m³

卷扬机：$\dfrac{0.47+0.45+0.46+0.45+0.47+0.44+0.43+0.4}{8}$ 台班 $= \dfrac{3.57}{8}$ 台班 $= 0.45$ 台班

则每立方米锅锥成孔灌注桩的人工、材料、机械消耗量见表7-11。

表7-11 每1m³锅锥成孔灌注桩的人工、材料、机械消耗量

项目名称	单位	加权平均后每m³	项目名称	单位	加权平均后每m³
人工	工日	4.53	规格料	m³	0.0045
C20混凝土	m³	1.292	铁件	kg	0.865
硅酸盐水泥42.5	kg	444.05	水	m³	5.14
砾石	m³	1.127	卷扬机	台班	0.45
净砂	m³	0.48			

7.2 在定额计价法中的应用——采用定额单价法编制施工图预算实例

7.2.1 定额计价法的基本原理与方法

1. 定额计价的概念

定额计价就是根据制定的工程定额和取费标准，对工程产品价格实行统一、有序的计价与管理。

2. 定额计价的基本原理与方法

定额计价方法是根据工程设计文件和有关计价依据，按工程定额划分的定额项目计算各分项工程量，乘以此分项工程的工料单价，计算出各分项工程直接工程费和单价措施项目费，汇总各分项工程直接工程费即可得到该单位工程的直接工程费，再按照取费标准（费率）确定总价措施项目费、间接费、利润和税金，合计即为建筑安装工程费。定额计价程序示意图如图 7-1 所示。

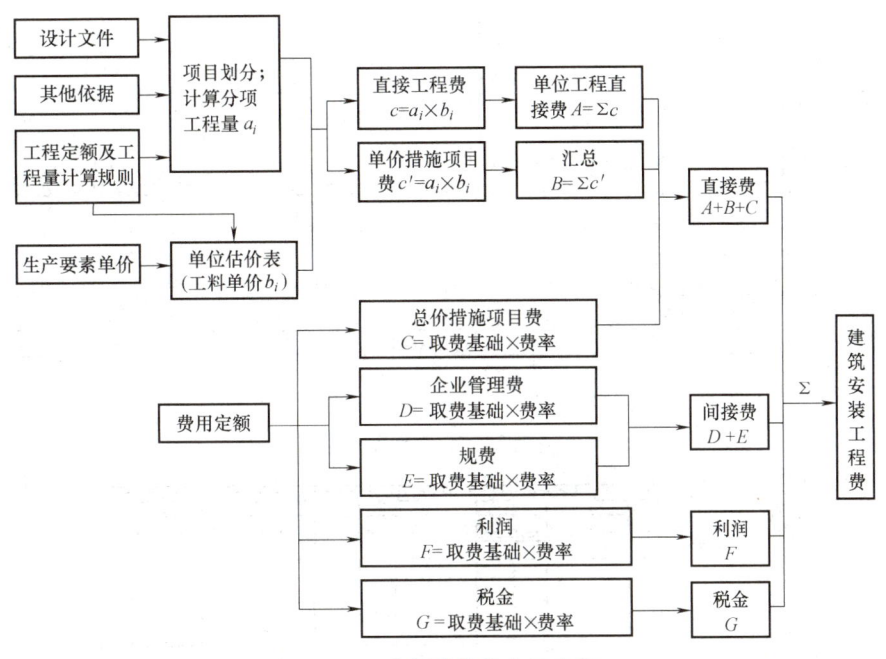

图 7-1 定额计价程序示意图

7.2.2 某厂房施工图及编制要求

本例是按陕西省现行规定计算的，其他地区望按本地区现行规定编制。

1. 编制依据

1) 砖混结构厂房施工图，如图 7-2～图 7-11 所示。

2) 采用 2004 年《陕西省建筑、装饰工程消耗量定额》、2009 年《陕西省建筑装饰工程价目表》及配套的《陕西省建设工程工程量清单计价费率》计算。

3) 按陕西省颁发的、与上述定额配套的最新调价和税费文件执行。

① 《关于调整我省建设工程计价依据的通知》（陕建发〔2019〕45 号）增值税税率为 9%。

② 《陕西省住房和城乡建设厅关于建设施工安全生产责任保险费用计价的通知》（陕建发〔2020〕1097 号）。

③ 《关于调整房屋建筑和市政基础设施工程工程量清单计价综合人工单价的通知》（陕建发〔2021〕1097 号）综合人工单价：建筑工程由原定额 42 元/工日调整为 136 元/工日；装饰工程由原 50 元/工日调整为 146 元/工日。调增部分计入差价。

图 7-2 平面图

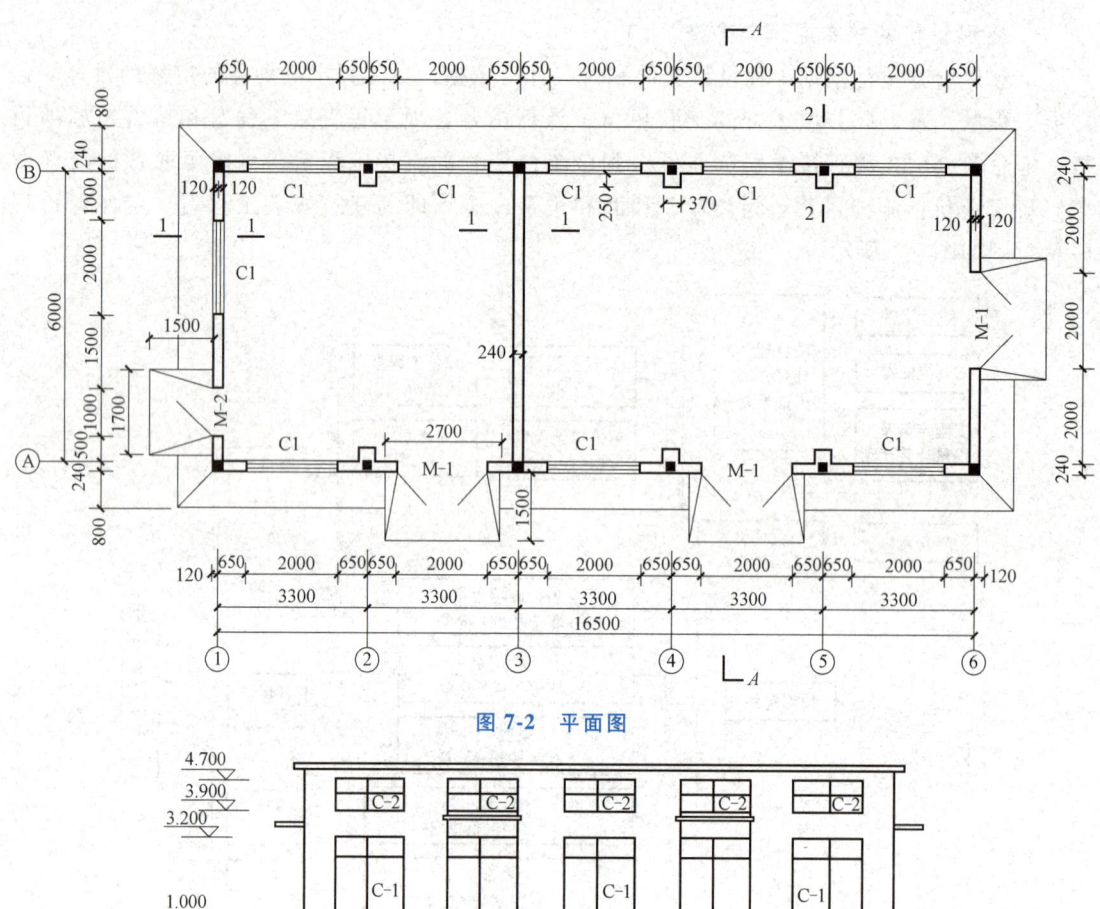

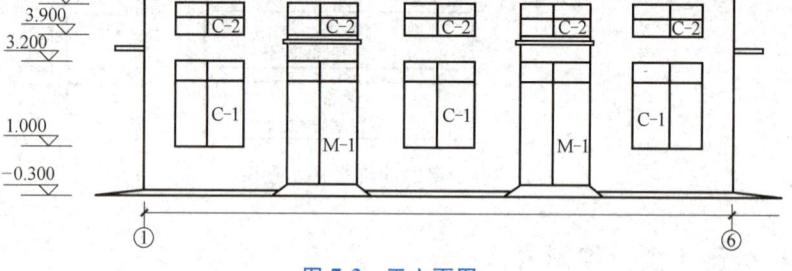

图 7-3 正立面图

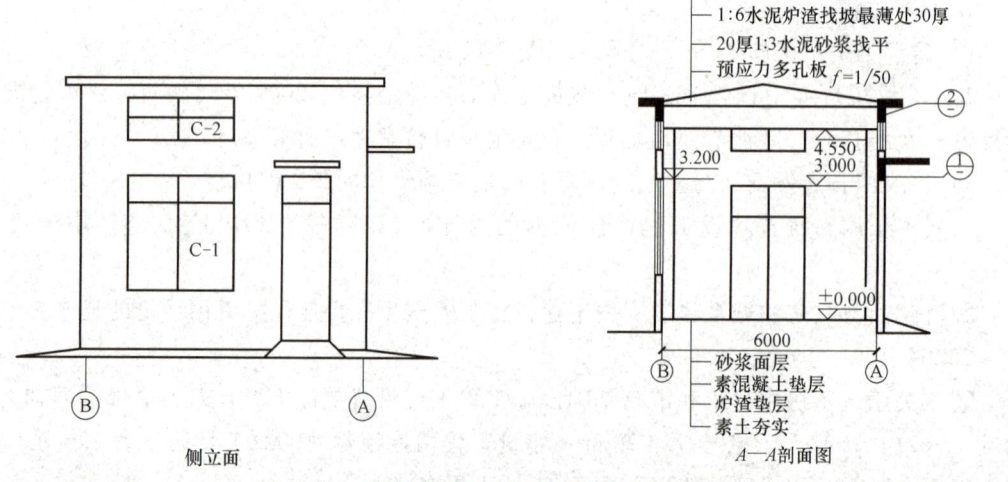

侧立面

图 7-4 侧立面及剖面图

A—A 剖面图

SBS改性沥青防水卷材(热熔法)
20厚1:3水泥砂浆找平
1:6水泥炉渣找坡最薄处30厚
20厚1:3水泥砂浆找平
预应力多孔板 f=1/50

砂浆面层
素混凝土垫层
炉渣垫层
素土夯实

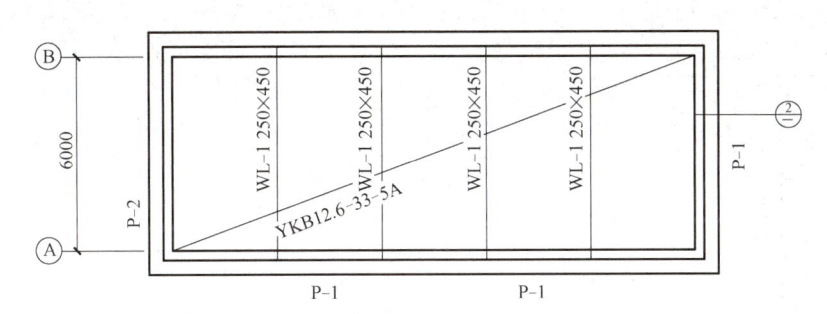

图 7-5 构件平面布置图

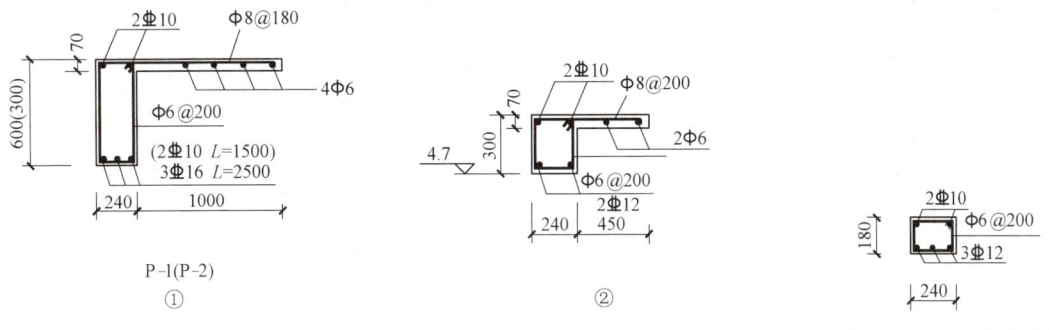

图 7-6 详图

图 7-7 过梁配筋图

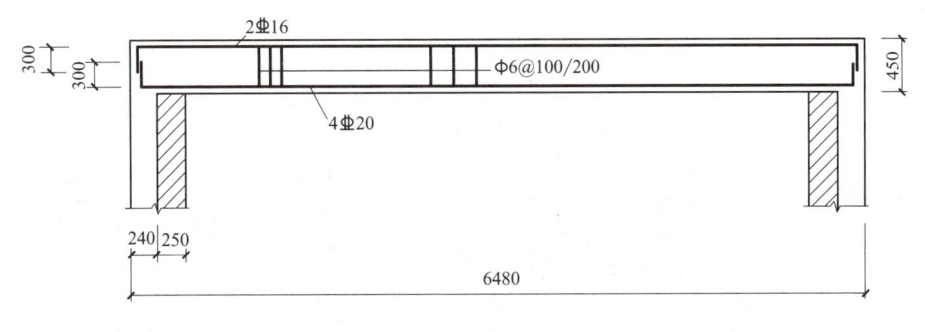

图 7-8 屋面梁配筋图

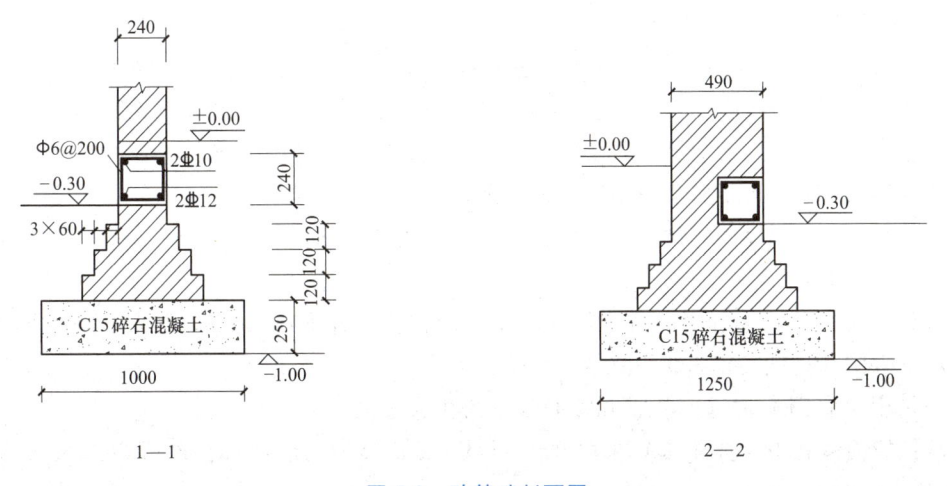

图 7-9 砖基础剖面图

图 7-10　GZ 配筋图

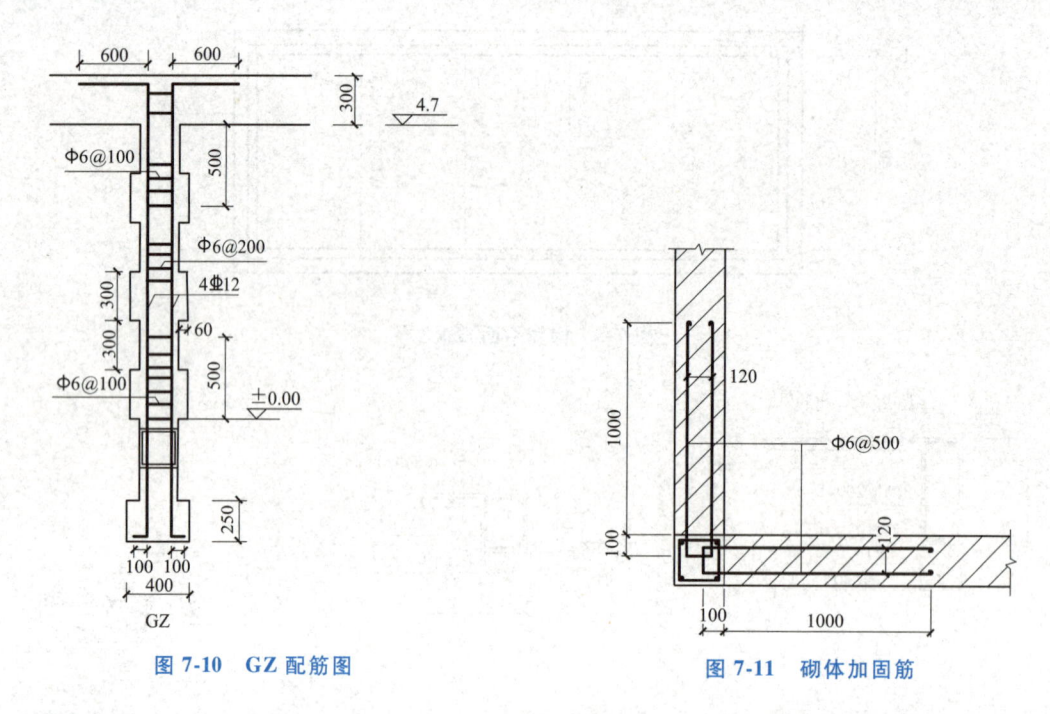

图 7-11　砌体加固筋

4）除表 7-12 中材料需计算差价外，其余材料价格同《陕西省建筑、装饰工程价目表》中的价格。

表 7-12　主要材料价格表

序号	材料名称	单位	市场价（元）
1	圆钢筋（综合）	t	4500.00
2	螺纹钢筋（综合）	t	4600.00
3	预应力钢筋$\Phi^H 5$ 以内	t	4900.00
4	改性沥青卷材	m^2	20.00

5）工程暂列金额为 8000 元。该工程工期短，不考虑价格上涨的风险。

2. 工程概况

1）建设地点：××市区。承包方式：包工包料，甲方不提供预付款（备料款）。

2）水文地质：地面以下 8m 以内为湿陷性黄土（二类土），最高水位距地面 3m。

3）基础用 Mu10 红砖，M7.5 水泥砂浆砌筑；±0.00 以上内外砖墙用承重黏土多孔砖，M7.5 混合砂浆砌筑。砌筑工程采用 32.5 水泥。

4）多孔板、过梁及木门窗由混凝土预制构件场和木材加工场制作，汽车运入工地安装，运距均为 5km。

5）其余梁、柱均为现浇。各构件混凝土均用相应粒径的砾石，42.5 级水泥，强度等级为 C30。混凝土垫层采用 32.5 级水泥。

6）采用保温钢木大门，单层玻璃木窗，调和漆两遍。

7）预应力多孔板（先张法）采用型号 YKB12.6-33-5A，预应力钢筋$\Phi^H 5$ 以内 5.113kg/块，C30 混凝土 0.154m^3/块。

8) 窗上过梁，构件尺寸为2480mm×240mm×180mm；配筋如图7-6所示。

3. 建筑用料

建筑用料说明见表7-13。

表7-13　建筑用料说明

名　称	工程内容	备注
内墙面	10mm厚水泥砂浆1:3;6mm厚水泥砂浆1:2.5;乳胶漆两遍	
内墙裙	抹灰面上刷调和漆(两遍)	高1200mm
外墙面	12mm厚水泥砂浆1:3;8mm厚水泥砂浆1:2.5;丙烯酸外墙涂料	
散水	150mm厚3:7灰土垫层，宽出面层300mm;C15混凝土随打随抹光	
地面及坡道	素土夯实(140mm厚)，炉渣垫层(80mm厚)，C15素混凝土垫层(60mm厚)，1:2.5水泥砂浆抹面(20mm厚)	
踢脚板	同地面面层	高120mm
天棚	5mm厚水泥砂浆1:3;5mm厚水泥砂浆1:2.5;乳胶漆两遍	

4. 项目划分及工程量计算（略）

7.2.3　套用定额填列工程概预算表

单位工程概（预）算表见表7-14。

表7-14　单位工程概（预）算表

项目名称：单层厂房建筑与装饰工程

定额号	分项工程名称	工程量		基价(元)				总价值(元)			
		单位	数量	合计	人工费	材料费	机械费	合计	人工费	材料费	机械费
				土石方工程							
1-5	人工挖沟槽	100m³	0.367	1695.96	1695.96			622.42	622.42		
1-19	平整场地	100m²	2.174	267.54	267.54			581.63	581.63		
1-20	钻探及回填	100m²	2.838	655.18	491.40		163.78	1859.40	1394.59		464.81
1-21	基础原土夯实	100m²	0.524	72.03	59.64		12.39	37.74	31.25		6.49
1-26	回填夯实素土	100m³	0.283	1825.86	1690.50	27.64	107.72	516.72	478.41	7.82	30.48
1-28	散水回填夯实3:7灰土	100m³	0.451	7569.96	2950.08	4512.16	107.72	3414.05	1330.49	2034.98	48.58
	人工土方合计							7031.96	4438.79	2507.62	85.55
				一般土建工程							
3-1换	砖基础	10m³	1.110	2013.84	495.18	1490.80	27.86	2235.36	549.65	1654.79	30.92
3-37	多孔砖外墙	10m³	2.827	2661.10	524.58	2114.19	22.33	7522.93	1482.99	5976.82	63.13
3-37	多孔砖内墙	10m³	0.649	2661.10	524.58	2114.19	22.33	1727.05	340.45	1372.11	14.49
4-1换	C15碎石混凝土基础垫层	m³	13.104	270.99	76.44	176.82①	17.73	3551.05	1001.67	2317.05	232.33
4-1换	C30混凝土梁柱2~4cm砾石	m³	16.089	298.93	76.44	204.76②	17.73	4809.48	1229.84	3294.38	285.26

(续)

定额号	分项工程名称	工程量		基价(元)				总价值(元)			
		单位	数量	合计	人工费	材料费	机械费	合计	人工费	材料费	机械费
一般土建工程											
4-1换	C30混凝土板1~3cm砾石	m³	2.458	303.81	76.44	209.64	17.73	746.76	187.89	515.30	43.58
4-1换	C15砾石混凝土	m³	6.649	254.94	76.44	160.77	17.73	1695.10	508.25	1068.96	117.89
4-3	C30砾石预应力混凝土先张	m³	7.816	302.33	61.74	217.53	23.06	2363.01	482.56	1700.21	180.24
4-6	圆钢Φ10以内	t	0.500	4438.29	728.28	3667.82	42.19	2219.15	364.14	1833.91	21.10
4-8	螺纹钢Φ10以上	t	1.075	4385.98	329.28	3942.38	114.32	4714.93	353.98	4238.06	122.89
4-10	先张法预应力钢筋	t	0.259	5479.01	782.04	4622.45	74.52	1419.06	202.55	1197.21	19.30
4-160	空心板坐浆灌缝	10m³	0.770	700.74	292.74	389.67	18.33	539.57	225.41	300.05	14.11
4-164	预制梁坐浆灌缝	10m³	0.096	252.49	111.30	134.10	7.09	24.24	10.68	12.87	0.68
6-2	空心板运输	10m³	0.780	1181.16	178.08	21.75	981.33	921.30	138.90	16.97	765.44
6-20	预制过梁运输5km以内	10m³	0.098	1537.45	206.64	91.03	1239.78	150.67	20.25	8.92	121.50
6-41	木门窗运输5km以内	100m²	0.798	267.40	52.08		215.32	213.39	41.56		171.83
6-64	预制过梁安装	10m³	0.097	1911.07	703.08	147.81	1060.18	185.37	68.20	14.34	102.84
6-86	空心板安装	10m³	0.774	1107.06	367.50	199.31	540.25	856.86	284.45	154.27	418.15
7-1	单层玻璃制作,木窗	100m²	0.588	14293.32	1444.38	12615.95	232.99	8404.47	849.30	7418.18	137.00
7-2	单层玻璃安装,木窗	100m²	0.588	5261.76	1611.54	3650.22		3093.91	947.59	2146.33	
7-58	钢木大门制作	100m²	0.210	33186.55	6953.94	26232.61		6969.18	1460.33	5508.85	
7-59	钢木大门安装	100m²	0.210	8894.82	2723.28	5988.22	183.32	1867.91	571.89	1257.53	38.50
8-12	干铺炉渣垫层	m³	8.878	48.02	16.80	31.22		426.32	149.15	277.17	
8-20	屋面水泥砂浆找平	100m²	1.085	790.38	342.30	423.98	24.10	857.56	371.40	460.02	26.15
8-21换	1:3水泥砂浆找平	100m²	1.302	819.42	351.12	438.53[③]	29.77	1066.88	457.16	570.97	38.76
8-26	水泥砂浆坡道	100m²	0.147	2315.03	1558.20	732.02	24.81	340.31	229.06	107.61	3.65
8-27	混凝土散水	100m²	0.319	2624.49	1171.80	1370.60	82.09	837.21	373.80	437.22	26.19
9-27	改性沥青卷材热熔法	100m²	1.302	2394.01	191.52	2202.49		3117.00	249.36	2867.64	
9-56	1:6炉渣找坡	10m³	0.677	1468.98	301.98	1167.00		994.50	204.44	790.06	
	一般土建合计							63881.79	13356.90	47528.96	2995.93
装饰装修工程											
10-1	水泥砂浆地面	100m²	0.961	1088.11	537.00	527.01	24.10	1045.67	516.06	506.46	23.16
10-5	水泥砂浆踢脚线	100m	0.590	319.13	263.00	52.59	3.54	188.29	155.17	31.03	2.09

(续)

定额号	分项工程名称	工程量		基价(元)				总价值(元)			
		单位	数量	合计	人工费	材料费	机械费	合计	人工费	材料费	机械费
装饰装修工程											
10-244	水泥砂浆外砖墙抹灰	100m²	1.601	1249.18	789.50	432.74	26.94	1999.94	1263.99	692.82	43.13
10-247	水泥砂浆内墙抹灰 16mm 厚	100m²	2.100	951.80	583.00	346.82	21.98	1998.78	1224.30	728.32	46.16
10-256	水泥砂浆零星项目	100m²	0.047	3785.21	3281.00	477.98	26.23	177.90	154.21	22.47	1.23
10-660	水泥砂浆抹灰 现浇天棚	100m²	0.523	1176.85	791.00	364.58	21.27	615.49	413.69	190.68	11.12
10-661	水泥砂浆抹灰 预制天棚	100m²	0.961	1345.20	943.00	380.93	21.27	1292.74	906.22	366.07	20.44
10-1063	钢木大门油漆	100m²	0.210	1600.49	1017.50	582.99		336.10	213.68	122.43	
10-1064	木窗油漆	100m²	0.588	1503.45	1017.50	485.95		884.03	598.29	285.74	
10-1325	抹灰面调和漆一遍	100m²	0.588	629.02	345.00	284.02		369.86	202.86	167.00	
10-1328	调和漆补刷一遍	100m²	0.588	145.56	73.00	72.56		85.59	42.92	42.67	
10-1331	抹灰面乳胶漆 2 遍(内墙、天棚抹灰面)	100m²	2.996	1002.08	560.00	442.08		3002.23	1677.76	1324.47	
10-1419	外墙喷丙烯酸	100m²	1.648	2528.62	200.00	2065.84	262.78	4167.17	329.60	3404.50	433.06
	装饰装修合计							16163.80	7698.75	7884.66	580.39
措施项目											
4-29	现浇构件模板混凝土垫层	m³	13.104	38.37	7.14	30.82	0.41	502.80	93.56	403.87	5.37
4-35	构造柱模板	m³	5.407	182.06	111.30	62.98	7.78	984.40	601.80	340.53	42.07
4-37	矩形梁模板	m³	2.70	356.15	190.26	147.95	17.94	961.61	513.70	399.47	48.44
4-39	现浇构件模板圈过梁	m³	7.003	299.08	159.18	130.92	8.98	2094.46	1114.74	916.83	62.89
4-54	现浇构件模板天沟、挑檐、悬挑构件	m³	1.520	664.04	324.24	311.60	28.20	1009.34	492.84	473.63	42.86
4-58	现浇构件模板雨篷	10m²	0.900	563.29	299.88	226.68	36.73	506.96	269.89	204.01	33.06
4-84	预制构件模板过梁	m³	0.979	288.17	92.40	103.69	92.08	282.12	90.46	101.51	90.15
4-112	预应力多孔板 120mm 厚	m³	7.816	209.62	84.42	62.25	62.95	1638.39	659.83	486.55	492.02
13-1	外脚手架钢管架 15m 以内	100m²	2.461	941.01	301.98	579.99	59.04	2315.83	743.17	1427.36	145.30
13-8	里脚手架钢管架 3.6m 以内	100m²	0.542	552.96	428.78	104.04	20.14	299.70	232.40	56.39	10.92
13-9	里脚手架,钢管架,每增加 1.2m	100m²	0.542	231.08	182.87	39.88	8.33	125.25	99.12	21.61	4.51

（续）

定额号	分项工程名称	工程量		基价（元）				总价值（元）			
		单位	数量	合计	人工费	材料费	机械费	合计	人工费	材料费	机械费
措施项目											
13-10	满堂钢管脚手架	100m²	0.961	650.19	393.12	239.71	17.36	624.83	377.79	230.36	16.68
14-15	垂直运输混合结构	100m²	1.085	1254.77			1254.77	1361.43	0.00	0.00	1361.43
	措施项目合计							12707.11	5289.30	5062.12	2355.69

① $176.82 = 174.26 + (165.91 - 163.39) \times 1.015$。
② $204.76 = 174.26 + (193.44 - 163.39) \times 1.015$。
③ $438.53 = 504.11 + (172.42 - 198.34) \times 2.53$。

7.2.4 工程造价取费计算

工程造价取费计算见表 7-15～表 7-17。

人工土方工程取费计算表见表 7-15。

表 7-15 人工土方工程取费计算表

项目名称：单层厂房建筑与装饰工程

序号	项目名称	计费程序或内容	合价（元）	其中（元）		
				人工费	材料费	机械费
1	定额工程费	$A = A_1 + A_2 + A_3$	7318.71			
1.1	定额项目费	$A_1 = a_1 + a_2 + a_3$	7031.96	4438.79 (a_1)	2507.62 (a_2)	85.55 (a_3)
1.2	企业管理费	$A_2 = a_1 \times 3.58\%$	158.91			
1.3	利润	$A_3 = a_1 \times 2.88\%$	127.84			
2	措施项目费合计（不含安全文明施工）	$B = B_1 + B_2 + B_3 + B_4 + B_5 + B_6$	87.88			
2.1	定额措施项目费	$B_1 = b_1 + b_2 + b_3$				
2.2	企业管理费	$B_2 = b_1 \times$ 费率				
2.3	利润	$B_3 = b_1 \times$ 费率				
2.4	冬雨季、夜间施工措施费	$B_4 = a_1 \times 0.86\%$	38.17			
2.5	二次搬运费	$B_5 = a_1 \times 0.76\%$	33.73			
2.6	测量放线、定位复测检验试验费	$B_6 = a_1 \times 0.36\%$	15.98			
3	其他项目费	C				
4	差价	D（含人工、材料、机械）	4438.79/42×94 = 9934.43			
5	安全文明施工措施费	$E = (A + B + C + D) \times 4.2\%$	728.32			
6	规费	$F = (A + B + C + D + E) \times 4.75\%$	858.30			
7	税前工程造价	$G = (A + B + C + D + E + F) \times$ 综合系数 0.9982	18927.64×0.9982 = 18893.57			
8	增值税销项税额	$H = G \times 9\%$	1700.42			
9	附加税	$I = (A + B + C + D + E + F) \times 0.48\%$	90.85			
10	工程造价	$J_1 = G + H + I$	20684.84			

一般土建工程取费计算表见表 7-16。

表 7-16　一般土建工程取费计算表

项目名称：单层厂房建筑与装饰工程

序号	项目名称	计费程序或内容	合价（元）	其中（元）		
				人工费	材料费	机械费
1	定额工程费	$A = A_1+A_2+A_3$	69234.40			
1.1	定额项目费	$A_1 = a_1+a_2+a_3$	63881.79	13356.90 (a_1)	47528.96 (a_2)	2995.93 (a_3)
1.2	企业管理费	$A_2 = A_1 \times 5.11\%$	3264.36			
1.3	利润	$A_3 = (A_1+A_2) \times 3.11\%$	2088.25			
2	措施项目费合计（不含安全文明施工）	$B = B_1+B_2+B_3+B_4+B_5+B_6$	14824.19			
2.1	定额措施项目费	$B_1 = b_1+b_2+b_3$	12707.11	5289.30 (b_1)	5062.12 (b_2)	2355.69 (b_3)
2.2	企业管理费	$B_2 = B_1 \times 5.11\%$	649.33			
2.3	利润	$B_3 = (B_1+B_2) \times 3.11\%$	415.39			
2.4	冬雨季、夜间施工措施费	$B_4 = A \times 0.76\%$	526.18		圆钢Φ10 内：$0.5 \times 1.02 \times (4500-3550) = 484.50$ 螺纹钢：$1.075 \times 1.045 \times (4600-3700) = 1011.04$ 预应力筋：$0.259 \times 1.09 \times (4900-4050) = 239.96$ 改性沥青卷材：$1.302 \times 123.41 \times (20-14.8) = 835.54$ 元 $484.5 + 1011.04 + 239.96 + 835.54 = 2571.04$	
2.5	二次搬运费	$B_5 = A \times 0.34\%$	235.40			
2.6	测量放线、定位复测检验试验费	$B_6 = A \times 0.42\%$	290.78			
3	其他项目费	C（总承包服务费等）	8000.00			
4	差价	D（含人工、材料、机械）	41731.97+2571.04 = 44303.01	(13356.9+5289.3)/42×94		
5	安全文明施工措施费	$E = (A+B+C+D) \times 4.2\%$	136361.6×4.2% = 5 727.19			
6	规费	$F = (A+B+C+D+E) \times 4.75\%$	6749.22			
7	税前工程造价	$G = (A+B+C+D+E+F) \times 0.9704$	144432.40			
8	增值税销项税额	$H = G \times 9\%$	12998.92			
9	附加税	$I = (A+B+C+D+E+F) \times 0.48\%$	714.42			
10	工程造价	$J_2 = G+H+I$	158145.74			

装饰装修工程取费计算表见表 7-17。

表 7-17　装饰装修工程取费计算表

项目名称：单层厂房建筑与装饰工程

序号	项目名称	计费程序或内容	合价（元）	其中（元）		
				人工费	材料费	机械费
1	定额工程费	$A = A_1+A_2+A_3$	17348.46	—	—	—
1.1	定额项目费	$A_1 = a_1+a_2+a_3$	16163.80	7698.75 (a_1)	7884.66 (a_2)	580.39 (a_3)

（续）

序号	项目名称	计费程序或内容	合价(元)	其中(元) 人工费	材料费	机械费
1.2	企业管理费	$A_2 = A_1 \times 3.83\%$	619.07			
1.3	利润	$A_3 = (A_1+A_2) \times 3.37\%$	565.58			
2	措施项目费合计(不含安全文明施工)	$B = B_1+B_2+B_3+B_4+B_5+B_6$	91.95			
2.1	定额措施项目费	$B_1 = b_1+b_2+b_3$	0.00	0.00 (b_1)	0.00 (b_2)	0.00 (b_3)
2.2	企业管理费	$B_2 = B_1 \times 3.83\%$	0.00	0.00	0.00	0.00
2.3	利润	$B_3 = (B_1+B_2) \times 3.37\%$	0.00	0.00	0.00	0.00
2.4	冬雨季、夜间施工措施费	$B_4 = A \times 0.30\%$	52.05			
2.5	二次搬运费	$B_5 = A \times 0.08\%$	13.88			
2.6	测量放线、定位复测检验试验费	$B_6 = A \times 0.15\%$	26.02			
3	其他项目费	C(总承包服务费等)	0.00			
4	差价	D(含人工、材料、机械)	7698.75/50×(146−50)=14781.6			
5	安全文明施工措施费	$E = (A+B+C+C+D) \times 4.0\%$	32222.01×4.0%=1288.88			
6	规费	$F = (A+B+C+D+E) \times 4.75\%$	33510.89×4.75%=1591.77			
7	税前工程造价	$G = (A+B+C+D+E+F) \times 0.9394$	35102.66×0.9394=32975.44			
8	增值税销项税额	$H = G \times 9\%$	32975.44×9%=2967.79			
9	附加税	$I = (A+B+C+D+E+F) \times 0.48\%$	(33510.89+1591.77)×0.48%=168.49			
10	工程造价	$J_3 = G+H+I$	32975.44+2967.79+168.49=36111.72			
11	厂房总造价	$K = J_1+J_2+J_3$	20684.84+158145.74+36111.72=214942.30			

7.2.5 填写封面、编制说明（略）

填写封面参见施工图预算书封面（见表7-18）。

表7-18 施工图预算书封面

项目名称：单层厂房建筑与装饰工程

建设工程造价预算书

建设地点：××市区　　　　　　　　　　工程名称：单层厂房建筑与装饰工程
建筑结构：砖混　　　　　　　　　　　　工程规模：108.48m²
工程造价：(小写)214942.30 元　　　　　单位造价：1981.40 元/m²
　　　　　(大写)贰拾壹万肆仟玖佰肆拾贰元叁角整
建设单位：××××　　　　　　　　　　施工单位：××××
法人代表或授权代理人：×××　　　　　法人代表或授权代理人：×××
编制人签字盖专用章：×××　　　　　　审核人签字盖专用章：×××

2022 年 8 月 16 日　　　　　　　　　　2022 年 8 月 18 日

7.3 在清单计价法中的应用

7.3.1 清单计价法的概念与基本原理

1. 工程量清单计价的概念

工程量清单计价是以业主的工程量清单项目进行市场竞价、定价的活动过程，是一种依据工程量清单和综合单价法及计价规则，由市场竞争形成工程造价的计价模式。

实行工程量清单计价办法的目的就是由招标人提供项目的工程量清单，投标人通过审核并研究其清单，结合自己的状况和策略，依照市场价格信息自主报价。企业对自己的报价承担相应的风险与责任，以此促使企业不断改进施工技术，加强管理，降低成本，在市场竞争中取胜。

2. 工程量清单计价的基本原理

工程量清单计价实行量价分离，依法引导企业自行组价，以市场公平竞争机制形成价格。具体做法是：招标人或招标代理依据招标文件和施工图设计，以及国家规范规定的清单项目设置和工程量计算规则，计算出各个清单项目的工程量，编制出招标用工程量清单；投标人或招标控制价编制人根据各自的编制依据和造价信息及经验数据，计算确定各分项工程综合单价，分别用给定的清单工程量乘以其综合单价得到各清单项目合价，累计后再计取规费、税金等费用，最后合计得到工程造价。工程量清单计价过程及原理如图 7-12 所示。

招标控制价表现的是市场平均价格水平，它是依据国家或地区主管部门颁发的有关计价依据和办法，按合理的施工水平计算的招标最高工程造价（限价）。投标报价是以企业自身素质、机械设备情况、企业管理水平、资源消耗和市场价格等为依据确定的工程造价。

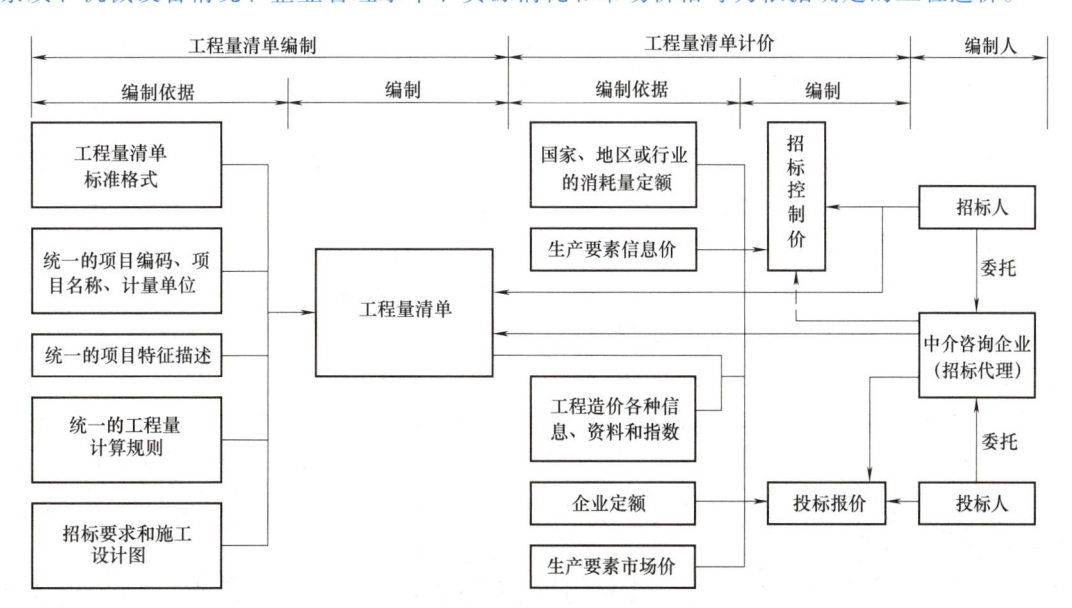

图 7-12 工程量清单计价过程及原理

7.3.2 工程量清单计价方法与示例

从图 7-12 可看出，工程量清单计价过程分为两个阶段：工程量清单编制和工程量清单计价。

1. 工程量清单编制

工程量清单是指建设工程的分部分项工程项目、措施项目、其他项目、规费项目和税金项目的名称和相应数量等的明细清单。招标用工程量清单是招标人根据招标文件和项目的施工图设计及施工方案，在统一的清单项目设置和工程量计算规则的基础上编制出来的。它由分部分项工程、措施项目、其他项目、规费和税金项目等五个清单组成。其中，分部分项工程量清单内容参见例 7-7 中的表 7-20。

2. 工程量清单计价

投标人或招标控制价编制人依据工程量清单和综合单价法，以及各自的编制依据和造价信息，计算分部分项工程费、措施项目费、其他项目费、规费、税金，汇总后得到工程造价。工程量清单计价程序表见表 7-19。

表 7-19 工程量清单计价程序表

序号	内 容	计 算 式
1	分部分项工程费	∑（综合单价×分项工程量）+可能发生的差价
2	措施项目费	∑（计费基础×相应费率）+∑（综合单价×分项工程量）+可能发生的差价
3	其他项目费	暂列金额+暂估价+∑工程量×综合单价+可能发生的差价
4	规费	(1+2+3)×费率
5	税金	(1+2+3+4)×系数×税率
6	工程造价	1+2+3+4+5

表 7-19 中"可能发生的差价"是指合同约定或政策规定计入工程造价总价，但不计入综合单价的费用，如由发包人承担的除工程量变化以外的风险费用按差价计列。差价主要是在工程结算时计算，不计入综合单价，只计取规费和税金。

综合单价是指完成一个规定计量单位的工程量清单项目所需的人工费、材料费、施工机械使用费、管理费、利润和一定范围内的风险费用。分部分项工程的综合单价应符合该项目的特征描述及有关要求，并应包括招标文件中要求投标人承担的风险费用。每个清单项目综合单价的组价过程为：

1）计算分项工程各定额子目对应的人工费、材料费、机械费。步骤如下：

① 依据分项工程的项目特征和工程内容，找出最合适的一个或若干个组价定额子目进行套用、组价。

② 按各子目相应的定额工程量计算规则计算定额工程量。与清单工程量不同，定额工程量则是实体工程量加定额规定的施工增加量，清单工程量只是实体工程量（净量）。

③ 查用各定额子目基价中的人工、材料、机械费，计算各（i）定额子目人工费、材料费和机械费。计算公式为

$$i \text{定额子目人工费} = i \text{定额子目基价中的人工费} \times i \text{定额工程量} \qquad (7-16)$$

$$i \text{定额子目材料费} = i \text{定额子目基价中的材料费} \times i \text{定额工程量} \qquad (7-17)$$

$$i\text{定额子目机械费}=i\text{定额子目基价中的机械费}\times i\text{定额工程量} \quad (7\text{-}18)$$

2）计算 i 定额子目对应的风险、管理费、利润费用。根据风险取定的幅度、管理费和利润率计算出对应的风险费用、管理费及利润。风险是指发承包双方约定的一定幅度内的人工、材料、设备因市场价格波动引起的风险费用。管理费、利润的计算公式为

① 人工土石方工程：

$$\text{管理费}=\text{人工费}\times\text{管理费费率} \quad (7\text{-}19)$$

$$\text{利润}=\text{人工费}\times\text{利润率} \quad (7\text{-}20)$$

② 一般土建工程、装饰装修工程：

$$\text{管理费}=(\text{人工费}+\text{材料费}+\text{机械费}+\text{风险费用})\times\text{管理费费率} \quad (7\text{-}21)$$

$$\text{利润}=(\text{人工费}+\text{材料费}+\text{机械费}+\text{风险费用}+\text{管理费})\times\text{利润率} \quad (7\text{-}22)$$

3）计算分部分项工程综合单价。

$$j\text{分项工程综合单价}=(\sum_{i\in j}i\text{定额子目人工费}+\sum_{i\in j}i\text{定额子目材料费}+\sum_{i\in j}i\text{定额子目机械费}+\sum_{i\in j}i\text{定额子目风险费用}+\sum_{i\in j}i\text{定额子目管理费}+\sum_{i\in j}i\text{定额子目利润})\div j\text{分项工程清单工程量} \quad (7\text{-}23)$$

以上计算过程一般直接用分部分项工程量清单综合单价分析表（参见例7-7中的表7-21）确定。

4）分部分项工程量清单计价。分部分项工程综合单价确定后，按照分部分项工程量清单计价表（参见例7-7中的表7-22）规定格式进行填写计算，汇总得到单位工程分部分项工程费。计算公式为

$$\text{单位工程分部分项工程费}=\sum j\text{分项工程清单工程量}\times j\text{分项工程的综合单价} \quad (7\text{-}24)$$

【例7-7】 招标人根据××小区办公楼施工图和清单工程量计算规则，编制分部分项工程的工程量清单（见表7-20）。请按照招标控制价的编制要求计算分部分项工程费。

表7-20 分部分项工程量清单内容

工程名称：××小区办公楼　　　　　　　　　　　　　　　　　　专业：建筑工程

序号	项目编码	项目名称	项目特征	计量单位	工程数量
1	010101003001	挖基础土方	①挖土范围轴线外放2m；②挖土深-1.8m；③弃土运距50m	m³	231.96
2	010301001001	砖基础	①Mu10实心黏土红砖；②M5水泥砂浆	m³	8.62
3	010302001001	实心砖墙	①一砖单面清水外墙；②Mu10实心黏土红砖；③M7.5混合砂浆	m³	32.48
4	020101002001	现浇水磨石地面	①10mm厚1:2.5现浇水磨石地面；②水泥浆一道；③20mm厚1:3水泥砂浆找平，干后卧玻璃分隔条；④60mm厚C15混凝土垫层；⑤150mm厚3:7灰土垫层	m²	79.34

【解】（1）查找组价所需套用消耗量定额子目，计算定额工程量　清单工程量经审核无误后计算定额工程量。根据工程量清单项目名称和项目特征，查找与清单内容相匹配的定额子目，并按定额规则计算各定额子目对应的定额工程量。

挖基础土方的定额（1-1）工程量计算规则同清单规范的计算规则，工程量=

231.96m³；

钻探及回填孔定额（1-20）工程量为 $S_{底}+L_{外}\times 3+36=(87.08+3\times 37.56+36)\mathrm{m}^2=235.76\mathrm{m}^2$。

砖基础定额（3-1）工程量计算规则同清单规范的计算规则，工程量=8.62m³。

一砖单面清水墙定额（3-12）工程量计算规则同清单规范的计算规则，工程量=32.48m³。

现浇水磨石地面嵌条定额（10-10）计算规则同清单规范的计算规则，工程量=79.34m²；

C15 混凝土垫层定额（4-1 换）工程量为 79.34m³×0.06=4.76m³；

3：7 灰土垫层定额（1-28）工程量为 79.34m³×0.15=11.901m³。

（2）依据单位估价表和取费标准进行组价，计算各分项综合单价。套用《陕西省建筑装饰工程价目表》（2009）中的相应定额人工费、材料费、机械费和《陕西省建设工程工程量清单计价费率》进行组价计算。人工土方的管理费按人工费的 3.58%计取，利润按人工费的 2.88%计取；一般土建的管理费按分项直接工程费的 5.11%计取，利润按分项直接工程费与管理费之和的 3.11%计取，装饰工程的管理费按分项直接工程费的 3.83%计取，利润按分项直接工程费与管理费之和的 3.37%计取。本例中的综合单价不考虑风险。分部分项工程量清单综合单价分析计算过程见表 7-21。

表 7-21 分部分项工程量清单综合单价分析表

工程名称：××小区办公楼　　　　　　　　　　　　　　　　　专业：建筑工程

序号	项目编码	项目名称	单位	工程量	其中						综合单价
					人工费	材料费	机械费	风险	管理费	利润	
1	010101003001	挖基础土方	m³	231.96	18.51	1.66	0.00		0.66	0.53	21.36 元/m³
	1-1	人工挖土方，挖深（2m）以内	100m³	2.32	3135.08	0.00	0.00		112.24	90.29	
	1-20	钻探及回填孔	100m²	2.358	1158.72	386.19	0.00		41.48	33.37	
2	010301001001	砖基础	m³	8.62	49.52	149.08	2.79		10.29	7.59	219.27 元/m³
	3-1 换	砖基础 M7.5 水泥砂浆水泥（32.5 级）	10m³	0.862	426.85	1285.07	24.02		88.70	65.39	
3	010302001001	实心砖墙	m³	32.48	2574.17	5283.36	86.33		405.93	259.68	(2574.17+5238.36+86.33+405.93+259.68)÷32.48=265.07 元/m³
	3-12	一砖单面清水墙	10m³	3.248	792.54×3.248	1626.65×3.248	26.58×3.248		405.93	259.68	
4	020101002001	水磨石地面	m²	79.34	42.66	30.23	3.79		2.86	2.38	81.92 元/m²
	10-10	水磨石楼地面嵌条	100m²	0.793	2669.39	1096.36	203.74		152.03	138.90	
	4-1 换	C15 混凝土垫层（砾石 2~4cm 水泥 32.5）	m³	4.760	363.85	765.27	84.07		62.01	39.67	
	1-28	回填夯实 3：7 灰土	100m³	0.119	351.06	536.95	12.82		12.57	10.11	

注：根据项目特征，水磨石地面清单项目需由定额 10-10、4-1 换、1-28 三个子目进行组价。其中 10-10 子目按装饰取费，4-1 换子目按土建取费，1-28 子目按人工土方取费。

(3) 分部分项工程量清单计价计算结果 分部分项工程量清单计价表见表7-22。

表7-22 分部分项工程量清单计价表

工程名称：××小区办公楼　　　　　　　　　　　　　　　　　　　　专业：建筑工程

序号	项目编码	项目名称	项目特征	计量单位	工程数量	金额(元) 综合单价	金额(元) 合价
1	010101002001	挖土方	①挖土范围轴线外放2m；②挖土深-1.8m；③弃土运距50m	m³	231.96	21.36	4954.67
2	010301001001	砖基础	实心砖,M5水泥砂浆	m³	8.62	219.27	1890.11
3	010302001001	实心砖墙	①一砖单面清水外墙；②Mu10实心黏土红砖；③M7.5混合砂浆	m³	32.48	265.07	8609.47
4	020101002001	现浇水磨石地面	①10mm厚1:2.5现浇水磨石地面；②水泥浆一道；③20mm厚1:3水泥砂浆找平,干后卧玻璃分隔条④60mm厚C15混凝土垫层；⑤150mm厚3:7灰土垫层	m²	79.34	81.92	6499.53

本章小结及关键概念

本章小结：工程定额的套用一般分为定额的直接套用、换算后套用和补充定额三种情况。当分项工程的设计要求、施工内容与消耗量定额内容完全相符时，就可以直接套用定额。如果某分项工程的实际内容与套用的相应定额子目个别内容不相符，并且定额规定允许换算，则应先进行换算，而后套用，从而使施工的内容与定额中的要求一致，这个过程称为定额换算。定额换算方法主要有系数换算和材料换算。当工程项目施工内容在现行定额中有缺项，又不在调整换算范围之内时，就需编制补充定额。

定额计价就是根据制定的工程定额和取费标准，对工程产品价格实行统一有序的计价与管理。**定额计价方法**是根据工程设计文件和有关计价依据，按工程定额划分的定额项目计算各分项工程量，乘以此分项工程的工料单价，计算出各分项工程直接工程费和单价措施项目费，汇总各分项工程直接工程费即可得到该单位工程的直接工程费，再按照取费标准（费率）确定总价措施项目费、间接费、利润和税金，合计即为建筑安装工程费。

工程量清单计价是以业主的工程量清单项目进行市场竞价、定价的活动过程，是一种依据工程量清单和综合单价法及计价规则，由市场竞争形成工程造价的计价模式。工程量清单计价实行量价分离，依法引导企业自行组价，以市场公平竞争机制形成价格。工程量清单计价过程分为两个阶段：工程量清单的编制和工程量清单计价。

招标控制价表现的是市场平均价格水平，它是依据国家或地区主管部门颁发的有关计价依据和办法，按合理的施工水平计算的招标最高工程造价（限价）。投标报价则应以企业自身素质、机械设备情况、企业管理水平、资源消耗和市场价格等为依据确定的工程造价。

综合单价是指完成一个规定计量单位的工程量清单项目所需的人工费、材料费、施工机械使用费、管理费、利润和一定范围内的风险费用。差价不计入综合单价，只计取规费和税金。

关键概念：定额换算、定额计价法、清单计价法、工程量清单、综合单价。

习 题

1. 工程定额直接套用的条件是什么？
2. 在什么情况下，工程定额可换算后套用？
3. 换算定额的方法有哪些？它们是如何换算的？
4. 何时需补充定额？
5. 消耗量定额和单位估价表主要应用在哪些方面？
6. 已知某工程中构造柱的总体积为 120m³，采用 C25 混凝土浇筑，试按当地定额计算其水泥、中砂、碎石的消耗量（42.5 级水泥，2~4cm 碎石，10~90mm 坍落度）。
7. 某工程现浇 C20 砾石混凝土条形基础 25m³，试按当地定额计算完成该分项工程的主要材料消耗量（32.5 级水泥，2~4cm 砾石，10~90mm 坍落度）。
8. 某省建筑工程劳动定额规定，砌砖小组的成员如下：技工 12 人，其中七级工 1 人，六级工 2 人，五级工 3 人，四级工 3 人，三级工 2 人，二级工 1 人；普工 15 人，其中五级工 3 人，四级工 3 人，三级工 6 人，二级工 3 人。试计算技、普工平均技术等级。
9. 依据现行消耗量定额和配套的单位估价表及取费标准，完成分部分项工程综合单价和合价的计算（见表 7-23）。综合单价计算过程中必须有消耗量定额的编号、定额项目名称、直接工程费、管理费、利润。

表 7-23 分部分项工程量及计价表

序号	项目编码	项目名称	项目特征	计量单位	工程数量	综合单价（元）	合价（元）
1	010101003001	挖基础土方	1. 土的级别：二类土 2. 基础类型：满堂基础 3. 坑底面积：混凝土垫层面积为 100m×25m 4. 挖土深度：6.0m 5. 运土距离：10km 6. 土壤含水率：27%	m³	15000.00		
2	010304001001	空心砖墙	1. 墙体类型：内墙 2. 墙体厚度：120mm 3. 砖品种规格：KP1 承重多孔砖 4. 砌筑砂浆：预拌 M5.0 混合砂浆	m³	1.80		
3	010416001001	钢筋	1. 钢筋制作：施工现场制作、运输 2. 钢筋种类：Φ10 外 3. 钢筋连接方式：焊接连接	t	3.500		
4	020406001001	CL-1 铝合金窗	1. 推拉窗（外购） 2. 框外围 1500mm×1800mm 3. 玻璃和五金随窗带 4. 无油漆	m²	5.40		

10. 依据当地消耗量定额和单位估价表，完成一份建筑工程概预算表的编制工作。
11. 依据当地取费标准和调价文件，完成一份建筑工程费用计算。

二维码形式客观题

微信扫描二维码，可在线做题，提交后可查看答案。

第7章
客观题

第 8 章
投资估算指标和建设工期定额

学习要点

本章详细讲解了投资估算指标的概念，作用，内容，编制原则、依据和编制方法，并列举了投资估算指标编制实例与应用；阐述了建设工期定额的概念，作用，内容、编制原则、依据和方法，举例说明了工期定额的应用；通过本章学习应理解投资估算指标的作用以及建设工期定额的概念、作用和内容，掌握投资估算指标的编制方法和工程定额的应用，具备建设工期定额和施工工期定额应用的实际操作能力。

学习导读

小明："小刚，你来得挺早呀！通过上一章工程定额应用的学习，感觉工程定额挺重要的呀！"

小刚："是的。不同建设阶段要用不同定额，今天要讲建设前期用到的投资估算指标和工期定额了。"

8.1 投资估算指标

8.1.1 投资估算指标的概念、作用及内容

1. 投资估算指标的概念

投资估算指标是在编制项目建议书、可行性研究报告和编制设计任务书阶段进行投资估算、计算投资需要量时使用的一种定额。投资估算指标以独立的建设项目或单项工程为对象，综合项目全过程投资和建设中的各类成本和费用，反映出其扩大的技术经济指标，具有较强的综合性和概括性。

投资估算一经批准即为建设项目投资的最高限额，一般情况下不得随意突破，因此投资估算的准确与否不仅影响建设前期的投资决策，还直接关系到下一阶段设计概算、施工图预算的编制及项目建设期的造价管理和控制。

2. 投资估算指标的作用

投资估算指标是国家对固定资产投资由直接控制转变为间接控制的一项重要经济指标，具有宏观指导作用。

1）为编制项目建议书投资估算提供依据，是审批项目建议书的依据之一。

2）它是可行性研究、项目决策的重要依据，也是多方案比选、优化设计方案、正确编制投资估算、合理确定项目投资额的重要基础。

3）投资估算指标对工程设计概算起控制作用，当可行性研究报告被批准以后，设计概算就不得突破已被批准的投资估算额，并应控制在投资估算额以内。

4）投资估算指标是核算建设项目建设投资需要额和编制建设投资计划的重要依据。

3. 投资估算指标的内容

投资估算指标是确定和控制建设项目全过程各项投资支出的技术经济指标，它的范围涉及建设前期、建设实施期和竣工验收交付试用期等各个阶段的费用支出，内容因行业不同而各异，一般可以分为建设项目综合指标、单项工程指标和单位工程指标三个层次。

（1）建设项目综合指标　建设项目综合指标是指按规定应列入建设项目投资的从立项筹建开始至竣工验收交付使用的全部投资额，包括单项工程投资，其他费用和预备费等。

建设项目综合指标一般以项目的综合生产能力单位投资表示，如元/t、元/kW，或以使用功能表示，如医院床位：元/床。

（2）单项工程指标　单项工程指标是指按规定应列入能独立发挥生产能力或使用效益的单项工程内的全部投资额，包括：建筑工程费、安装工程费、设备及生产工具购置费和其他费用。

1）单项工程的类别划分。

① 主要生产设施，指直接参加生产产品的工程项目，包括生产车间或生产装置。

② 辅助生产设施，指为主要生产车间服务的工程项目，包括集中控制室、中央实验室、机修、电修、仪器仪表修理及木工等车间，原材料、半成品、成品及危险品等仓库。

③ 公用工程，包括给水排水系统、供电及通信系统以及热点站、热力站、煤气站、空压站、冷冻站、冷却塔和全厂管网等。

④ 环境保护工程，包括废气、废渣、废水等的处理和综合利用设施及全厂性绿化。

⑤ 总图运输工程，包括厂区防洪、围墙大门、传达及收发室、汽车库、消防车库、厂区道路、桥涵、厂区码头及厂区大型土石方工程。

⑥ 厂区服务设施，包括厂部办公室、厂区食堂、医务室、浴室、哺乳室、自行车棚等。

⑦ 生活福利设施，包括职工宿舍、住宅、生活区食堂、职工医院、俱乐部、托儿所、幼儿园、子弟学校、商业服务点以及与之配套的设施。

⑧ 厂外工程，包括水源工程、厂外输电、输水、排水、通信、输油等管线以及公路、铁路专用线等。

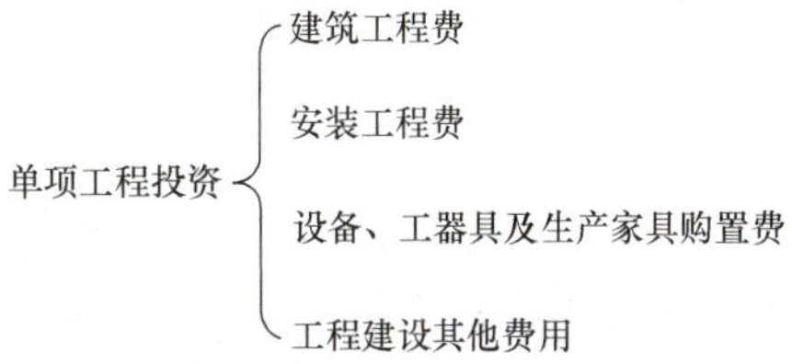

2）单项工程指标组成（见图8-1）。

① 建筑工程费，包括场地平整、竖向布置土石方工程及厂区绿化工程，各种厂房、办公及生活福利设施等以及建筑物给水排水、采暖、通

单项工程投资 { 建筑工程费 / 安装工程费 / 设备、工器具及生产家具购置费 / 工程建设其他费用

图 8-1　单项工程指标组成图

风空调、煤气等管道工程、电气照明、防雷接地等工程费用。

② 安装工程费，包括主要生产、辅助生产、公用工程的设备、机电设备、仪表、各种工艺管道、电力、通信电缆等安装以及设备、管道保温、防腐等工程费用。

③ 设备、工器具及生产家具购置费，包括需要安装和不需要安装的专用设备、机电设备、仪器仪表及配合试生产所需工具、模具、量具、卡具、刃具等和试验台、化验台、工作台、工具箱、更衣柜等生产家具购置费。

④ 工程建设其他费用，包括工程建设所需的土地使用费、与项目建设有关的其他费用、与企业未来生产经营有关的其他费用。

单项工程指标一般以单项工程生产能力单位投资如元/t 或其他单位表示，如变配电站：元/(kV·A)；锅炉房：元/蒸汽 t；供水站：元/m^3；办公室、仓库、宿舍、住宅等房屋则区别不同结构形式，以元/m^2 表示。

（3）单位工程指标　单位工程指标是指按规定应列入能独立设计、施工的工程项目的费用，即建筑安装工程费用。

单位工程指标一般以如下方式表示：

房屋：区别不同结构形式，以元/m^2 表示。

道路：区别不同结构层、面层，以元/m^2 表示。

水塔：区别不同结构、容积，以元/座表示。

管道：区别不同材质、管径，以元/m 表示。

8.1.2 投资估算指标的编制原则、依据和方法

1. 投资估算指标的编制原则

1）内容和典型工程的取定，必须遵循国家的技术经济政策，符合国家技术发展方向。

2）要与项目建议书、可行性研究报告的编制深度相适应。

3）要反映不同行业、不同项目和不同工程的特点。

4）投资估算指标的编制要充分考虑建设条件、实施时间、建设期限的不同，导致指标的量差、价差、利息差、费用差等动态因素对投资估算的影响。

5）投资估算指标既要适用于一个建设项目的全部投资及其构成，又要有组成建设项目的各个单项工程投资，既能综合，又能分解，要应用自如，简明适用。

2. 投资估算指标的编制依据

1）依照不同的产品方案、工艺流程和生产规模，确定建设项目主要生产、辅助生产、公用设施及生活福利设施等单项工程内容、规模、数量以及结构形式，选择相应具有代表性、符合技术发展方向、数量足够的已经建成或正在建设的并具有重复使用可能的设计图及工程量清单、设备清单、主要材料用量表和预算资料、决算资料，经过分类、筛选、整理，作为编制依据。

2）国家和主管部门制定颁发的建设项目用地定额、建设项目工期定额、单项工程施工工期定额及生产定员标准等。

3）现行的全国统一、行业和地区的各类工程概预算定额及费用定额。

4）编制年度的当地各类人工单价、材料价格及各类工程造价指数。

5）编制年度的当地各类设备价格。

3. 投资估算指标的编制方法

编制工作一般可以分为三个阶段进行：

1）调查收集整理资料阶段。调查收集与编制内容有关的已经建成或正在建设的工程设计、施工资料以及概算资料、预算资料、决算资料，这是编制的基础。资料收集得越多，反映出的问题越多，编制工作考虑得越全面，越有利于提高指标的实用性和覆盖面。将整理后的数据资料按项目划分栏目归类，并按编制年度的现行定额、费用标准和价格，调整成编制年度的造价水平及相互比例。

2）平衡调整阶段。由于调查收集的资料来源不同，虽经过必要的分析整理，但仍难以避免由于设计方案、建设条件和建设时间的差异所带来的影响，会出现数据反常现象以及重复、漏项和水平上的较大变化，因此需要将这些资料进行适当平衡、调整。

3）测算审查阶段。测算是将新编的指标和选定工程的概预算，在同一价格条件下进行比较，检验其量差的偏离程度是否在允许偏差的范围内，如偏离过大要查找原因，进行修正，以保证指标的确切、实用。测算也是对指标编制质量进行的一次系统检查，应由专人进行，以保持测算口径的统一，在此基础上组织有关专业人员予以全面审查定稿。

8.1.3 投资估算指标的应用

投资估算指标为编制建设项目投资估算提供了必要的编制依据，但使用时一定要根据建设项目实施的时间、建设地点自然条件和工程的具体情况等进行必要的调整、换算，切忌生搬硬套，以保证投资估算确切可靠。

1. 时间差异

投资估算指标编制年度所依据的各项定额、价格和费用标准及项目实施年度可能会随时间的推移而有所变化。这些变化对项目投资的影响因工期长短而异，时间越长影响越大，越不可忽视。项目投资估算一定要预计计算至实施年度的造价水平，否则将给项目投资留下缺口，使其失去控制投资的意义。时间差异对项目投资的影响，一般可按下述几种情况考虑：

1）定额水平的影响。各项定额的修订、新旧定额水平变化所引起的定额差，一般表现为人工、材料、施工机械台班消耗的量差，可相应调整投资估算指标内的人工、材料和施工机械台班数量，也可用同一价格计算的新、旧定额直接费之比调整投资估算指标的直接费。即

调整后的直接费＝指标直接费×[1+(新定额直接费－旧定额直接费)/旧定额直接费]

2）价格差异的影响。如投资估算指标编制年度至项目实施期年度，仅设备、材料有所变化，可按指标内所列设备、材料用量调整其价差或以价差率调整。价差率可按下式计算：

设备(材料)差价率(%)＝[设备(材料)用量×(编制年度价格－指标编制年度价格)/
指标设备(材料)费总额]×100%

也可先求得设备、材料价格每年的平均递增率，按下式调整后列入项目投资估算预备费中设备材料差价项下：

$$E = \sum_{i=1}^{n} F_i [(1+\rho)^i - 1] \tag{8-1}$$

式中　E——设备（材料）价差；

n——指标编制年度至项目实施期的年度数；

F_i——项目实施期间第 i 年度设备（材料）投资额；

ρ——设备（材料）价格年平均递增率。

3）费用差异的影响。指标编制年度即实施期年度之间如建筑安装工程各项费用定额有变化，可将新建筑安装工程费用定额中的不同计算基数的费率，换算成同一计算基数的综合费率形式进行调整。

为简化计算，也可将上述定额水平差、设备材料价格差、费用差，分别以不同类型的单项工程综合测算出工程造价年平均递增率，运用式（8-1）计算工程造价的价格差异，借以调整建筑安装工程费。

2. 建设地点差异

建设地点的变化（如水文、地质、气候、地震以及地形地貌等）必然要引起设计、施工的变化，由此引起对投资的影响，除在投资估算指标中规定相应调整办法外，使用指标时必须依据建设地点的具体情况，研究具体处理方案，进行必要的调整。

3. 设计差异

由于投资估算指标的编制是取材于已经建成或正在建设的工程设计和施工资料，而设计是一种创造活动，完全一样的工程几乎是不存在的。设计对投资的影响是多方面的，编制时应对投资影响比较大的下列设计差异进行必要的调整：

1）影响建筑安装工程费的设计因素。如建筑物层数、层高、开间、进深、装修标准、工业建筑的跨度、柱距、高度、起重机吨位等变化引起的结构形式、工程量和主要材料的改变。

2）工艺改变、设备选型引起对投资的影响。

8.1.4 投资估算指标编制实例

根据××省 2008 年《建筑工程投资估算指标》，选取一例进行说明。该投资估算指标包括五部分内容，分别是工程概况、每 $1m^2$ 综合造价指标、土建工程各分部占定额直接费的比例及每 $1m^2$ 直接费用指标、主要实物工程量指标和工料消耗指标。

（1）工程概况 工程概况包括工程结构特征，它主要供估算人员依据拟建工程的结构特征与表列的结构特征相对应选用指标，见表 8-1。

表 8-1 工程概况

工程名称		住宅楼	工程地点	××市	建筑面积	6437.7m^2	结构类型	砖混
层数		地下一层（架空层），地上六层		层高	2.2m、2.8m、3m		檐高	18.10m
地基承载力		140kPa		抗震烈度	8度		地下水位	地表下 8m
土建	地基处理	灰土垫层						
	基础	钢筋混凝土筏形基础						
	墙体	外	365mm 砖墙，钢筋混凝土墙					
		内	240mm 砖墙，钢筋混凝土墙，聚苯乙烯泡沫板保温					
	柱	钢筋混凝土构造柱						
	梁	钢筋混凝土圈梁						
	板	钢筋混凝土平板						

(续)

土建	地面	垫层	细石混凝土垫层
		面层	水泥砂浆面层
	楼面		细石混凝土垫层,水泥砂浆面层
	屋面		水泥炉渣找坡,水泥蛭石保温,SBS卷材防水
	门窗		木门,塑钢窗
	装饰	天棚	抹灰面
		内粉刷	抹灰面
		外粉刷	抹灰面,JH801外墙涂料
安装	水卫(消防)		给水镀锌钢管,排水UPVC管,浴盆,洗面盆,坐便器,洗涤盆
	采暖		柱形散热器,焊接钢管,玻璃棉管壳保温
	电气照明		白炽灯,钢管,PVC管暗敷,铜芯塑料线

（2）每 $1m^2$ 综合造价指标　每 $1m^2$ 综合造价指标包括土建、水卫、采暖、电气等各单位工程造价指标。表现形式为各单位工程的综合造价指标、定额直接费、措施费、间接费和利润、材料差价等（见表8-2），供估算人员依据拟建工程的建筑面积、所在地区的价格以及取费的不同，分块换算后计算各单位工程的工程造价。

表8-2　每 $1m^2$ 综合造价指标　　　　　　　　　　（单位：元/m^2）

项目	综合指标	定额直接费				取费		材料差价
		合价	人工费	材料费	机械费	措施费	间接费等费用	
工程造价	757.76	575.58	124.35	406.07	45.16	34.91	123.36	23.93
土建	642.32	490.67	108.90	338.68	43.08	30.12	97.96	23.58
水卫(消防)	32.19	24.58	3.82	20.56	0.19	1.19	6.41	0.03
采暖	32.18	23.59	4.31	18.88	0.40	1.34	7.09	0.16
电气照明	51.07	36.74	7.32	27.95	1.49	2.27	11.90	0.16

（3）土建工程各分部占定额直接费的比例及每 $1m^2$ 直接费用指标　表8-3所示是××省建筑工程消耗量定额划分的分部工程费用占土建工程直接费的百分比，供估算人员依据拟建项目进行换算、调整各分部工程定额直接费。

表8-3　土建工程各分部占定额直接费的比例及每 $1m^2$ 直接费用指标

分部工程名称	占直接费的百分比(%)	直接费/(元/m^2)
土石方工程	3.85	18.89
脚手架工程	3.32	16.27
砌筑工程	9.82	48.19
混凝土及钢筋混凝土工程	42.48	208.51
构件运输及安装工程	0.04	0.19
门窗及木结构工程	3.12	15.29

（续）

分部工程名称	占直接费的百分比(%)	直接费/(元/m²)
楼地面工程	3.77	18.48
屋面及防水工程	2.18	10.68
防腐、保温、隔热工程	2.19	10.75
抹灰、油漆工程	5.80	28.45
金属结构制作工程	0.04	0.20
垂直运输	3.62	17.75
装饰工程	18.53	90.92
零星项目	1.24	6.08

（4）主要实物工程量指标（见表8-4） 该部分所列工程量数值可用来估算拟建工程主要分项工程的工程量。用该工程量乘以拟建工程的建筑面积后，套用工程所在地预算单价求出单位工程主要分项工程的直接费用，再按规定计取各项费用即可求得拟建项目的主要分项工程造价。另外，实物工程量可供换算和调整与拟建工程不相符合的分项工程量。

表8-4 主要实物工程量每100m²指标 （单位：100m²）

分部分项工程名称	单位	数量	分部分项工程名称	单位	数量
土石方工程			水泥砂浆面层	m²	11.63
挖土方	m³	60.97	屋面及防水工程		
机械填灰土碾压	m³	21	SBS卷材屋面	m²	18.84
砌筑工程			水泥炉渣找坡	m³	1.49
砖基础	m³	5.92	水泥蛭石屋面保温	m³	3.50
砖内墙	m³	16.22	PVC水落管	m	3.04
砖外墙	m³	9.47	涂膜防水(楼地面)	m²	15.63
砌体加固筋	t	0.07	聚苯乙烯泡沫板墙体保温	m³	0.55
混凝土及钢筋混凝土工程			抹灰、油漆工程		
钢筋混凝土基础	m³	6.99	天棚抹灰	m²	80.08
钢筋混凝土构造柱	m³	3.22	墙面抹灰	m²	213.25
钢筋混凝土梁	m³	0.71	墙面装饰抹灰	m²	147.52
钢筋混凝土圈梁	m³	1.55	外墙喷涂料	m²	42.08
钢筋混凝土过梁	m³	0.76	木材面油漆	m²	12.34
钢筋混凝土平板	m³	10.02	金属面油漆	t	0.11
钢筋混凝土楼梯	m²	4.12	装饰工程		
钢筋混凝土阳台	m²	3.44	塑钢成品门安装	m²	3.50
预制钢筋混凝土梁	m³	0.18	塑钢成品窗安装	m²	20.86
钢筋 $\phi 10mm$ 以内	t	1.32	水卫(消防)工程		
钢筋 $\phi 20mm$ 以内	t	1.66	钢管(焊接)	m	1.10
钢筋 $\phi 20mm$ 以外	t	0.13	镀锌钢管	m	16
冷拔钢丝	t	0.01	UPVC排水管	m	18

(续)

分部分项工程名称	单位	数量	分部分项工程名称	单位	数量
门窗及木结构工程			采暖工程		
木门	m²	10.42	钢管（焊接）	m	36.30
楼地面工程			铸铁散热器	片	53
灰土垫层	m³	0.49	电气照明工程		
混凝土垫层	m³	1.78	钢管	m	57
炉（矿）渣垫层	m³	1.49	PVC 管	m	133
水泥砂浆找平层	m²	102.79	管内穿线	m	401
细石混凝土找平层	m²	25.98			

（5）工料消耗指标 工料消耗指标由每 $100m^2$ 和每万元所含人工工日、主要材料消耗量组成（见表 8-5）。每 $100m^2$ 消耗量指标乘以拟建工程的建筑面积，即可求出拟建工程的人工工日和主要材料数量，可供估算人员计算工料消耗量。每万元工料消耗量指标乘以拟建工程的计划建安投资金额即为拟建工程所需的主要工料数。

表 8-5　工料消耗指标

材料名称	单位	每 $100m^2$ 消耗量	每万元消耗量	材料名称	单位	每 $100m^2$ 消耗量	每万元消耗量
人工	工日	441.90	69.98	石油沥青	t	0.08	0.01
钢材	t	3.30	0.52	石油沥青油毡	m²	0.15	0.02
冷拔钢丝	t	0.01	—	JH801 外墙涂料	kg	42.08	6.66
铁件	kg	44	6.97	SBS 卷材	m²	21	3.33
锯材	m³	0.90	0.14	蛭石	m³	4.10	0.65
胶合板	m²	18.62	2.95	炉渣	m³	1.78	0.28
水泥	t	17.29	2.74	焊接钢管	kg	216.15	34.23
标准砖	千块	16.80	2.66	排水 UPVC 管	m	20.06	3.18
生石灰	t	6.77	1.07	型钢	kg	9.44	1.49
碎石	m³	25.27	4	PVC 管	m	140.99	22.33
砂	m³	35.35	5.60	铜芯橡胶线	m	448.75	71.06
玻璃	m²	24.36	3.86	热浸镀锌钢管	kg	31	4.91
瓷砖 152mm×152mm	块	955.98	151.39	铸铁散热器	片	54	8.55
白石子	t	0.08	0.01				

8.2　建设工期定额

8.2.1　建设工期定额的概念、作用及内容

建设工期定额和概、预算定额一样，是工程建设定额管理体系中的重要组成部分。我国

开展建设工期定额编制和管理工作始于 20 世纪 80 年代初,开始主要是编制建筑安装工程工期定额。第一版的全国工期定额是原城乡建设环境保护部于 1985 年制定的。此后,建设工期定额的编制又逐渐扩展到市政工程、电力、煤炭、铁道、冶金、化工、电子、邮电等多个行业。现行的建筑安装工程工期定额是在《全国统一建筑安装工程工期定额》(2000 年)基础上依据国家现行产品标准、设计规范、施工及验收规范、质量评定标准和技术、安全操作规程,按照正常施工条件、常用施工方法、合理劳动组织及平均施工技术装备程度和管理水平,结合当前常见结构及规模、建筑安装工程的施工情况编制的。该定额适用于新建和扩建的建筑安装工程,包括民用建筑工程、工业及其他建筑工程、构筑物工程、专业工程四部分。有些省在全国工期定额的基础上调整或重新编制了适合本省情况的工期定额。

1. 建设工期定额的概念

所谓工期定额是指各类工程规定的施工期限的定额天数,包括建设工期定额和施工工期定额两个层次。建设工期定额是指建设项目或独立的单项工程从开工建设起到全部建成投产或交付使用时止所需要的额定时间,不包括由于决策失误而停(缓)建所延误的时间,一般以月数或天数表示。施工工期定额一般是指单项工程或单位工程从正式开工起至完成承包工程全部设计内容并达到国家验收标准所需要的额定时间。施工工期是建设工期中的一部分。施工过程中,遇不可抗力、极端天气或政府政策性影响施工进度或暂停施工的,按照实际延误的工期顺延;施工过程中遇到障碍物或古墓、文物、化石、流砂、溶洞、暗河、淤泥、石方、地下水等需要进行特殊处理且影响关键线路时,工期相应顺延;合同履行过程中,因非承包人原因发生重大设计变更的,应调整工期。其他非承包人原因造成的工期延误应予以顺延。

建设工期定额具有如下特性:

1)法规性。法规性是指建设工期定额是考核工程项目工期的客观标准和对工期实施宏观控制的必要手段。建设工期定额由建设行政主管部门或授权有关行业主管部门制定、发布。它作为确定建设项目工期和工程承发包合同工期的规范性文件。建设工期的执行与监督工作也由发布部门或授权部门进行日常管理。

2)普遍性。普遍性是指建设工期定额的编制是依据正常的建设条件和施工程序,综合大多数企业施工技术和管理水平,因而具有广泛的代表性。

3)科学性。科学性是指建设工期定额的制定、审查等工作是采用科学的方法和手段进行统计、测定和计算确定的。

2. 建设工期定额的作用

建设工期是评价投资效果的重要指标,直接标志着建设速度的快慢。在工期定额中已经考虑了季节性施工因素对工期的影响、地区性特点对工期的影响、工程结构和规模对工期的影响、工程用途对工期的影响以及施工技术与管理水平对工期的影响。因此,工期定额是评价工程建设速度、确定招标工期、签订承包合同、编制施工计划、评价全优工程的可靠依据。

3. 建设工期定额的内容

建设工期定额的主要内容有:

（1）编制作用、依据及使用说明　建设工期定额在建设前期主要作为项目评估、决策、设计时按合理工期组织建设的依据，还可作为编审设计任务书和初步设计文件时确定建设工期的依据。对于确定项目招标投标及签订合同工期具有指导作用，也可作为提前和延误工期进行奖罚、工程结算、竣工期调价的依据。根据上述作用，建设工期定额在总说明部分还应说明编制的有关依据和定额水平确定的原则。

（2）建设工期定额中时间的说明　建设工期定额的起止时间一般从设计文件规定的工程正式破土动工到全部工程建成交付使用所需的时间，定额中以月或天计算、表示，工期较短的均以天计算、表示。还应对定额所考虑国家规定的法定有效工作天数或月数，以及冬季施工、开始动工的季节等做出说明。

（3）建设工期定额的项目构成　各类建设工期定额按项目的组成划分为两个层次。

1）建设项目的定额工期。建设项目是指按照一个总体设计进行建造的各个单项工程的总和。

2）主要单项工程的定额工期。单项工程是指一个建设项目中具有独立设计，可以单独发挥效益的工程，如单栋教学楼、住宅楼，再如钢铁厂中的焦化、炼铁、炼钢、轧钢等工程。

8.2.2　建设工期定额的编制原则、依据和方法

1. 建设工期定额的编制依据与原则

1）适合国家建设的需要，体现国家建设的方针、政策。

2）适合国家生产力发展的水平。建设工期定额要反映当前和今后一个时期或定额使用期内建筑业生产力的水平。

3）要同有关的经济政策、劳动法规、施工验收标准以及安全规程相匹配。

4）应采用先进科学的方法进行编制。

5）建设工期定额的项目划分要根据不同建设项目的规模、生产能力、工程结构、层数等合理分档，便于定额的使用。

6）要考虑气候、地理（如高寒、高原）等自然条件的差异对建设工期的影响。

2. 以平均合理的原则确定定额水平

建设工期定额水平的确定应以正常的施工条件、合理的施工工艺和劳动组织条件下的平均水平为基础，并适当考虑缩短工期的可能性，概括起来就是以平均合理为原则确定定额水平。

3. 建设工期定额的编制方法

建设工期定额与劳动定额、消耗量定额等有一定的联系，但也有较大的区别。它的特点是：

1）建设工期涉及的是时间范围，且跨度大，其间变化因素多，涉及的单位多，包含了许多管理的因素。

2）涉及的建设项目类型多、规模大，施工工艺和技术复杂程度不一，因此应区别对待。

3）编制所需要的数据资料繁杂，一般情况下，资料收集困难，而且可靠性较差。

4）定额编制原则的具体化、量化比较困难，比如"正常"的建设条件（经济的、自然的）就很难量化，加上我国地域辽阔、经济条件发展不平衡，要使定额具有普遍性，又要适当考虑地区的特殊性。

在建设工期定额编制的实践中，根据以上特点采取了多种方法，但主要的方法可以概括为以下三种：

（1）施工组织设计法　施工组织设计法是对某项工程按工期定额划分的项目，采取施工组织设计技术，建立横道图或建立标准的网络图来进行计算。标准网络法由于可采用计算机进行各种参数的计算和工期-成本、劳动力、材料资源的优化，因此使用的较为普遍。根据网络计算的最优工期，考虑其他影响因素，进行适当调整后即为定额工期。

（2）数理统计法　数理统计法是把过去的有关工期资料按编制的要求进行分类，然后用数理统计的方法，推导出计算式求得统计工期值的方法。这种方法虽然简单，理论上可靠，但对数据的处理要求严格，要求建设工期原始资料完整、真实。数理统计法是编制工期定额较为通用的一种方法。

（3）专家评估法（Delphi法，简称D法）　D法是在问题难以用定量的数学模型、难以用解析方法求解时而采用的一种有效的估计预测的方法，属于经验评估的范围。它是通过调查建设工期问题专家、技术人员，对确定的工期目标进行估计和预测的方法。

以上方法，在实际工作中，可根据具体的建设项目采用一种或几种办法综合使用。

8.2.3　建筑安装工程工期定额简介及应用

2016年的《全国统一建筑安装工程工期定额》是在《全国统一建筑安装工程工期定额》(2000年)的基础上，依据国家现行产品标准、设计规范、施工及验收规范、质量评定标准和技术、安全操作规程，按正常施工条件、常用施工方法、合理的劳动组织及平均施工技术装备程度和管理水平，结合当前常见结构及规模、建筑安装工程的施工情况编制的。工期定额总说明如下：

1. 全国统一建筑安装工程工期定额总说明及部分工期定额摘录

1）本定额适用于新建和扩建的建筑安装工程。

2）本定额是编制建筑安装工程施工招标文件、签订工程施工合同、合理确定工期、调解处理工期纠纷的基础；是施工企业确定投标工期、编制施工组织设计、安排施工进度、办理工期索赔的参考。

3）本定额工期是从基础破土开工（或原桩位打基础桩）起至完成建筑安装工程施工全部内容，并达到国家验收标准之日止的全过程所需的日历天数（包括法定节假日）；不包括三通一平、打试验桩、地下障碍物处理、基础施工前的降水和基坑支护时间、竣工文件编制所需的时间。

4）本工期定额包括民用建筑工程、工业及其他建筑工程、构筑物工程、专业工程四部分。

5）我国各地气候条件差别较大，以下省、市和自治区按其省会气候条件为基础划分为Ⅰ、Ⅱ、Ⅲ类地区，工期天数分别列项。

Ⅰ类地区：上海、江苏、浙江、安徽、福建、江西、湖北、湖南、广东、广西、四川、贵州、云南、重庆、海南。

Ⅱ类地区：北京、天津、河北、山西、山东、河南、陕西、甘肃、宁夏。

Ⅲ类地区：内蒙古、辽宁、吉林、黑龙江、西藏、青海、新疆。

同一省、自治区内由于气候条件不同，也可按工期定额地区类别划分原则，由省、自治区建设行政主管部门在本区域内再划分类区，报建设部批准后执行。

6) 本定额已综合考虑冬雨季施工、一般气候影响、常规地质条件和节假日等因素。

7) 本定额已综合考虑预拌混凝土和现场搅拌混凝土、预拌砂浆和现场搅拌砂浆的施工因素。

8) 框架-剪力墙结构工期按照剪力墙结构工期计算。

9) 本定额的工期是按照合格产品标准编制的。

工期压缩时，宜组织专家论证，且相应增加压缩工期增加费。

10) 本定额施工工期的调整：

① 施工过程中，遇不可抗力、极端天气或政府政策性影响施工进度或暂停施工的，按照实际延误的工期顺延。

② 施工过程中发现实际地质情况与地质勘查报告出入较大的，应按照实际地质情况调整工期。

③ 施工过程中遇到障碍物或古墓、文物、化石、流砂、溶洞、暗河、淤泥、石方、地下水等需要进行特殊处理且影响关键线路时，工期相应顺延。

④ 合同履行过程中，因非承包人原因发生重大设计变更的，应调整工期。

⑤ 其他非承包人原因造成的工期延误应予以顺延。

11) 同期施工的群体工程中，一个承包人同时承包 2 个以上（含 2 个）单项（位）工程时，工期的计算：以一个单项（位）工程为基数，另加其他单项（位）工程工期总和乘以相应系数计算：加 1 个乘以系数 0.35；加 2 个乘以系数 0.2；加 3 个及以上乘以系数 0.15。

加 1 个单项（位）工程：$T = T_1 + T_2 \times 0.35$

加 2 个单项（位）工程：$T = T_1 + (T_2 + T_3) \times 0.2$

加 3 个及以上单项（位）工程总工期：$T = T_1 + (T_2 + T_3 + T_4) \times 0.15$

其中，T 为工程总工期。T_1、T_2、T_3、T_4 为所有单项（位）工程工期最大的前四个，且 $T_1 \geq T_2 \geq T_3 \geq T_4$。

12) 本定额是按各类地区情况综合考虑的，由于各地施工条件不同，允许各地有 15% 以内的定额水平调整幅度，各省、自治区、直辖市建设行政主管部门可按上述规定，制定实施细则，报住房和城乡建设部备案。

13) 有关规定：

① 单项（位）工程中层高在 2.2m 以内的技术层不计算建筑面积，但计算层数。

② 出屋面的楼（电）梯间、水箱间不计算层数。

③ 单项（位）工程层数超出本定额时，工期可按定额中最高相邻层数的工期差值增加。

④ 单项工程的室外管线（不包括直埋管道）累计长度在 100m 以上，增加工期 10 天；道路及停车场的面积在 500m² 以上，在 1000m² 以下者增加工期 10 天；在 5000m² 以内者增加工期 20 天；围墙工程不另增加工期。

表 8-6 和表 8-7 为摘录的部分单项工程工期定额。

表 8-6 ±0.000 以下工程有地下室部分工期定额

编号	层数(层)	建筑面积/m²	工期(天)		
			Ⅰ类	Ⅱ类	Ⅲ类
1-25	1	1000 以内	80	85	90
1-26		3000 以内	105	110	115
1-27		5000 以内	115	120	125
1-28		7000 以内	125	130	135
1-29		10000 以内	150	155	160
1-30		10000 以外	170	175	180
1-31	2	2000 以内	120	125	130
1-32		4000 以内	135	140	145
1-33		6000 以内	155	160	165
1-34		8000 以内	170	175	180
1-35		10000 以内	185	190	195
1-36		15000 以内	210	220	230
1-37		20000 以内	235	245	255
1-38		20000 以外	260	270	280
1-39	3	3000 以内	165	170	180
1-40		5000 以内	180	185	195
1-41		7000 以内	195	205	220
1-42		10000 以内	215	225	240
1-43		15000 以内	240	250	265
1-44		20000 以内	265	275	295
1-45		25000 以内	290	300	320
1-46		30000 以内	315	325	350
1-47		30000 以外	340	350	375
1-48	4	10000 以内	255	265	280
1-49		15000 以内	280	290	305
1-50		20000 以内	305	315	335
1-51		25000 以内	330	340	360
1-52		30000 以内	355	365	390
1-53		35000 以内	380	390	415
1-54		40000 以内	405	415	445
1-55		40000 以外	430	440	470
1-56	5	10000 以内	285	295	310
1-57		15000 以内	310	325	350
1-58		20000 以内	340	355	380
1-59		25000 以内	365	380	410

(续)

编号	层数(层)	建筑面积/m²	工期(天)		
			Ⅰ类	Ⅱ类	Ⅲ类
1-60	5	30000 以内	390	405	435
1-61		40000 以内	415	430	465
1-62		50000 以内	440	455	490
1-63		50000 以外	470	485	520

表 8-7 ±0.000 以上教育建筑工程部分工期定额

编号	层数(层)	建筑面积/m²	工期(天)		
			Ⅰ类	Ⅱ类	Ⅲ类
1-646	3 以下	1000 以内	90	100	110
1-647		2000 以内	100	110	120
1-648		3000 以内	115	125	135
1-649		3000 以外	130	140	150
1-650	4	2000 以内	120	130	140
1-651		3000 以内	135	145	155
1-652		4000 以内	145	155	165
1-653		4000 以外	160	170	180
1-654	5	3000 以内	155	170	190
1-655		4000 以内	165	180	200
1-656		5000 以内	175	190	210
1-657		5000 以外	190	205	225
1-658	6	4000 以内	185	200	220
1-659		5000 以内	195	210	230
1-660		6000 以内	220	235	255
1-661		6000 以外	235	250	270

2. 单位工程工期定额有关规定及说明

1）单位工程工期定额子目是按用途、结构、面积和层数划分的。

2）多用途的单位工程工期，分别套用不同用途的定额工期，按面积加权平均值计算。

3）多种结构的单位工程工期，分别套用不同结构的定额工期，按面积加权平均值计算。

4）不同层数组成的单位工程工期，当高层数部分的面积占 30% 及以上时，按高层数的定额计算工期；不足 30% 时，按低层数计算工期。凡按不同层数计算工期的，不再执行 2、3 条规定。

5）定额中地下室、地下车库工程的工期应和带地下室、地下车库工程的工期合并计算，不单独使用。独立的地下车库工期按地下车库工期乘以系数 2.5。

6）影剧院的层数指观众厅层数；锅炉房的层数是指锅炉间的层数。

7）定额中的现浇框架结构是指全现浇（梁、柱、板）。如果部分现浇、部分预制，其工期按现浇框架乘以系数 0.96。

8）单身宿舍的工期按住宅的工期乘以系数 0.90。

9）带站台的仓库（不含冷库工程）其工期乘以系数 1.15。

10）带裙房的住宅、办公、教学、旅馆、医疗、科研楼，其工期另增 30 天。

11）本定额砖木、砖混结构的抗震设防按 7 度制定的，如为 8 度时，其工期乘以系数 1.02。

表 8-8 为摘录的 ±0.000 以上结构工程部分工期定额。

表 8-8　±0.000 以上结构工程部分工期定额

序号	类别	定额编号	层数或名称	建筑面积或规格/m²	结构类型（装修标准）	工期（天）		
						Ⅰ类	Ⅱ类	Ⅲ类
1	A22	2-100	20 以下	25000 以内	内浇外挂结构	300	310	340
2	A22	2-101	20 以下	30000 以内	内浇外挂结构	305	320	355
3	A22	2-102	20 以下	30000 以外	内浇外挂结构	320	335	370
4	A22	2-103	8 以下	5000 以内	全现浇结构	185	190	210
5	A22	2-104	8 以下	7000 以内	全现浇结构	195	200	220
6	A22	2-105	8 以下	10000 以内	全现浇结构	205	215	235
7	A22	2-106	8 以下	15000 以内	全现浇结构	220	230	255
8	A22	2-107	8 以下	15000 以外	全现浇结构	240	250	275
9	A22	2-108	10 以下	7000 以内	全现浇结构	210	220	245
10	A22	2-109	10 以下	10000 以内	全现浇结构	225	235	260
11	A22	2-110	10 以下	15000 以内	全现浇结构	240	250	275
12	A22	2-111	10 以下	20000 以内	全现浇结构	255	265	295
13	A22	2-112	10 以下	20000 以外	全现浇结构	275	285	315
14	A22	2-113	12 以下	10000 以内	全现浇结构	250	260	290
15	A22	2-114	12 以下	15000 以内	全现浇结构	265	275	305
16	A22	2-115	12 以下	20000 以内	全现浇结构	280	290	320
17	A22	2-116	12 以下	25000 以内	全现浇结构	295	305	335
18	A22	2-117	12 以下	25000 以外	全现浇结构	310	325	360
19	A22	2-118	14 以下	10000 以内	全现浇结构	275	285	315
20	A22	2-119	14 以下	15000 以内	全现浇结构	290	300	330
21	A22	2-120	14 以下	2000 以内	全现浇结构	300	315	345
22	A22	2-121	14 以下	25000 以内	全现浇结构	315	330	365
23	A22	2-122	14 以下	25000 以外	全现浇结构	335	350	385
24	A22	2-123	16 以下	10000 以内	全现浇结构	295	310	340
25	A22	2-124	16 以下	15000 以内	全现浇结构	310	325	360
26	A22	2-125	16 以下	20000 以内	全现浇结构	325	340	375
27	A22	2-126	16 以下	25000 以内	全现浇结构	340	355	390
28	A22	2-127	16 以下	25000 以外	全现浇结构	360	375	415
29	A22	2-128	18 以下	15000 以内	全现浇结构	335	350	385
30	A22	2-129	18 以下	20000 以内	全现浇结构	350	365	405

3. 群体住宅工期计算

1）群体住宅工程是指两栋及两栋以上具备流水施工条件的住宅工程，不包括区配套的文化、商业公共设施和各种管线、绿化、道路工程。

2）多层住宅和多层群体住宅指 8 层以下的住宅和群体住宅；9 层及 9 层以上的住宅和群体住宅称为高层住宅和高层群体住宅。

3）本定额多层群体住宅以 7 栋 30000m^2、高层群体住宅以 3 栋或 5 栋 60000m^2 为限；超过以上规定，其工期按最后相邻层数、面积和栋数的工期差递增。

4）群体住宅工程中，高层住宅面积占总面积 50% 及以上时，工期按高层群体住宅工程计算，其栋数为高层住宅栋数加多层住宅折算为高层住宅的栋数；高层面积不足 50% 时，工期分别套用多层和高层群体住宅定额工期，按面积加权平均值计算。

5）高层群体住宅工程中，有两种及两种以上不同层数时，工期分别套用不同层数住宅的定额工期，按面积加权平均值计算。

6）不同结构的群体住宅工期，分别套用不同结构的定额工期，按面积加权平均值计算。

7）单位工程定额中有关增减系数和天数的规定也适用于群体住宅工程，但不得按每栋的系数和天数累计计算。

8）群体住宅工程中单栋住宅工程的工期按施工组织设计的计划工期或合同工期考核。

本章小结及关键概念

本章小结： 投资估算指标是在编制项目建议书、可行性研究报告和编制设计任务书阶段进行投资估算、计算投资需要量时使用的一种定额。一般可以分为建设项目综合指标、单项工程指标和单位工程指标三个层次。投资估算指标的编制方法与步骤为：①调查收集整理资料阶段；②平衡调整阶段；③测算审查阶段。

建设工期定额是指建设项目或独立的单项工程从开工建设起到全部建成投产或交付使用时止所需要的额定时间，一般以月数或天数表示。建设工期定额具有法规性、普遍性、科学性等特性：

建设工期定额的主要内容有：①编制作用、依据及使用说明；②建设工期定额中时间的说明；③建设工期定额的项目构成。

建设工期定额的编制方法有：①施工组织设计法；②数理统计法；③专家评估法。

关键概念： 投资估算指标、建设工期定额、施工工期定额。

习　　题

1. 投资估算指标是在编制_____、_____和编制_____阶段进行_____、计算_____时使用的一种定额。

2. 建设工期定额是指建设项目或独立的_____从_____到_____止所需要的额定时间，不包括_____时间，一般以月数或天数表示。

3. 施工定额工期是从_____起至完成建筑安装工程_____，并达到国家验收标准之日止的全过程所需的日历天数（包括_____）。

4. 建设工期定额与施工工期定额的区别是什么？
5. 建设工期定额的编制原则主要有哪些？
6. 简述建设工期定额的编制方法。

二维码形式客观题

微信扫描二维码，可在线做题，提交后可查看答案。

第8章 客观题

第 9 章 工程定额管理信息化技术

学习要点

本章详细介绍了工程定额管理信息系统及其发展现状，并介绍了计算机应用技术和信息技术在企业定额和消耗量定额两个方面的应用。通过本章的学习，学生对计算机应用技术和信息技术在工程定额管理领域的应用有所了解，能够应用常用的定额生成软件从企业定额和消耗量定额两个方面对定额进行编制。

学习导读

小明："小刚，赶快走，今天要讲采用现代化手段编制和管理工程定额、快速应用工程定额了。"

小刚："内容还挺新的！现代化手段，就是应用信息化技术呗。"

9.1 概述

随着信息化技术的飞速发展，工程定额管理工作也有了质的飞跃。人们从借助纸笔手工收集编制及运用工程定额转变为借助软件及网络平台完成大量原始数据的处理、整合等工程定额管理工作。要深入理解工程定额信息化管理技术，必须了解工程定额管理信息系统的含义。

9.1.1 工程定额管理信息系统

管理信息系统（Management Information System，MIS）是一个由人、计算机等组成的能进行信息收集、传递、存储、加工、维护和使用的系统，它是一门综合了经济管理理论、运筹学、统计学、计算机科学的系统边缘学科。一般来说，一个管理信息系统是由信息源、信息处理器、信息用户和信息管理者 4 大部件组成的。

工程定额管理信息系统（Construction Ration Management Information System，CRMIS）是管理信息系统在工程定额管理方面的具体应用。它是指由人和计算机组成的，能对工程定额的编制、运用、维护及管理的有关信息进行较全面的收集、传输、加工、维护和使用的系统，它能充分积累和分析工程资料，并能有效利用过去的数据预测未来变化和发展趋势，以期达到对工程定额实现合理确定与有效利用的目的。工程定额管理信息系统的组成如图9-1所示。

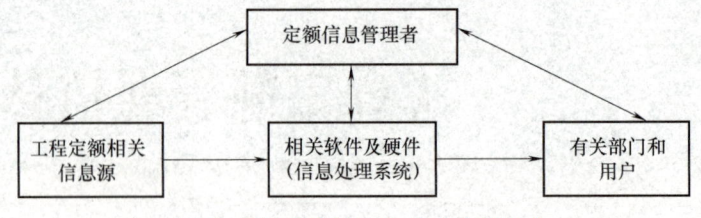

图 9-1 工程定额管理信息系统的组成

随着充分利用计算机软硬件和网络信息技术，工程定额的生成和运用必然经历由不成熟到成熟，由实践到理论的多次反复螺旋上升的过程。在这个过程中，社会的生产技术在不断发展，管理水平和管理体制也在不断更新。因此，工程定额的管理过程也是一个互动的自我完善的过程。

9.1.2 工程定额管理信息化的现状

实行工程量清单计价，企业自主报价，对工程定额管理信息化提出了更高要求。目前我国的工程定额信息管理主要以国家和地方政府主管部门为主，通过各种渠道进行工程定额信息的收集、处理和发布；同时鼓励及指导施工企业根据本企业的实际情况建立自己的定额资料数据库。国家对工程定额的管理已由强制性转变为指导性，各地区针对各自生产力水平不同编制各自的消耗量定额，定期公布人工、材料、机械等价格的信息。施工企业和咨询单位迫切需要利用计算机技术及网络平台建立自己的工程定额系统，但由于大多数施工企业和咨询单位在规模和能力上都达不到这一要求，所以发展仍很缓慢。

9.1.3 工程定额管理信息化目前存在的问题

1）对定额信息的采集、加工和管理缺乏统一规划、统一编码、系统分类，信息系统开发与资源拥有之间处于相互封闭、各自为战的状态，其结果是无法达到信息资源共享的优势，更多的管理者满足于目前的表层信息，忽略信息深加工。

2）信息网建设有待完善。现在工程造价网多为定额站或造价管理部门或咨询公司所建，网站内容主要为定额颁布、价格信息、相关文件转发、招标投标信息发布、企业或公司介绍等，网站只是将已有造价信息在网站上显示出来，缺乏对这些信息的分类整理与分析。

3）信息资料的积累和整理还没有完全实现和工程量清单计价模式的接轨。由于信息的采集、加工处理上没有统一的模式和标准，造成了在投标报价时难以直接使用，还需要根据要求进行不断调整、组合，但显然不能满足新形势下市场定价的要求。

9.2 建筑企业定额管理信息化技术

9.2.1 加强企业定额管理信息化对建筑企业的现实意义

1. 企业定额管理信息化有助于企业提高投标报价能力

企业定额是施工企业根据自身的技术专长、施工设备配备情况、材料来源渠道及管理水平等所规定的为完成工程实体消耗的各种人工、材料、机械和其他费用的标准。一个成功的投标商在报价时常常考虑如下策略：研究工程性质与特点，制定项目业主愿意接受的价位区间，最后根据投标经验确定投标价。依据企业定额对工程量清单实施报价，能够较为准确地体现施工企业的实际管理水平和施工水平，能保证在标价具有竞争力的条件下，获取尽可能大的经济效益。

2. 企业定额管理信息化是提升企业内部管理水平的关键

企业应该拥有一套完整的分配原则，以企业定额为基础，合理制定出一个质和量的标准，从而保证按劳分配，多劳多得。企业在"按劳分配，多劳多得"的分配原则基础上，还应该建立一套合理的竞争机制和激励制度。企业内部的竞争和奖励，不仅要看完成任务的数量和质量，还应综合考虑竞争参与者实际所处的客观环境情况和所拥有的现实条件，确定在一种什么样的公平环境下进行奖励，最大限度地调动人的积极性，真正做到激励有效，而这个公平的前提就是企业定额。

3. 企业定额管理信息化有利于提升企业核心竞争力

企业定额直接体现施工企业核心竞争力，其管理过程能够直接对企业的技术、经营管理水平、工期、质量、价格等因素进行准确的测算和控制，进而能够控制项目的成本。企业定额是本企业已完工程数据的积累和提炼，并与施工方案实现双向反馈，是衡量施工过程中人工、材料和机械消耗量是否合理的标准，是分析成本节约和超支的重要依据，对目标成本合理确定和有效控制以及对成本分析和考核都有着重要的作用，是加强施工项目成本管理必须做好的基础工作。因此，企业定额信息化管理是实现项目成本管理信息化的基础，项目成本管理信息化又会对企业定额的不断完善提供条件，为企业进一步拓展生存的空间打下坚实的基础。

9.2.2 企业定额管理信息系统

企业定额管理信息系统是一项庞大而复杂的系统工程，涉及技术、物资、机械设备、财务、劳资、造价等不同的部门和专业。利用计算机软硬件和网络信息技术进行企业定额管理主要体现在三个方面：编制、运用及其维护。企业定额管理信息系统的构成要素如图9-2所示。编制时企业要在正常的施工条件下，对某一施工过程或工序所需的人工、材料和机械台班消耗量进行测算，并对已有消耗量定额进行修编，不断收集市场价格信息。企业定额的运用主要体现在投标报价体系、施工管理体系和内部成本管理体系中的作用。维护则是一套科学、长效和稳定的管理机制，通过不断完善企业定额，遵循先进、适用、独立等原则，这样企业才能充分挖掘企业内部潜力，提升企业形象和综合实力。21世纪是科技信息的时代，计算机的发展日新月异，网络信息化已经进入企业的管理层面。只有靠计算机的强大储存、自动处理和网络信息传递功能，才能提高企业的定额管理水平。此外，还需通过工程测算信息系统及网络技术保证定额的稳定性。企业定额编制和管理是个动态的过程，需要大量的外部信息和企业内部信息的收集、整理、分析才能完成，施工企业应利用计算机技术建立完善的工程测算信息系统，通过计算机网络及时获取招投标信息、材料反馈和工程造价的各种信息，从而提高企业定额的工作效率和管理效能。

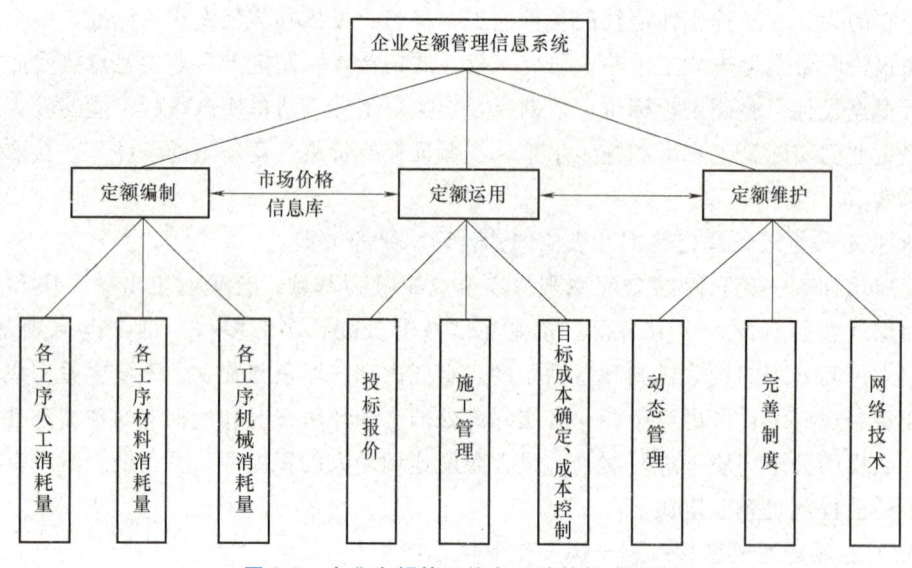

图 9-2 企业定额管理信息系统的构成要素

9.2.3 企业定额管理信息化技术

1. 企业定额编制

企业定额是施工企业根据自身的典型工程的实际消耗测算、积累而形成的企业的人工、材料和机械台班消耗标准。它反映一个企业的施工技术和管理水平。企业定额编制的内容要基本涵盖企业施工的主要工程类型。按《建设工程工程量清单计价规范》(GB 50500—2013)要求,编制的内容可分为:①工程实体消耗定额,即构成工程实体的分部(项)工程的人工、材料、机械的定额消耗量;②措施性消耗定额,即有助于工程实体形成的临时设施、技术措施等定额消耗量。为了适应工程量清单计价的市场竞争要求和建立相应的运行机制,企业应在国家、地区、行业发布的指导性工程消耗量定额和计费方法的基础上结合企业人员结构、装备水平、技术力量、施工能力、财务状况,选取具有代表性的分部(分项)工程为对象,有针对性的收集资料、核查补充、测算研究。同时应研究:①如何提高劳动生产率?人工用量能否减少?②材料损耗率能否降低?③管理费用、措施项目费、利润、规费等支出及构成情况,能否降低?④项目划分和编制结构是否合理?通过反复修正、完善工程消耗定额和计费标准,合理反映企业的计价水平,达到建立企业定额的目的。不能把传统施工定额的编制方法用于编制企业定额,更不能采取折扣系数的形式把企业定额的编制简单化,而是要实实在在地反映本企业的消耗水平。

现有的企业定额生成软件,可以对企业定额进行编制和维护。软件中企业定额生成原理(见图 9-3)及方法有以下几种:

1) 以现有政府定额为基础,利用复制、拖动等功能快速生成企业定额库。在以后投标报价时,可以选择任何消耗量定额库或企业定额,作为投标报价的依据。

2) 按分包价测定定额水平,用水平系数维护企业定额,并能做到分包对比,对分包价按一定的规则测定定额水平,并能分摊到人为确定的定额含量上。

3) 企业可以自行测算、调整企业定额水平。这项工作在企业应用清单组价软件的过程中由计算机自动积累生成。

4）企业定额生成器中可以把材料厂家的供应价、数字建筑网站的材料信息价、材料管理软件中的材料采购价、入库价及出库价等综合计算，得到企业用于投标报价综合材料价格信息库，并能自动对该库进行增、删、改、替等的维护。

5）在使用清单组价软件的过程中，不但能多方案地组价，还可以不断积累每个清单组价过程中的定额消耗量数据及组价数据，并能对每次的数据进行分析判比，形成按不同工艺的工艺包。对判比结果，计算机可以自动对企业定额进行维护，当用户再次对该清单项目进行组价时，只需要调用企业定额内的工艺包，就可以把过去输入的组价数据及定额含量全部读入。该功能可以极大提高用户组价的工作效率，也是实行工程量清单计价规范以后企业快速、准确组价的主要手段。

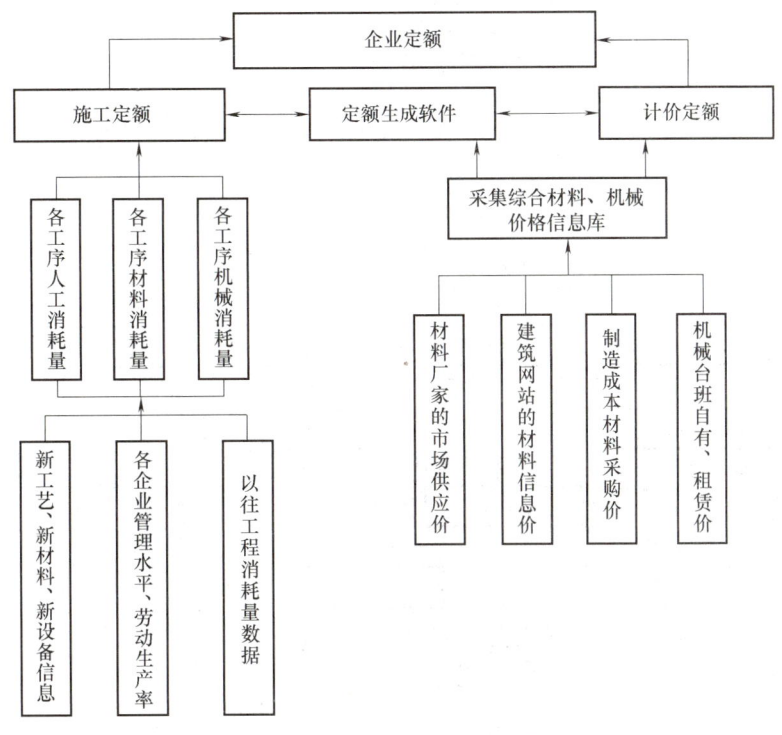

图 9-3 企业定额生成原理图

软件中企业定额生成系统，它能够帮助用户在各地的消耗量定额的基础上，根据企业自身的状况进行改造，如调整定额含量、修改材料价格等，这样就能够形成一个相对简单的企业定额库，根据企业的发展进行数据积累，通过不断地积累形成完善的企业定额。

2. 企业定额的运用

企业应建立法人—项目经理部—作业层三级成本管理体系，企业定额可成为落实成本目标，逐级对目标成本实施过程控制的标准。首先，企业可以在分析市场环境和内在条件的基础上，按校核过的工程量套用企业定额，确定生产要素消耗量，再根据预测的生产要素价格，计算确定施工项目成本目标。其次，编制施工项目成本计划，可按照企业定额，将整个项目成本目标逐层分解到分部分项工程中，形成具有指导性和控制性的计划体系。再次，按企业定额的细目，根据实际记录的工程进度、工程量和生产要素消耗量，对施工项目成本进行核算。最后，企业还可依赖企业定额进行核算并与计划指标对比，以发现成本偏差，进而分析产生偏差的原因，采取措施加以纠正。

对项目成本管理组织、工作流程的研究是建立管理信息系统的前提下，而信息标准化、工作程序化、规范化是它的基础。如图9-4所示的工程项目成本管理工作流程不仅是一个工作流程，而且反映了一个管理信息的流程，反映了各个工作职能之间的信息关系。为提高工程项目成本管理水平，实现工程项目成本管理信息化，必须要利用计算机以及网络技术实现项目成本管理。通过收集、存储和处理有关数据，建立项目成本管理信息系统，为项目成本管理人员提供信息，作为项目成本管理规划、决策、控制和检查的依据，以保证项目成本管理工作顺利实施。

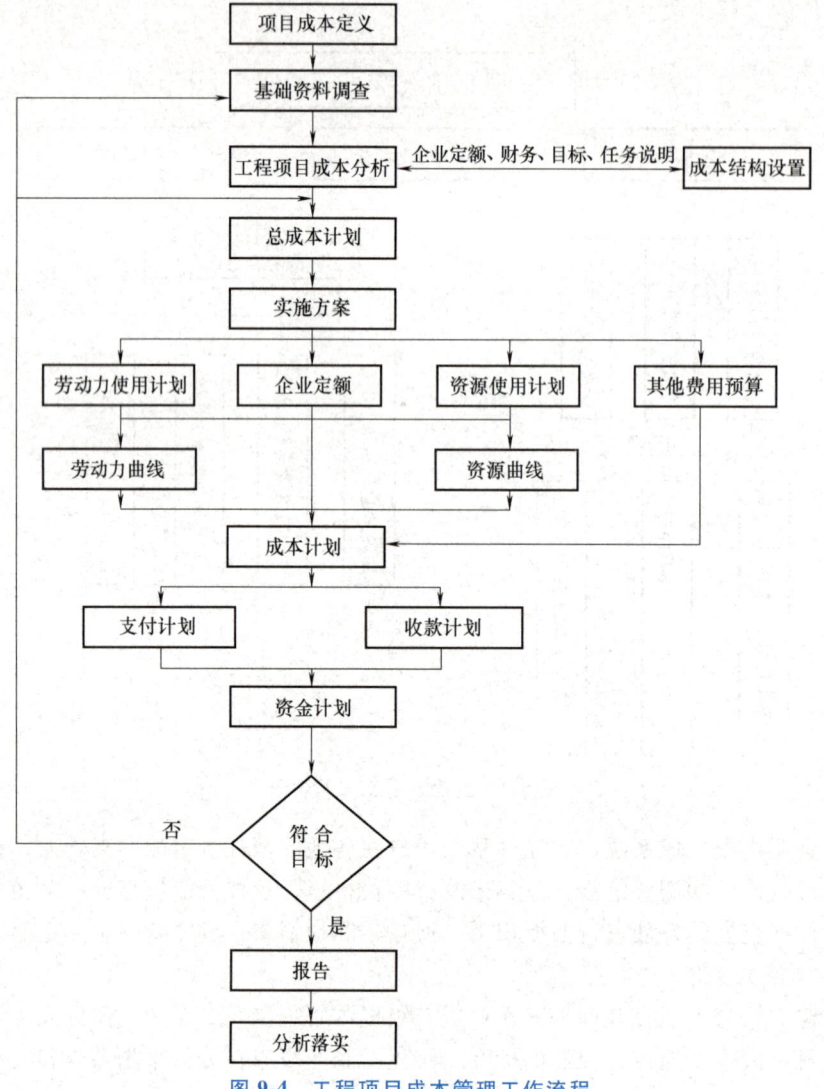

图9-4 工程项目成本管理工作流程

3. 企业定额的维护

在工程量清单计价方式下，不同的工程有不同的工程特征、施工方案等因素，报价方式也有所不同，因此对企业施工定额要进行科学有效的动态管理，针对不同的工程，灵活使用企业定额，建立完整的工程资料库。首先应通过动态管理保证定额的科学性。定额是在一定的生产技术条件下标定的，先进合理的定额是和当时的生产水平相适应的。因此，它的先进性是相对的、暂时的，随着生产发展和组织技术条件的变化，必须适时地对定额进行修改。在实际工作中定额的修改可分两种情况：一是定期修改，两年左右修订一次；二是不定期临时性局部调整和修改，当然定额也要具有相对的稳定性，修改过于频繁，既不利于生产管理，也容易挫伤员工积极性。其次，应通过完善管理制度保证定额的长效性。企业定额制订以后，应用严格的企业制度保证企业定额的贯彻执行。要及时将定额下达班组，保证实现定额所需的技术组织措施，加强定额执行情况的统计、检查和分析工作。在执行中要抓三点：一是要善于总结先进经验和先进操作方法，从而推广应用；二是要找出影响定额贯彻执行的各种因素，并设法克服；三是测定好定额水平，进一步掌握企业内部各生产单位在执行定额时的差异。其目的是掌握工料消耗指标变动规律，为修改定额提供依据。

9.3 国家或地区消耗量定额管理信息化技术

9.3.1 工程定额管理信息化的现实意义

定额作为一门管理科学，在不同的经济体制和市场机制中发挥着积极的作用。定额的科学性包括了两重意义：一是指工程建设定额必须和生产力发展水平相适应，反映工程建设中生产、消费的客观规律，作为国民经济建设中计划、调节、组织、预测、控制工程建设的可靠依据，实现它在管理中的作用；二是指工程建设管理在理论、方法和手段上必须科学化，以适应现代科学技术和信息发展的需要。定额的科学性是它在社会主义市场经济条件下存在的基础。在我国，工程定额管理信息化的现实意义在于：社会主义市场经济决定市场形成价格，不是取消定额，而是要加强定额的微观指导作用和宏观控制作用。它是对设计方案进行技术经济评价，对新结构、新材料进行技术经济分析的依据；是编制施工图预算，确定工程造价的依据；是编制地区单位估价表、概算定额和概算指标的基础资料。定额水平反映的是社会平均水平，体现社会必要劳动量，是在正常施工条件下多数工人和企业能够达到和超过的水平，因而对国家宏观控制有着十分重要的意义。微观上定额也是承包商控制建筑安装成本的主要依据。当今计算机的发展日新月异，网络信息化已经使信息资源共享化。只有靠计算机的强大储存、自动处理和网络信息传递功能，才能提高工程定额管理水平。

9.3.2 实现国家或地区消耗量定额管理信息化的途径

在现阶段，工程定额管理必须适应社会主义市场经济体制下工程建设活动的要求，进行适当的改革和调整。

1. 实行量价分离，建立以定额为指导、以竞争为结果的工程造价机制

为适应社会主义市场经济的需要，更好地与国际通用的工程计价办法接轨，合理确定工程项目投资，应提倡应用"实物法"来编制项目各阶段的工程造价。实物法是指按具体项目消耗的人工、材料、机械以及当时的市场价格来确定项目总费用。为了更好地适应这种计价方法，应当对现行工程定额的管理实行量价分离，由建设行政主管部门统一制定符合国家有关标准、规范，并反映一定时期施工水平的人工、材料、机械等消耗量标准，制定国家或地区消耗量定额，实现国家对消耗量标准的宏观管理。

2. 加强工程造价信息的收集、处理和发布，实现工程定额的动态管理

造价信息即建筑单位产品中人工、材料、机械的消耗量以及相应市场价格。及时、准确地捕捉建筑市场价格信息以及人工、材料、机械的消耗量，对建筑产品正确估价起着重要的作用。由于施工科技水平发展较快，新设备、新工艺、新材料不断出现，施工企业的管理水平和职工素质也在不断提高，人员的工资水平以及实物劳动生产率不断提高，国家对机械的折旧也制定了相关的加速折旧制度，这些对工程定额修编速度提出了更高要求。现行的大多数地区消耗量定额代表的还是以往的施工技术水平，因此很多方面不能适应目前施工水平的发展。许多新工艺、新材料、新设备定额空缺；许多定额中已有的子目施工技术水平较低，人工、材料、机械的消耗量与目前相比较高，基础单价较低，而相互又不能得以平衡。因此，工程造价管理机构应做好工程造价资料积累工作，建立相应的信息网络系统，适当缩短定额的修编周期；由工程造价管理机构依据市场价格的变化及时发布人工、材料、机械单价等工程造价相关信息和指数，实现工程定额的动态管理。

综合以上两个方面，国家或地区消耗量定额信息化管理集中体现在人工、材料、机械消耗量确定和市场价格信息化的管理上，如图9-5所示。

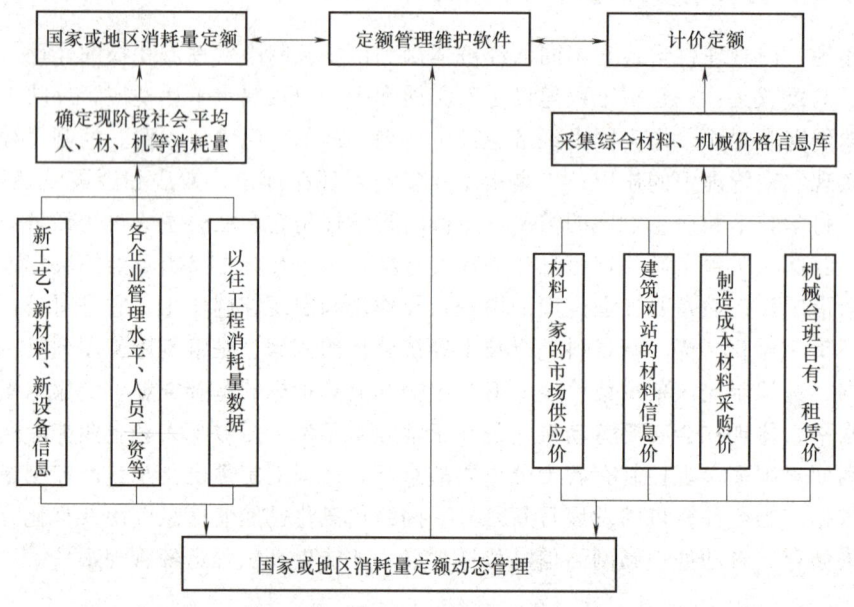

图9-5 国家或地区消耗量定额信息化管理

9.3.3 国家或地区消耗量定额管理信息化技术应用

目前，互联网用于工程定额管理的主要功能包括：

1）发布材料价格。提供不同类别、不同规格、不同品牌、不同产地的材料价格。另外材料价格与定额软件有机链接，在使用软件时可调出网上相关联的市场价格，进行自由组价；同时提供百余条主要材料的时间走势曲线、异地比较分析，从而方便用户实现成本控制、规避价格风险；网络上提供了全国上万条政府信息价，用户可以下载使用。

2）发布以往积累工程历史数据资料及社会平均消耗量水平，方便用户查询类似工程，参考并审核本企业定额水平，促进提高企业工程项目管理水平。

国家发展和改革委员会价格监测中心利用其有力的管理优势已连通全国 31 个省、自治区、直辖市及 32 个省会城市、自治区首府城市、计划单列市及各地方价格监测机构的网站，构成了覆盖全国的价格监测网络系统，并依托国家发展和改革委员会的价格监测报告制度的实施工作，以分布在全国各地的 5000 多个价格监测点采集上报的 2000 余类商品及服务价格数据和市场分析预测信息为基础，经分析处理后形成丰富的信息产品，通过互联网向各级政府部门、社会用户及消费者提供价格信息及相关信息服务。

9.4 常用定额生成软件介绍

相关软件中的企业定额生成系统能够帮助用户在各地的消耗量定额的基础上，根据企业自身的状况进行改造，如调整定额含量、修改材料价格等，这样就能够形成一个相对简单的企业定额库，当然这只是企业定额的雏形，最主要的是要根据企业的发展进行数据积累，不断地积累，才能形成完善的企业定额。以广联达软件中的企业定额生成器系统应用为例，加以介绍。

1) 快速生成基本企业定额库，就是先用各地定额站颁布的消耗量定额作为参考依据，根据自身的各种条件做进一步的修改，形成能体现生产成本真实水平的定额。"创建企业定额"对话框如图 9-6 所示。

2) 无限编辑定额子目，每一条定额的定额号、名称、单位、材料的定额含量等均可按照企业的需求进行编辑修改，企业也可以向定额库中新增具有其特点的补充定额，并且对定额库按章、节、分部和分项进行管理，生成自己的定额库。"定额子目修改"对话框如图 9-7 所示。

图 9-6 "创建企业定额"对话框　　　　图 9-7 "定额子目修改"对话框

3) 修改材料信息，在此软件中建立了明确的材料分类系统，企业用户可以自由地修改材料的编号、名称规格、单位以及材料价格，并且能够自动根据修改后的材料价格刷新定额价。"人材机内容修改"对话框如图 9-8 所示。

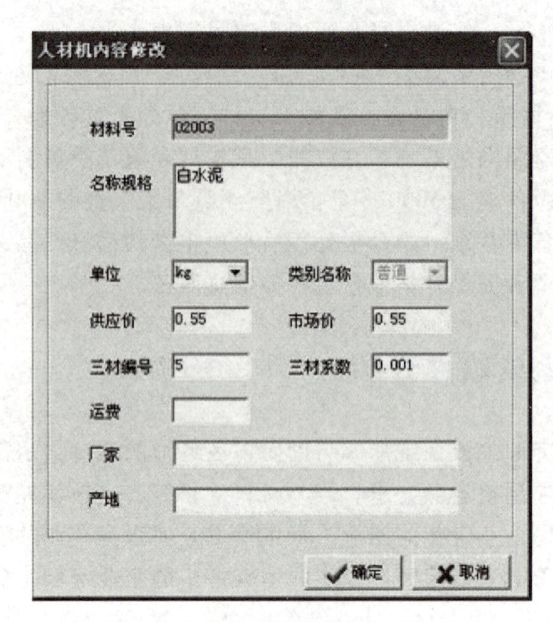

图 9-8 "人材机内容修改"对话框

4）在清单组价软件中，按工作内容指引定额子目的选取是一个重要的功能，可以实现企业自己编制企业定额。软件中系统清单维护可以自己编辑清单的指引定额项，在组价软件中即可轻松选择组价内容。图 9-9 所示为定额组价的界面。

图 9-9 定额组价的界面

5）与组价软件联合应用，软件可以把编制后的定额与清单专业进行关联，打包成标准的清单和定额安装文件，直接安装到相应版本中，供用户使用。"清单专业关联"对话框如图 9-10 所示。

企业定额生成器采用量价分离原则，这样便于企业维护，在维护定额含量时，不影响价格，在编制材料价时不影响定额含量。企业定额作为企业的造价资源，为了资源的保密性，做到了按权限管理的功能。每个使用者按自己的权限进行工作。从定额的构架按树状目录进行分类,把所有的专业融为一个定额库,结构体系层次清楚、关系明晰、操作简便快捷,并能对确定最优方案的结果自动进行人工、材料、机械含量的分摊。

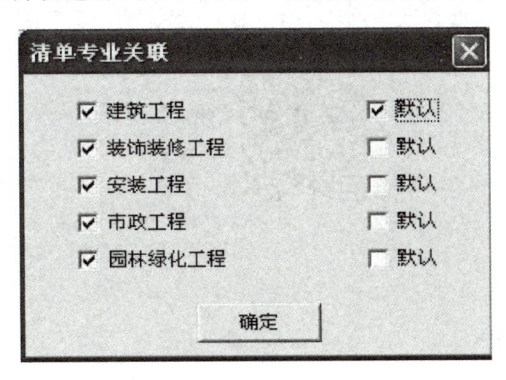

图 9-10 "清单专业关联"对话框

综上所述,随着工程量清单计价方式和合理低价中标的广泛应用,如何在激烈的市场竞争中体现企业的竞争力是一个很大的问题。企业定额生成系统为企业自动生成企业定额,快速准确地为企业编制和确定投标报价策略,帮助企业在未来的竞争中显露优势。

本章小结及关键概念

本章小结:管理信息系统是由人、计算机等组成的能进行信息收集、传递、存储、加工、维护和使用的系统。工程定额管理信息系统是管理信息系统在工程定额管理方面的具体应用。它能对工程定额的编制、运用、维护及管理的有关信息进行较全面的收集、传输、加工、维护,它能充分积累和分析工程资料,并能有效利用过去的数据预测未来变化和发展趋势,以期达到对工程定额实现合理确定与有效控制的目的。

企业定额管理信息化是提升企业内部管理水平的关键,有助于企业提高投标报价能力,有利于提升企业核心竞争力。企业定额管理信息系统是一项庞大而复杂的系统工程,涉及不同的部门和专业。企业定额管理信息系统主要体现在三个方面:编制、运用及其维护。

国家或地区消耗量定额信息化管理集中体现在人工、材料、机械消耗量确定和市场价格信息化的管理上。

关键概念:管理信息系统、工程定额管理信息系统、企业定额生成软件、造价信息、实物法。

习 题

1. 工程定额管理信息系统的组成包括什么?
2. 加强企业定额管理信息化对建筑企业的现实意义是什么?
3. 企业定额管理信息系统的组成包括什么?
4. 国家或地区消耗量定额管理信息化包括什么?
5. 应用企业定额生成器系统编制定额的步骤包括什么?

二维码形式客观题

微信扫描二维码，可在线做题，提交后可查看答案。

第9章 客观题

参 考 文 献

[1] 城乡建设环境保护部劳动定额站《劳动定额原理与应用》编写组. 建筑安装工程劳动定额原理与应用 [M]. 北京：中国建筑工业出版社，1983.
[2] 袁建新. 企业定额编制原理与实务 [M]. 北京：中国建筑工业出版社，2003.
[3] 田恒久，张守财. 工程建设定额原理与方法 [M]. 武汉：武汉理工大学出版社，2008.
[4] 甘为众，徐振萍. 建筑工程定额与预算 [M]. 武汉：华中科技大学出版社，2010.
[5] 李建峰，等. 工程定额原理 [M]. 北京：人民交通出版社，2008.
[6] 曾爱民. 工程建设定额原理与实务 [M]. 北京：机械工业出版社，2010.
[7] 陈贤清. 工程建设定额原理与实务 [M]. 北京：北京理工大学出版社，2009.
[8] 黄伟典，刑莉燕. 工程定额原理 [M]. 北京：中国电力出版社，2008.
[9] 何辉，吴瑛. 工程建设定额原理与实务 [M]. 2版. 北京：中国建筑工业出版社，2008.
[10] 田永复. 基础定额与预算定额简明手册 [M]. 北京：中国建筑工业出版社，1998.
[11] 李建峰. 工程造价管理 [M]. 2版. 北京：机械工业出版社，2018.
[12] 惠特莫尔. 作业测定：工时定额制定的原理和方法 [M]. 任允厚，译. 北京：国防工业出版社，1988.
[13] 刘启利. 建筑工程定额与预算 [M]. 武汉：华中科技大学出版社，2010.
[14] 李建峰，等. 工程造价（专业）概论 [M]. 2版. 北京：机械工业出版社，2017.
[15] 李建峰. 建筑工程计量与计价 [M]. 北京：机械工业出版社，2017.
[16] 曹小琳，景星蓉. 建筑工程定额原理与概预算 [M]. 北京：中国建筑工业出版社，2008.
[17] 郝鹏，李锦华. 工程定额原理 [M]. 北京：电子工业出版社，2010.
[18] 李建峰. 建筑工程定额与预算 [M]. 西安：陕西科学技术出版社，2002.
[19] 《建筑安装工程劳动定额的编制和管理》编写组. 建筑安装工程劳动定额的编制和管理 [M]. 北京：冶金工业出版社，1988.
[20] 肖明和，简红. 建筑工程计量与计价 [M]. 北京：北京大学出版社，2009.
[21] 包蓉. 企业定额及应用在企业内部核算中的作用 [J]. 青海统计，2010（1）：27-29；35.
[22] 李晓钏. 企业定额在建筑工程投标价格评判中的应用 [J]. 建筑经济，2007（S2）：147-149.
[23] 王春梅. 建筑施工企业定额的编制研究 [D]. 保定：河北农业大学，2006.
[24] 王娇. 关于建筑施工企业定额编制的研究 [D]. 西安：长安大学，2008.
[25] 杨志娟. 建筑施工企业定额测定及编制方法研究 [D]. 西安：长安大学，2009.